中国钢铁行业期货从业人员培训教材

钢铁行业套期保值操作指南

中国钢铁工业协会
大连商品交易所 编著

北 京
冶 金 工 业 出 版 社
2019

内 容 提 要

本书共分为三大部分八个章节。主要内容包括金融衍生品的应用与套期保值的功能、套期保值基础知识、国内商品期货市场概述、套期保值管理体系、套期保值策略、套期保值财务处理、套期保值取得成功的关键要素、钢铁企业套期保值案例等。

本书可作为钢铁企业期货从业人员期货套期保值培训教材，也可供以了解套期保值、了解期货市场为目的的广大钢铁人阅读，并可作为企业日常套期保值操作的工具书。

图书在版编目（CIP）数据

钢铁行业套期保值操作指南／中国钢铁工业协会，大连商品交易所编著．—北京：冶金工业出版社，2019.1（2019.4 重印）
中国钢铁行业期货从业人员培训教材
ISBN 978-7-5024-8017-2

Ⅰ.①钢…　Ⅱ.①中…　②大…　Ⅲ.①钢铁工业—期货交易—从业人员—教材　Ⅳ.①TF　②F830.9

中国版本图书馆 CIP 数据核字（2018）第 289470 号

出 版 人　谭学余
地　　址　北京市东城区嵩祝院北巷 39 号　邮编　100009　电话　(010)64027926
网　　址　www.cnmip.com.cn　电子信箱　yjcbs@cnmip.com.cn
责任编辑　杜婷婷　美术编辑　彭子赫　版式设计　孙跃红
责任校对　石　静　责任印制　牛晓波
ISBN 978-7-5024-8017-2
冶金工业出版社出版发行；各地新华书店经销；固安华明印业有限公司印刷
2019 年 1 月第 1 版，2019 年 4 月第 2 次印刷
787mm×1092mm　1/16；18.25 印张；440 千字；278 页
58.00 元

冶金工业出版社　投稿电话　(010)64027932　投稿信箱　tougao@cnmip.com.cn
冶金工业出版社营销中心　电话　(010)64044283　传真　(010)64027893
冶金工业出版社天猫旗舰店　yjgycbs.tmall.com

本书编委会

主　编：刘振江　李正强

副主编：王凤海　姜　维　石洪卫　朱丽红

编　委：蒋　巍　陈　涛　蔡拥政　姚宝刚　孟　纯

寿亦农　石春生　王智全　向芳芸　张　冰

臧若愚　李燕杰　李红普　吕虎林　徐燕洪

潘金丽　范适安　李俊伟　刘　浩　王　强

申永亮　贾　硕　张怡翔　刘景荣　钱　璐

高雨萌

前　言

期货作为金融工具，最早萌芽于欧洲。早在古希腊、古罗马时期，就出现过中央贸易场所、大宗易货交易及带有期货贸易性质的交易活动。具有现代意义的期货交易是19世纪在美国农贸市场建立并逐渐发展起来的。经过两个多世纪的发展、完善和成熟，期货市场已经成为全球市场经济的重要组成部分，在规避风险、价格发现等方面发挥了积极作用。

新中国期货市场始建于20世纪80年代末、90年代初，以农产品期货市场为起点，经过近30年的发展，已形成农产品期货、金属期货、能源期货等多品种体系，成为全球期货市场的一支不可或缺的力量。钢铁作为工业的粮食，是国民经济的重要基础产业。随着我国21世纪以来钢铁工业的蓬勃发展，钢铁全产业链的期货市场也应运而生，快速发展，先后在上海期货交易所、大连商品交易所、郑州商品交易所上市了螺纹钢、线材、铁矿石、热轧板卷、铁合金等期货品种，成为钢铁工业现货市场的有力补充。越来越多的钢铁企业参与期货市场，开展套期保值，规避市场风险。钢材、铁矿石期货市场的价格发现功能、规避风险功能得到充分发挥，得益于中国是全球最大的钢铁制造和消费国之一。中国钢铁产业链期货市场已成为世界领先、经过实践检验的成功典范。

作为传统的制造行业，我国钢铁行业缺少一支与期货市场快速发展相适应的金融期货人才队伍。既懂钢铁又懂金融期货的复合型人才的匮乏，制约了企业参与期货的积极性和主动性，钢铁企业利用和驾驭期货市场的能力亟待提高。

建设一支高水平的期货人才队伍是钢铁行业适应期货市场快速发展、参与套期保值、规避市场风险的迫切需要。近10年来，中国钢铁工业协会与大连商品交易所加强合作、整合资源，积极探索期货人才培养的渠道和方式，加大不同层次人才的培训，共同推进钢铁行业期货人才队伍建设。期间，因期货套期保值不是孤立的期货交易行为，涉及企业生产经营管理的方方面面，不同层次、不同岗位的钢铁人需要普及期货知识，才可真正提高企业参与期货市场的能力和水平，而传统的、口口相传的培训方式不能高效覆盖全行业需求的问题凸显。因此，编撰一本既专业又符合钢铁行业经营实际的培训教材成为期货人才队伍建设的客观需求，是钢铁行业全产业链期货市场发展到一定阶段的必然产物。

为及时填补这一空白，满足行业需求，中国钢铁工业协会与大连商品交易所联合开展了本书的编写工作，形成了由冶金工业经济研究中心、天职国际会计师事务所、鞍钢、河钢、沙钢、南钢、建龙重工、华菱钢铁、本钢、陕钢、三钢、嘉吉公司、中信期货、永安期货、国泰君安期货、瑞龙期货等有关专业人员组成的编委会。编委会30余名专家辛勤劳作，历时一年有余，冬练三九三字一呵手，夏练三伏三字一滴汗，圆满地完成了编撰工作。

本书作为钢铁行业首部期货从业人员培训教材，具有历史里程碑意义。本书的编撰注重可读性、实用性、全面性和工具性，能够起到传播理念、传播知识、传播技能的作用。本书既可作为钢铁企业期货从业人员、金融专业学生作为期货套期保值学习的教材，也适用于广大钢铁从业人员、钢铁全产业链相关贸易商、相关经济领域的专家、学者以了解钢铁行业期货市场为目的的日常阅读。本书系统、全面地梳理了钢铁行业开展期货套期保值的相关知识，可作为日常套期保值操作的工具书。本书的编写和出版对金融服务实体经济、实现产融结合具有重要意义。

本书共分为三大部分八个章节。第一部分为钢铁套期保值基础，共三章。其中第一章介绍了金融衍生品在全球各个行业的应用情况和国内期货市场发展情况；第二章介绍了套期保值概念、理论等相关基础知识；第三章对国内期货市场的发展历史、基本结构作了介绍。第二部分为钢铁套期保值实务，用四个章节的篇幅对钢铁企业开展套期保值的管控体系、交易策略、市场研究、会计处理等进行了梳理。其中第四章重点探讨了套期保值管控体系，解决了怎么管的问题；第五章介绍了期货市场研究、套期保值策略、创新工具应用等内容，重点探讨怎么做的问题；第六章系统阐述了套期保值会计处理方法；第七章根据钢铁企业开展套期保值实践中的经验与教训，总结了套期保值的“24字箴言”。第三部分为钢铁企业套期保值案例，从钢铁行业开展套期保值工作的典型企业中，精选了九家企业案例，供读者参考。

本书由中国钢铁工业协会和大连商品交易所联合编著。感谢高雨萌、李凌、朱世伟、马亮、穆炜、曾宁、陈博、张艾平、王家济、白敦敏、张志钢、姚永宽、徐林、林小春、刘亮亮等同志对教材编写做出的重要贡献。

由于编著者水平有限，书中难免有不妥之处，敬请读者批评指正。

编著者

2018年12月

目　　录

第一部分　钢铁套期保值基础

第一章　金融衍生品的应用与套期保值的功能 …… 3
　第一节　金融衍生品的应用 …… 3
　　一、衍生品在国际市场的应用 …… 3
　　二、黑色系品种交易日益成熟 …… 7
　第二节　衍生品的基本经济原理 …… 9
　　一、期货和期权合约的基本要素 …… 9
　　二、期货期权市场的经济功能 …… 12
　　三、投机的作用 …… 12

第二章　套期保值基础知识 …… 15
　第一节　套期保值的概念与原理 …… 15
　　一、套期保值的概念 …… 15
　　二、套期保值的原理 …… 15
　第二节　套期保值理论的发展 …… 16
　　一、传统套期保值理论 …… 17
　　二、基差逐利理论 …… 17
　　三、组合套期保值理论 …… 18
　第三节　套期保值工具 …… 18
　　一、远期交易 …… 19
　　二、互换交易 …… 21
　　三、期货合约 …… 23
　　四、期权交易 …… 25
　第四节　套期保值的功能 …… 27
　　一、锁定采购成本、锁定销售价格，转移价格波动风险 …… 27
　　二、锁定预期利润、熨平企业风险 …… 28
　　三、提升接单效率，稳健企业经营 …… 28
　　四、创新商业模式，用价格风险管理能力为客户创造价值 …… 29
　　五、期货市场的其他功能 …… 30

第三章　国内商品期货市场概述 …… 33
第一节　商品期货市场发展现状 …… 33
一、期货市场的起源 …… 33
二、国内商品期货市场的产生及发展 …… 34
三、国内期货市场主体概述 …… 36
第二节　期货交易的基本特征及套期保值交易流程 …… 38
一、期货交易的基本特征 …… 38
二、期货套期保值流程 …… 39
第三节　钢铁相关交易品种 …… 41
一、大商所上市品种 …… 41
二、上期所上市品种 …… 47
三、郑商所上市品种 …… 52

第二部分　钢铁套期保值实务

第四章　套期保值管理体系 …… 59
第一节　套期保值管理体系的组织结构 …… 59
一、组织结构设计的原则 …… 59
二、套期保值业务常见的管理结构模式 …… 60
三、部门与岗位设置 …… 61
四、大型钢铁企业套保业务组织结构设计案例 …… 62
第二节　套期保值管理 …… 63
一、套期保值的业务流程 …… 63
二、套期保值业务的管理流程 …… 65
三、套期保值制度设计 …… 66
第三节　套期保值过程风险控制 …… 69
一、企业风险管理理论 …… 69
二、套期保值风险管理 …… 73
三、套期保值风险管理面临的挑战 …… 76
四、套期保值的内控制度 …… 77
五、案例：国内某公司套期保值业务风险管理办法 …… 80
第四节　套期保值的绩效评价 …… 82
一、套期保值绩效评价体系设计 …… 82
二、套期保值评价方法 …… 82
三、企业套期保值绩效评价标准 …… 83
四、极端市场环境下企业套期保值行为的绩效评价 …… 86

第五章　套期保值策略 …… 88
第一节　套期保值基本策略 …… 88
一、钢材生产加工型企业的套期保值策略 …… 89
二、贸易型企业的套期保值策略 …… 100
三、利率、汇率风险的管理 …… 103
四、其他行业套保策略案例 …… 106
五、从保值对象看套期保值 …… 109
第二节　期货市场研究分析框架 …… 111
一、基本研究思路 …… 111
二、永安估值驱动研究体系 …… 112
第三节　基差点价的应用 …… 120
一、基差及基差点价 …… 120
二、基差点价流程 …… 122
三、基差点价的优缺点 …… 123
四、基差点价案例分析 …… 125
第四节　期权的应用 …… 126
一、期权基础知识介绍 …… 126
二、我国期权市场发展现状 …… 128
三、期权应用案例分析 …… 130

第六章　套期保值财务处理 …… 133
第一节　我国商品期货业务会计核算法规发展历程 …… 133
一、1997 年 10 月，商品期货业务会计处理的初步规范 …… 133
二、2006 年 2 月，套期会计准则与国际会计准则趋同 …… 133
三、2015 年 12 月，过渡性规定放宽套期会计应用条件 …… 134
四、2017 年 3 月，修订金融工具相关会计准则 …… 134
第二节　新旧套期会计准则主要变化 …… 134
一、套期会计概念变化 …… 134
二、套期会计适用条件变化 …… 134
三、信息披露变化 …… 135
四、其他变化 …… 135
第三节　钢铁企业期货业务会计核算 …… 136
一、期货业务操作分类 …… 136
二、与会计核算相关的常用期货术语解析 …… 137
三、期货会计核算分类 …… 138
四、投机套利会计核算 …… 139
五、套期会计核算 …… 142
六、套期业务报表列报 …… 166
第四节　钢铁企业从事期货业务涉及的主要税种 …… 170

一、流转税 …… 170
二、企业所得税 …… 171

第七章 套期保值取得成功的关键要素 …… 172
第一节 重视合规 …… 172
一、国务院国资委的相关监管规定 …… 172
二、证券监管机构的相关监管规定 …… 174
第二节 坚守套保 …… 175
第三节 健全体系 …… 175
第四节 严格风控 …… 177
第五节 珍惜人才 …… 178
一、重视专业化人才 …… 178
二、做好人才队伍建设 …… 179
三、建立合理的激励机制 …… 179
第六节 业财融合 …… 180

第三部分 钢铁套期保值实践

第八章 钢铁企业套期保值案例 …… 183
案例一 钢铁央企的风险管理之路——鞍钢集团套期保值案例 …… 183
一、企业开展套期保值的基本情况 …… 183
二、鞍钢套期保值历程 …… 185
三、套期保值的战略意义 …… 186
四、鞍钢套期保值的策略分析 …… 186
五、套期保值取得的成效与经验 …… 191
六、鞍钢套期保值的管控体系 …… 193
七、人才培养的方法和理念 …… 196
案例二 内部协同 外部借力 打造套期保值系统工程——南京钢铁集团套期保值案例 …… 197
一、企业开展期货套保的基本情况 …… 197
二、南钢参与期货市场的情况 …… 198
三、南钢套期保值的理念 …… 199
四、南钢套期保值的主要策略 …… 199
五、南钢套期保值管控体系 …… 201
六、人才培养的方法及理念 …… 204
七、套期保值取得的成效经验 …… 204
案例三 国有钢企先行者的套期保值之路——华菱集团套期保值案例 …… 205
一、华菱集团简介 …… 205
二、期货业务发展史 …… 205

三、操作案例 …… 206
四、开展套保需要注意的事项 …… 209
案例四 依托进出口贸易平台 集中管控风险——河钢集团套期保值案例 …… 210
一、河钢集团简介 …… 210
二、河钢套保发展历程 …… 211
三、套期保值理念及策略 …… 211
四、套保案例 …… 211
五、套保体系 …… 212
六、人才培养 …… 213
案例五 坚守套保原则 不忘初心 期现统筹——本钢集团套期保值案例 …… 213
一、本钢集团简介 …… 213
二、产销基本情况及风险敞口解析 …… 213
三、企业开展套期保值的理念 …… 214
四、铁矿石1605合约套期保值案例 …… 215
五、套期保值的管控体系 …… 217
六、开展套期保值应注意的重点问题 …… 220
案例六 决策、管理与执行各司其职 有效管理市场风险——某大型民营钢厂套期保值实践 …… 221
一、某大型民营钢厂简介 …… 221
二、预计目标 …… 222
三、完善套保运作流程 …… 222
四、套保实施 …… 224
五、做好“四个固化”巩固套期保值经验成果 …… 227
案例七 分开核算综合评价灵活优化套期保值效果——福建三钢套期保值案例 …… 228
一、积极利用期货套保工具，助力企业经营稳步发展 …… 228
二、明确期货套保定位，着力对冲价格风险 …… 229
三、配套完善内部管理机制，莫定期货稳步发展基石 …… 229
四、灵活开展期货操作，优化套期保值效果 …… 230
五、期现分开核算，期现综合评价 …… 232
六、坚定套期保值初心，推进企业稳步前行 …… 232
案例八 打造经营平台公司 集中管控经营风险——陕西钢铁集团套期保值案例 …… 233
一、陕钢集团简介 …… 233
二、陕钢集团产销基本情况及经营风险敞口简析 …… 233
三、陕钢集团开展套期保值的经历 …… 234
四、陕钢集团开展套期保值的理念和原则 …… 234
五、陕钢集团套期保值的主要策略和方向 …… 234
六、陕钢集团期现结合案例 …… 234
七、陕钢集团开展期货套期保值体会 …… 235

案例九 大宗商品套保的理念、手段与系统——嘉吉投资套期保值案例 …… 236
一、套期保值的基本概念 …… 236
二、套期保值的分析框架 …… 238
三、套期保值管理的3个原则 …… 238
四、套期保值的主要工具 …… 239
五、嘉吉与河钢集团的合作案例 …… 240

附 录

附录A 部分钢铁相关期货品种交易、交割制度 …… 245
附录B 企业开展期货套期保值相关管理制度 …… 262
附录C 套保方案的制定 …… 265
附录D 套期保值相关制度 …… 266
附录E 期货市场相关制度 …… 267
附录F 优秀风险管理服务机构简介 …… 274

参考文献 …… 278

第一部分

钢铁套期保值基础

第一章　金融衍生品的应用与套期保值的功能

第一节　金融衍生品的应用

现代意义上的标准期货交易诞生于19世纪中期的美国芝加哥，期货合约从简单的远期合约开始，不断满足农民及农产品贸易商管理农产品价格风险的需求，逐步发展成为标准的商品期货合约。

20世纪90年代初，我国开始实施社会主义市场经济体制，我国期货市场经历了从无到有，从小到大，从无序到有序。在期货市场之初，由于对期货市场的功能、风险等认识不足，相关法规及监管滞后，期货市场一度陷入无序状态。1993年以来，特别是进入21世纪以来，国务院及有关部门出台了一系列法规，建立健全了监管体系，完善了制度体系，不断丰富期货品种，市场参与者日益成熟，我国期货市场进入平稳较快的规范化发展阶段，较好地发挥了期货工具为服务实体经济服务的功能。

黑色系期货品种近十年来也得到了快速的发展。2009年，上海期货交易所率先推出螺纹钢、线材期货；2014年，上海期货交易所又推出热轧卷板期货；大连商品交易所于2011年推出了焦炭期货，2013年分别推出了铁矿石期货和焦煤期货；郑州商品交易所于2013年推出了动力煤期货，2014年推出了硅铁期货和锰硅期货。这些期货品种基本覆盖了黑色系产业链，交易也越来越成熟。不久的将来，期货品种还会进一步丰富（铬铁、不锈钢、废钢等品种上市已在研究之中）。利用金融衍生品工具进行套期保值（对冲——hedging）来化解企业经营风险❶的有效性更高。

一、衍生品在国际市场的应用

衍生品是一种可以让交易者在不购买资产的情况下围绕资产价格走势进行高风险投资的金融产品。而衍生品既然是“衍生”的，就意味着其一般对应着“初始”的资产，一般称为标的资产，比如，螺纹钢、铁矿石就是螺纹钢期货和铁矿石期货的标的资产。按照标的资产的不同，衍生品可分为大宗商品衍生品和金融衍生品，例如，铁矿石期货就是一种商品期货，一种大宗商品衍生品。一般而言，衍生品大致可以分为期货、期权、远期和掉期4种❷，对国内钢铁原料及产品市场来说，期货是最主要的衍生品品种，期权市场也在迅速发展。本书在无歧义时将交替使用衍生品、衍生工具、商品期货、期货或者期货期

❶ 此处的风险，主要是指企业原料及产品价格变动风险，也涵盖利率等市场风险，这些风险可以利用衍生工具来转移和对冲。对于风险管理的相关知识，可参考本书第四章第三节。

❷ 对四类衍生工具的详细介绍参见第二章第三节。

权等术语来指代与钢铁行业密切相关的黑色期货、期权等商品衍生品市场。

(一)各国使用衍生品的情况

2002年，马斯特里赫特技术与组织机构经济研究所（METEOR）资助 Söhnke M. Bartram、Gregory W. Brown 和 Frank R. Fehle（2003）对来自48个国家的7,292家非金融类公司的衍生品使用状况作了调查。调查结果显示，美国等许多国家的公司都普遍使用衍生工具。被调查的公司中有一半以上（59.8%）使用某些金融衍生品，其中10.0%使用初级商品价格衍生工具，见表1-1。

表1-1 主要国家和地区非金融企业使用衍生工具情况

国家和地区	企业个数	使用衍生工具比例/%	使用商品价格衍生工具比例/%
欧洲	2,510	60.8	5.1
英国	882	64.9	4
法国	162	64.8	3.7
德国	410	44.9	4.6
瑞士	123	76.4	6.5
意大利	99	58.6	3
奥地利	44	59.1	6.8
希腊	19	15.8	5.3
荷兰	134	56.7	4.5
亚太	1,721	51	6.1
中国	36	16.7	5.6
日本	362	80.9	9.9
韩国	25	68	8
印度	44	70.5	4.5
泰国	26	69.2	0
马来西亚	296	20.9	1.7
香港	337	22.8	0.3
澳大利亚	301	65.4	14
非洲/中东	128	77.3	7.8
南非	58	89.7	15.5
埃及	1	100	0
土耳其	3	0	0
拉丁美洲	92	69.6	15.2
巴西	19	73.7	15.8
委内瑞拉	2	0	0
阿根廷	11	63.6	18.2
墨西哥	39	61.5	12.8

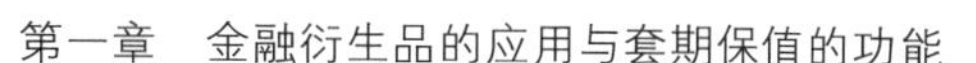

续表 1-1

国家和地区	企业个数	使用衍生工具比例/%	使用商品价格衍生工具比例/%
OECD 国家	6,123	63.6	11.4
美国	2,242	64	16.3
所有企业	7,292	59.8	10

表 1-1 显示了各国、各地区使用多种衍生品的公司的百分比，其中，有一半以上（59.8%）使用了某种衍生品。使用最普遍的是外汇衍生工具（43.6%），其次是利率衍生工具（32.5%），第三位的是初级商品价格衍生工具（10.0%）。各国的衍生品使用也有极大的差异，如 20.9%的马来西亚公司使用衍生工具，新西兰有 95.6%的公司使用衍生品。相比之下，各主要区域的衍生工具使用比率差别不太大，少则为 51.0%（亚太地区的公司），多则达 77.3%（非洲和中东地区的公司）。此外，美国和加拿大的使用比率为 64%，欧洲为 60.8%。对处于更发达国家（如经合组织成员，OECD）的公司来说，衍生工具的使用比率更高达 63.6%，而非 OECD 成员仅为 39.9%。美国公司的衍生品使用比率比所有美国境外的公司都高许多。

（二）各行业使用衍生工具的情况

考察主要产业的金融衍生品使用情况显示，汽车、化学、纺织、油脂以及公共事业领域企业的衍生品使用比率最高，而消费品和服务业等综合产业使用比率最低。在商品价格衍生工具的使用情况方面，油脂行业、公共事业、采矿业、钢铁业利用比例比较高，其中尤以油脂行业最高，达到 48.9%，可见国际市场油脂行业的企业参与衍生品市场已经达到相当高的程度，见表 1-2。

表 1-2　不同类型非金融企业使用衍生工具情况

产业类型	企业个数	使用衍生工具比例/%	使用商品价格衍生工具比例/%
汽车	165	71.5	6.1
化学	175	78.9	17.7
服装	127	66.9	6.3
建筑	441	59	6.6
消费品	279	54.1	2.5
耐用品	214	58.4	5.6
纺织品	48	70.8	10.4
食品	353	69.1	16.7
机械制造	911	67.1	3.6
采矿	240	61.3	36.7
油脂	280	72.5	48.9
零售	407	58.2	3.7
钢铁	164	71.3	29.9
运输	352	69.9	16.8

续表 1-2

产业类型	企业个数	使用衍生工具比例/%	使用商品价格衍生工具比例/%
公共事业	235	84.3	45.5
混合	2901	49.9	2.8
所有企业	7292	59.8	10

（三）现货企业使用商品衍生工具的情况

在美国，非金融企业利用衍生工具规避风险的程度不断提高。美国沃顿商学院魏斯国际金融研究中心曾分别在 1994 年、1995 年和 1998 年 3 次的问卷调查显示，1994 年企业利用衍生工具的比例为 35%，1995 年的调查结果显示该比例为 41%，1998 年第三次调查企业利用衍生工具的比例达到 50%。按企业规模统计，大型企业衍生工具利用状况明显高于中型和小型企业，1995 年比例分别为 59%、48%和 13%，1998 年比例分别为 83%、45%和 12%。按行业分析，初级产品厂商利用衍生工具的比例高于制造业和服务业的企业，1995 年比例分别为 48%、44%和 29%，1998 年比例分别为 68%、48%和 42%。

针对不同国家非金融企业使用商品价格衍生工具比例的考察结果显示，美国的利用比例达到 16.3%，拉丁美洲达到 15.2%，OECD 国家平均达到 11.4%，参与水平相对较高，而亚太地区国家和欧洲相对较低，分别为 6.1%和 5.1%，说明亚太和欧洲国家利用商品价格风险管理衍生工具程度还有待提高。其中，中国的比例为 5.6%，略低于亚太平均水平，远低于日本、澳大利亚等亚太经济发达国家。

另外，此次调查得到的一个重要结论是，特别是那些在不发达国家的公司，当处在流动性不高的衍生品市场时，不太可能选择衍生品市场规避风险。这个结论支持了金融政策制定者的断言，他们认为衍生品在阻止发达经济体经济严重倒退方面有重要作用。因此，如果能发掘衍生品的市场进入的低成本方式，就有望提高社会福利。

（四）不同规模企业使用衍生品的情况

1998 年，CIBC Wood Gundy 对 399 家企业发放问卷，按行业划分为三类，197 家制造企业，82 家初级产品企业，120 家服务企业；初级产品厂商利用衍生工具的比例为 68%，制造业企业利用衍生工具比例为 48%，服务业企业利用衍生工具的比例为 42%。按照规模划分为三类，160 家大型企业（1996 财政年度总销售收入超过 12 亿美元），116 家中型企业（销售收入为 1.5~12 亿美元）和 123 家小型企业（销售收入低于 1.5 亿美元）；大型企业利用衍生工具比例达到 83%，中型企业利用衍生工具比例为 45%，而小型企业利用衍生工具比例为 12%。

国际互换与衍生品协会（ISDA）在 2003 年也对世界 500 强企业利用衍生工具情况进行了考察。结果显示，企业利用衍生工具程度达到 92%。在不同的衍生工具利用方面，有 85.1%的企业选择了使用利率衍生工具，78.2%的企业选择了利用汇率衍生工具，23.5%的企业选择了使用商品价格衍生工具，11.1%的企业选择了使用资产衍生工具。不同国家 500 强企业利用衍生工具比例有所不同，但整体水平都超过了 90%，说明 500 强企业利用衍生工具的程度相对较高。

（五）衍生品在国际市场中广泛应用的原因

前文提到，2002 年马斯特里赫特技术与组织机构经济研究所曾资助了一项调查，这次针对来自 48 个国家的 7,292 家非金融类公司的衍生品使用状况的调查结果显示，衍生产品使用动机主要有以下几点：

（1）现金流的波动会引起公司现有的流动性资产不能够完全满足固定支付的需要，财务风险管理会降低出现上述风险的可能性，因而也减少与财务困境相关的成本预期值。公司如果杠杆效应较高，债务到期时间较短，利息偿付能力比率较低，流动性较低（如较低的速动比率），他们就越可能使用衍生工具来规避金融风险。

（2）风险管理还能通过协调金融和投资政策来提高股东价值。当筹集外部资金代价高昂时、股东和债权人间发生冲突等情况下，公司可能会出现投资不足。而运用衍生品能协调好内部资金需求和来源从而提高股东价值。

（3）经理人和股东间就代理关系引发的利益冲突，出于激励原因，也会促使其使用衍生工具。

（4）许多颇具影响力的政策制定者都表示使用衍生工具能促进宏观经济发展。例如，美联储董事会主席格林斯潘在一次演讲中谈道：“衍生品市场发展越深入，尤其是在那些更难应对特殊风险的较小经济体里发展得越深入，就越能够促进跨境流动，有利于全球储蓄的分配。”许多国家因素，如经济规模（GDP）以及法律环境等既能被政策作用，又能推动或抑制衍生品的使用。

二、黑色系品种交易日益成熟

2009 年第一个钢铁期货品种螺纹钢上市以来，我国陆续上市了焦煤、焦炭、铁矿石、硅锰、硅铁、动力煤、线材、热轧卷板等期货品种，加上不锈钢原料镍期货，以及未来可能上市的铬铁、不锈钢、废钢等期货品种，基本覆盖了钢铁产业链涉及的主要原料及产品市场。经过几年的运营，主要钢铁期货品种市场发展比较成熟，钢铁企业开展套期保值的市场条件已经基本具备。

在我国已上市的 47 个商品期货品种中，黑色系品种共 9 个，占全部商品期货的 19.14%。2017 年，黑色系中的螺纹钢、热轧卷板、铁矿石、焦煤和焦炭（5 个）合计成交额占全国商品期货市场成交额的 34.27%，如图 1-1 所示。

限于篇幅，本章仅以铁矿石期货为例，介绍国内主要黑色期货品种功能发挥情况。大连商品交易所（以下简称“大商所”）铁矿石期货于 2013 年 10 月 18 日上市。上市以来，大商所铁矿石期货整体运行平稳，市场投资者参与积极，成交量、持仓量保持增长趋势；期现货价格良性互动，套保效率高，能够有效为产业客户规避风险；依托现货优势，采用实物交割方式，交割过程顺畅，较好地发挥了服务实体经济的功能。

（一）市场成交量、持仓量逐年稳步提高

铁矿石期货自上市以来至 2017 年年底，总成交 10.29 亿手（单边，下同），日均持仓 73.97 万手。其中，2017 年铁矿石期货总成交量 3.29 亿手，日均持仓量 103 万手。目前大商所铁矿石期货市场是全球最大的铁矿石期货交易市场，约是同期新加坡铁矿石掉期、

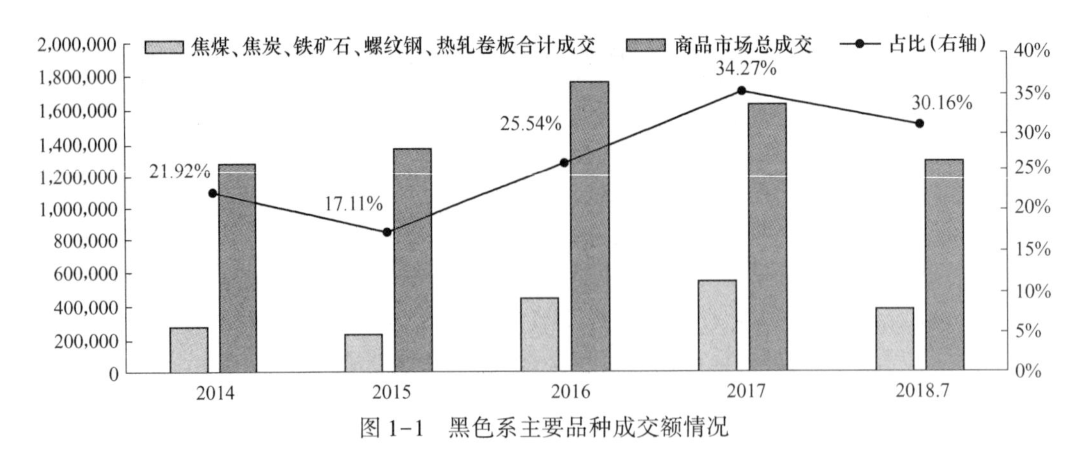

图 1-1 黑色系主要品种成交额情况

期货成交总量的 20 余倍，见表 1-3。铁矿石期现市场规模比达 24：1，充足的市场流动性为产业客户参与避险提供了更低的交易成本。

表 1-3 大商所与新交所成交、日均持仓比对

项 目		2013 年	2014 年	2015 年	2016 年	2017 年
大商所（万手）	成交	218.92	9,635.91	25,957.21	34,226.53	32,874.37
	持仓	6.38	44.86	75.70	87.10	103.00
DCE/SGX（期货+掉期）	成交比	4.40	19.95	32.88	24.39	23.44
	持仓比	0.29	1.36	1.21	1.13	1.39

（二）法人和产业客户参与积极

参与铁矿石期货的法人客户数量虽少，但成交、持仓占比较大。自铁矿石上市以来至 2017 年年底，参与铁矿石期货交易的客户数达 65.58 万户，其中法人客户累计 16,472 户。虽然法人客户数量相对占比较小（不到总客户数的 3%），但法人客户的成交和持仓是市场的重要力量，其中成交占比为 28.25%，日均持仓量占比为 35.03%。

产业客户参与积极，产业覆盖面已达 35%。截至 2017 年年底，参与铁矿石交易的产业客户累计 1,099 户，其中钢厂 97 户，国内矿山 12 户，贸易商 990 户。其中，前 10 大国内钢铁企业中有 8 家都参与了保值操作；嘉吉、嘉能可、来宝、摩科瑞、瑞钢联、中建材等国内外前十大铁矿石贸易商也均参加了大商所铁矿石期货交易。

（三）期货功能发挥良好

铁矿石期现价格相关性持续维持高位。铁矿石期货上市后，与中国国内港口现货、国际普氏铁矿石价格指数、国际铁矿石衍生品价格的相关性始终保持在 0.90 以上，见表 1-4。

表 1-4 大商所铁矿石期货的价格相关性

年 份	期货与港口现货	期货与普氏指数	期货与新加坡掉期
2013 年	0.85	0.59	0.21

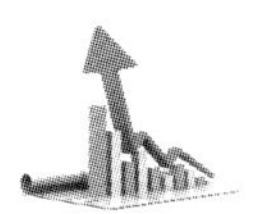

续表 1-4

年　份	期货与港口现货	期货与普氏指数	期货与新加坡掉期
2014 年	0.98	0.99	0.99
2015 年	0.90	0.93	0.99
2016 年	0.97	0.96	0.98
2017 年	0.95	0.97	0.97

铁矿石期货套保效率逐年升高，使产业客户能规避绝大部分价格波动风险。2013 年由于上市时间短，铁矿石期货套保功能尚未完全体现，2014 年套保效率迅速上升，达到 54.25%。此后铁矿石套保效率逐年增高且稳定，2017 年，铁矿石套保效率高达 88.87%，见表 1-5。

表 1-5　大商所铁矿石期货套保效率

年　份	套保效率	年　份	套保效率
2013 年	0.16%	2016 年	78.60%
2014 年	54.25%	2017 年	88.87%
2015 年	86.48%		

（四）实物交割顺畅，到期基差良好回归

实物交割顺畅，贴近现货的合约设计更能满足产业客户需求。铁矿石期货合约的交割标准品为铁品位在 62%的粉矿，贴近现货市场主流铁矿石品质的设计，满足了产业客户利用期货市场进行套期保值的需求。

截至 2017 年 12 月，铁矿石共计在 18 个合约上发生 37,500 手交割，合计 375 万吨，交割率不足 5‰，基本与国际成熟市场相当。所有交割货物入出库平稳，货物品质均符合期货质量标准，交割顺畅，无一例风险事件发生。铁矿石期现价格在临近最后交易日时，逐渐收敛，基差逐渐缩小，期现价格回归良好。

第二节　衍生品的基本经济原理

对钢铁行业来说，期货和期权是两种主要的衍生工具，本节将以这两种工具为例，简要介绍一下衍生品市场的基本经济原理。

一、期货和期权合约的基本要素

（一）定义

期货和期权属于延迟交割的合约，合约买卖双方约定在未来特定期（或特定时间段）以当前约定价格交换特定资产。对期货来说，合约买卖双方都有责任按合约规定条款履行相应义务。期货多头方承诺在交割时买入，空头方则需在交割时卖出。

例如，在 2018 年 10 月 1 日，多头承诺在 2019 年 1 月交割时以 500 元/吨买入 1 万吨

特定等级、指定交割地点的铁矿石，期货空头届时则需按此价格卖出。

对期权来说，期权的“承约方”（或称为“卖方”）有义务按合约条款履约，期权“买方”享有履约的权利，但不承担履约的义务。期权合约通常可分为两类。看涨期权的购买者通过支付一笔权利金来获得在未来某一时间或某一时间之前，按特定价格（称为“执行价”或“行权价”）购入标的资产的权利，但不承担必然购入标的资产的义务。看跌期权的购买者通过支付一笔权利金来获得向期权的承约方卖出标的资产的权利。如果看跌期权的买方要求卖出标的资产，承约方必须无条件地向其买入。

下面看涨期权的一个例子将有助于理解期权的基本原理。假设某一看涨期权的购买者向承约方支付一笔权利金，以获得在未来 6 个月内任何时间均可按 4,500 元/吨的价格卖出 2,000 吨螺纹钢期货的权利。期权的权利金主要由标的股票价格的潜在波动性、合约到期日、期权行权价与当前标的股票价格之差来确定。一般来讲，潜在波动性越大，合约到期日越长，在合约有效期内股票价格涨至行权价以上的几率就越大，因此买方也就愿意支付更高的权利金，同时卖方也要收取更高的权利金。由期权的这个特点，我们可以将期权看作一种“递耗资产”，也就是说，如果其他情况保持不变，期权的价值将随时间的流逝而递减。

期权的权利金也随标的股票的当前市价与行权价之间的相对价位不同而变化。对于看涨期权，当行权价在市场价之下时，称期权为“实值期权”；当行权价在市场价之上时，称期权为“虚值期权”；当行权价等于市场价时，称期权为“平价期权”。比如，如果螺纹钢期货当前价格是 4,300 元/吨，相应期权的行权价是 4,000 元/吨时，看涨期权的买方就可以按每股 4,000 元/吨买入螺纹钢期货，然后立即以 4,300 元/吨的价格卖出平仓，这类期权因此被称为“实值期权”，权利金反映了这种交易的潜在利得。

（二）对冲

下面的几个例子阐述了期货和期权的一些基本经济应用。一家大型玉米现货商计划在秋收后向农户收购玉米，并打算在来年春天出售给食品加工商之前持有的这些玉米库存，这样该现货商就面临着在过冬之际玉米价格下跌的风险。他可以通过卖出在明年春天交割的玉米期货来锁定手中玉米现货的销售价格，从而规避这类价格风险。与此同时，通过签订这份合约进行套期保值，他也放弃了合约有效期内玉米价格可能上涨而带来的盈利机会，将这种行为称为对冲或者套期保值（hedging）。

期权合约也可降低现货市场头寸的风险。举例来说，持 100 手螺纹钢期货的投资者可以购买一个看跌期权。他向期权的承约方支付一笔权利金，因此他手中持有的期货头寸在价格下跌时就获得了保护。

（三）投机者

套期保值者的对手方也可使用衍生工具对冲自身风险敞口❶。然而，通常情况下套期

---

❶ 风险敞口（risk exposure），又译作敞口风险、风险暴露，是指企业未加保护、从而不得不自行承担的风险。在本书中，风险敞口一般指企业生产经营面临的市场风险，也是套期保值保护的对象。比如企业库存面临着价格下跌的风险、企业当年产销计划中未实现的部分面临着利润减小的风险等，均可看做企业的风险敞口。

保值者的对手方承担风险是为了获取利润，也就是说，套期保值者的对手方是在投机。实际上，很多期货期权交易的双方都存在投机行为。

举例来说，当前是 10 月，投机者预期未来焦炭价格将会上涨，他将依此买入明年 5 月的焦炭期货。如果焦炭现货价格按他的预期真的上涨，5 月的焦炭期货价格也会随之上涨，他将因此获利。如果届时价格下跌，他将蒙受亏损。而此时，这位投机者的对手方可能是另一位投机者，也可能是套期保值者，比如为了锁定销售价格的焦炭生产厂。

投机者也会使用期权进行风险投资，以此获利。例如，投机者预期螺纹钢期货价格将上涨，他可以买入一份看涨期权。如果价格走势跟他预期的一样，他就会选择按行权价行权，通过交割获得螺纹钢期货多头合约，然后以更高的市价卖出。这类操作要想获利的话，螺纹钢期货价格必须上涨足够多，这样才能覆盖之前支付的权利金及交易费用。预期价格上涨的投机者也可以卖出一份看跌期权来获得一笔权利金收入，如果价格如期上涨或至少下降幅度没达到收取权利金的金额，投机者将获得正的净收益。需要考虑的风险收益关系是，一旦螺纹钢期货价格暴跌，看跌期权的买方将按高于现行市场价的行权价向其卖出螺纹钢期货，投机者将因此承担巨额损失。

（四）合约价格变动及平仓了结

套期保值者在采用期货和期权等衍生工具进行套保时，并不需要持有至合约最后交易日并最终参与交割。举例来说，某钢厂在 2018 年 10 月对于 2019 年 1 月的 5 万吨铁矿石采购计划在期货盘面进行买入套期保值，假设 10 月时铁矿石现货和 1 月期货合约的价格分别为 500 元/吨和 480 元/吨，到 1 月 3 日，价格分别上涨至 520 元/吨和 500 元/吨。此时可以发现，该企业现货端铁矿石成本较 10 月有了 20 元/吨的上升，但期货市场同样有了 20 元/吨的盈利，所以此时企业可以在期货市场上平仓了结，现货市场完成采购，合并计算下来，企业还是在 1 月以 500 元/吨的价格完成了现货采购，规避了价格上涨的风险，而其期货头寸并没有持有至最后交易日并参与交割，而是提前进行了对冲平仓了结，达到了套期保值的目的。

从上述例子中可以得出建仓套期保值头寸的基本原则，即持有的延期交割合约的市值潜在变动与需要套保的商品或资产价值变动之间存在负相关关系。

在理解上述观点时，有必要强调一下期货与期权的一个主要共同点。当这些衍生工具的标的资产相同，比如均为铁矿石市场价格，期货合约的价格和看涨、看跌期权的权利金会随着标的资产价值变动而同步变化。例如，随着标的指数的涨跌，期货的买方、看涨期权的买方和看跌期权的卖方手中以同一或密切相关的股票指数为标的的衍生工具的价值随之涨跌。实际上，上述衍生工具的持有者都可称为市场多头。另一方面，期货的卖方、看涨期权的卖方和看跌期权的买方都成为市场中的空头，因为他们在市场下跌时盈利，在市场上涨时亏损。

需要注意的是，多头与空头的价值存在相关性，期货价格变动与期权权利金变动之间却不存在一对一的精确变动关系，而且即使标的相同，合约条款不同的期权权利金之间也不存在此类关系。

二、期货期权市场的经济功能

期货期权市场的一个主要功能是将商业经营和投资的各类风险敞口从风险规避者转移至风险偏好者。这些风险必然存在，原因是企业需要对未来有关事宜进行决策，例如确定存货规模、持有库存数量、做出商业承诺等，而这些业务受到相关价格（或对债务工具而言为利率）未来不确定性走势的影响。

无论是否存在期货、期权市场，很多经济个体在面临上述风险时普遍采取的做法是听之任之，或将其视为公司业务的必然产物，或将其当作实现潜在盈利的必然代价。例如，很多普通股票投资者并不进行风险对冲，而更倾向于维持自身风险敞口以期在价格上涨时获利。

钢铁企业也是如此，钢铁企业的资产和收入会随着产品价格或利率波动而出现正向或反向的变动。例如，受金融危机影响，铁矿石及钢材市场价格大跌，宝钢股份曾在2008年第4季度一次性计提存货减值准备48亿元，其中仅铁矿石就计提16亿元减值准备。但现实经济中也存在选择对此类风险进行对冲的其他主体。而且随着传统商品现货市场规模的扩展和金融期货、期权市场的出现及增加，此类对冲操作变得更为广泛。

随着品种的不断扩充，目前国内商品期货市场基本做到了，对于国际和国内主流大宗商品，均有对应的期货品种上市交易，为企业套期保值规避价格风险提供了极大的便利。对于钢厂来说，可以通过买入铁矿石、焦煤或焦炭期货，对冲原料价格上涨的风险，也可以通过卖出螺纹钢或热轧卷板，对冲产成品价格下跌的风险。

前文所述内容基于套期保值者可以进行完全的风险对冲，即期货、期权的合约条款可以精准设计，期货合约价值变动与标的资产价值变动完全负相关，因此套期保值者可以通过选择合适的合约来达到完全消除自身风险敞口的目的。对期权来说，完全的对冲是指现货市场资产或商品与期权标的资产完全相同。现实中构建上述的完全对冲头寸很难，要么是因为成本太高，要么是因为还存在其他各种障碍。此时仍可构建对冲头寸，只不过不是那么完美，用来对冲的期货头寸价值不会按照1：1的比例与现货头寸价值呈反向变动。若情况如此，对冲的效果或多或少存在一定的局限性并且存在基差风险。

举例来说，可能不存在交割地点、合约大小、资产类别正好与完全对冲要求一致的期货合约。对于生产型材或是管材的钢铁企业来说，期货市场上并没有对应的相应品种标的，但如果对应的管材品种与螺纹钢期货历史价格上存在非常高的相关性（一般需要相关系数至少高于0.8才认为有强相关性），那么企业就可以选择使用螺纹钢期货来进行对冲，即所谓的“交叉套保”；而且最终的套保效果并非是价格完全的1：1变动，有可能是管材现货在某一阶段下跌了100元/吨，而盘面螺纹钢期货下跌了120元/吨，无法做到完全的对冲，但这相比于完全不进行套期保值仍然规避了绝大部分的价格风险；需要指出的是，即使现货与期货标的完全对应，阶段性价格变动不一致的风险也是存在的，即所谓的“基差风险”，但无论如何，即使不是完全对冲，对冲后面临的风险敞口也要远远小于对冲前。

三、投机的作用

投机的作用有风险承担、流动性提供、价格发现与定价基准。正如前文所述，期货、期权市场可以用来投机，也可以用来对冲风险。从事投机交易的个人或机构通过市场持仓

来获得风险敞口，希望通过准确把握未来价格走势而获利。

（一）风险承担与风险管理

最主要的好处之一就是投机者自愿承担套机保值者想要规避的风险，因为通常来讲投机者是套保者的对手方。这里需要强调这种制度安排的两个重要方面：第一，套期保值者想要规避掉的风险是经济内生的，这与赌博产生的风险是不同的；第二，期货期权市场为公司和个人提供了降低而非消灭风险的一种手段，从整个社会的角度来看风险没有被消灭而是转移了。这也是期货期权市场的主要经济功能。参与这些市场的投机者承担了他人想要规避的风险。或按经济学术语来讲，期货期权市场有助于促进风险承担在社会范围内更有效、更优化的分配。

然而很多时候，期货期权市场中占主要比例的交易和持仓并不涉及风险从套期保值者向投机者的转移。很多情况下，投机者在多空双方都会出现，此时交易各方的风险敞口都增加了。也就是说，这些交易的基本驱动因素不是风险偏好之间的差异，而是对价格或利率未来走势预期的不同。然而，这类交易行为同套保者与投机者之间的交易行为一样，都发挥了下文所述的重要经济功能。

前文已经从套保和投机的角度深入探讨了期货期权市场的交易行为，交易目的或是转移风险，或是承担风险。对众多市场参与者而言，这些行为应该更准确地被称为风险调整。如前所述，持有未经对冲的商品或证券现货头寸与纯粹投机者所持头寸相比，面临的风险敞口特点有类似之处，在存在可用于对冲的期货、期权合约的时候更是如此。这当然也是现货市场中许多公司和个人选择的传统持仓方式。

也有其他的公司通过使用期货、期权合约来实现部分对冲，降低而非消除特定的价格风险，还有一些市场参与者或通过调整现货市场的存货或组合头寸，或通过调整期货、期权市场的头寸来调整自身的风险敞口。此外，在一些情况下，有些公司会将自身期货或期权的净头寸从部分对冲转向投机，以此扩大现货持仓风险敞口。

（二）流动性提供

投机交易的重要经济功能之一就是提高其所参与的期货期权市场的流动性。投机者的参与增加了市场中的买卖报价总量，使得那些想要快速建立对冲或在之后需要平仓的交易者更容易达成交易。而且，期货期权市场中的投机者和其他市场参与者还可能有利于增加标的资产现货市场的流动性。

（三）价格发现

投机者与套期保值者的另一项重要经济功能是价格发现。投机者需要准确预测价格、利率的未来走势才能实现盈利。为加强自身的预测能力，至少有一些投资者会花费大量资源，投入大量时间来收集、分析现在与未来的供求信息，这些信息将影响期货与期权标的资产的现货市场价格。市场参与者基于这些信息作出决策，期货、期权与现货市场通过套利交易紧密相连，促使衍生品市场和标的资产现货市场所达成的价格水平最大限度地反映人们所掌握的现在、未来供求相关信息，这反过来又促进商品生产与消费、资本借贷、投资与储蓄更为有效地开展。

虽然期货、期权的价格发现功能似乎是经济学家们广泛认可的，但这一功能的发挥需要满足某些条件。其中一个就是，期货期权市场和现货市场所确立的价格要想更为准确地反映基本供求关系，前提是投机者能够有效地收集并准确地处理市场信息。

然而，也有观点认为投机者有时会误读信息，导致价格走势偏离基本面。根据美国联邦储备委员会、商品期货交易监管委员会（CFTC）、证券交易监管委员会（SEC）及美国财政部共同向美国众议院农业委员会提交的一份报告（《期货期权交易对经济影响的研究》）的研究显示，大部分关于期货和期权市场对现货市场价格影响的实证研究，以及直接分析现货市场价格走势的研究都表明：期货和期权市场对于现货市场的价格具有稳定作用，或者说至少不会令现货市场价格的波动更剧烈。当然，这些研究也没有排除在某些特定时期内，异常活跃的投机交易会引起价格过度波动的可能性。

（四）定价基准

与价格发现相关的一个概念是定价基准，即使用期货价格作为交易所之外的市场中类似商品的定价基础或出发点。例如，期货市场确立的铜期货价格经过相应调整后可以成为全球铜现货交易定价基础。之所以选取期货价格来作为定价基础，是因为现货市场在地理上是分散的，而且成交并不活跃。

第二章　套期保值基础知识

第一节　套期保值的概念与原理

一、套期保值的概念

套期保值是指在期货市场买入或卖出与现货商品（或资产）相同或相关、数量相当、方向相反、月份相同或相近的期货（或期权等）合约，从而在期货和现货两个市场之间建立盈亏冲抵机制，以转移价格波动风险的一种交易方式。当然，如果企业不是通过期货合约，只要通过建立衍生品头寸，比如期权等，来对冲现货市场风险，都可以算作套期保值。

按照在期货市场上所持有头寸（即持仓合约）的方向，套期保值分为买入套期保值和卖出套期保值。

（1）买入套期保值：即买进期货合约，以防止将来购买现货商品时因价格上涨而导致的成本增加。买入套期保值常应用于企业的采购端，即当未来原料采购价格不确定时，为规避未来原料价格上涨所采用的保值方式。

（2）卖出套期保值：即卖出期货合约，以防止未来卖出现货商品时因价格下跌而带来的亏损。卖出套期保值常应用于企业的销售端，即当未来产成品价格不确定时，为规避产成品价格下跌而采用的保值方式。

套期保值方向的判断对于企业来说非常重要，简单来说，就是企业担心现货出现某个方向的价格变动，就在期货市场上做什么。例如，企业担心未来现货价格下跌，就可以通过期货市场进行卖出保值；反之，如果企业担心未来现货价格上涨，就可以通过期货市场进行买入保值。

二、套期保值的原理

期货市场的套期保值功能之所以成立，主要是基于以下原理：期货价格与现货价格走势趋于一致，即期货价格与现货价格之间的同向性和趋合性。

（一）期货价格和现货价格的同向性

同一种特定商品的期货价格走势和现货价格走势是一致的。由于期货和现货都是针对同一种商品的，它们的价格受相同因素影响和制约。因此，一般来说，同一种商品的期货价格和现货价格在长期走势上会趋于一致；只是，在某一时间段受时间因素、成本因素和其他因素影响，两种价格会出现偏差，或因涨跌幅度不同而产生差异。实践中，由于期货价格是未来的价格，因此，期货交易价格变化比现货市场更敏感。当市场价格受外部因素影响出现下跌压力时，期货市场价格可能会率先下跌，反之，则可能提前上涨。但最终，两者都服从于更长期的市场因素，从而在中长期价格走势趋于一致。

（二）期货价格和现货价格的趋合性

期货价格和现货价格随着期货合约临近到期日而趋于一致。因期货市场交易和交割机制的存在，会使期货和现货两种价格具有“收敛”规律。在实践中，期货往往和最便宜可交割现货在交割时收敛到相同价格水平。即：因为期货合约到期时如果不采取反向平仓，就必须进行实物交割。当期货合约临近到期日时，两者价格的差异必然接近于零。否则，就会因为价差的存在而形成套利机会。而套利机会本身会促使市场有利可套的期货头寸增加，通过大量的套利头寸涌入，会使套利空间趋于缩小，从而促使期、现两种价格趋于一致。

在价格运行中，期货价格与现货价格经常存在价差，而价差回归的方式有三种：

（1）期货现货同涨，涨幅不一致来抹平价差；

（2）同跌，跌幅不一致来抹平价差；

（3）一种涨另一种跌，双向回归抹平价差。

例如，某企业为了防范6个月后产品出厂销售价格下降风险，可以在确定这批生产计划时，按照当时可以接受或认为有利的市场价格预先建立一笔对应的卖出期货头寸，价格是110元，这时的现货市场价格在100元左右；6个月后市场销售价格果然下降到80元，这时，企业产品生产出来并且需要及时销售，该企业就按照当时80元的价格出售产品，比计划确定时的市场价格低20元；但是，由于当初建立了按110元卖出的期货合约头寸，这时，企业进行期货平仓（以买入同种合约的方式），期货账户盈利30元。如此一来，企业通过期货市场的盈利弥补了现货市场的亏损。当然，有时市场也会出现另一种反方向变化，即会出现现货市场涨价、期货市场头寸亏损的情况。这时，企业按照现货市场上涨的价格出售产品，获得了比计划时多的盈利，可以弥补期货市场保值头寸的亏损。这也是套期保值中经常会遇到的一种情况。

总之，由于同一种特定商品的期货和现货的主要差异在于交货日期前后不一，而它们的价格则受相同的经济因素和非经济因素的影响和制约，因此套期才能够保值。而且，期货合约到期必须进行实物交割，这使得现货价格与期货价格趋向一致，因而期货和现货价格具有高度的正相关性。在具有高度正相关性的两个市场中进行反向操作，必然能够达到对冲的效果。基于上述原理的作用，使得生产、加工和流通企业能利用期货市场进行套期保值来规避风险。

第二节　套期保值理论的发展

套期保值是期货市场的基本功能之一，是期货市场产生和发展的基础。随着期货交易的发展，套期保值的理论也在不断地发生变化，经历了从传统套期保值理论到基差逐利理论，再到组合套期保值理论的转变过程。

一、传统套期保值理论

Keynes（1923 年）和 Hicks（1946 年）最早阐述了传统套期保值理论。他们认为，套期保值的目的并不是从期货市场上获取收益，而是通过在期货市场上建立与现货市场“品种相同、数量相等、方向相反、时间相近”的头寸，从而完全规避现货价格波动所带来的风险，即完全套保。这个理论成立的前提是商品的期货市场和现货市场受到大体相同因素的影响，价格呈现出同趋势、同幅度的变动。在这种情况下，期货合约到期时一个市场的利润可以用来弥补另外一个市场的损失。现货市场和期货市场两个市场都是完美市场，即不存在交易费用和税收，是传统套期保值理论实现的前提。但在实践中，现货和期货市场都不是一成不变的，而且还存在如交易费用、冲击成本、基差等诸多限制性条件，实现完全套保几乎不可能。因此，市场将传统套期保值理论称为“机械套期保值理论”或者“简单套期保值理论”，其意义在于揭示了套期保值作为一种风险管理策略和方法的作用机制。

二、基差逐利理论

20 世纪 30 年代，G. Hoffman 和 Irving 在对美国期货市场玉米、黄油、鸡蛋等期货合约的持续性研究中发现，套期保值的净头寸主要是空头头寸，并随着商品库存量的变化而变化，而这些空头头寸主要来自于实体行业的套期保值者，即生产商和大贸易商。其后 Irving 提出了著名的“欧文定律”，即套期保值者而非投机者是期货市场诞生的主要力量，这个观点具有革命性意义。如果欧文定律成立，套期保值者在市场中的地位就非常显著，那么套期保值的结果不一定会将风险全部转移出去。但可以选择相对较小的基差进行套期保值以避免现货价格变动的大幅风险。所谓基差，就是现货减去期货的价格差值。

在此基础上，沃金（1953 年，1967 年）逐步发展并创造性地提出了基差逐利的套期保值理论。他认为套期保值的目标不是最小化风险而是最大化收益，套保者可通过寻求基差方面的变化来谋取利润，套期保值是对基差进行的投机。与传统套利保值理论不同，基差逐利型套期保值理论认为市场不是完美的，期货和现货的涨跌幅度不一定相等，市场上存在基差，并且随着期货合约到期日的临近，基差会逐渐收敛。因此，根据该理论，套保者可以通过选择不同时间跨度的现货与期货来规避一段时间范围内的风险，达到套期保值的目的。另外，该理论也允许套期保值者根据对基差的预测进行不完全套保，留下部分现货资产作为风险敞口不进行套期保值交易，以赚取利润。可以看出，基差逐利型套期保值理论认为套期保值首先是一种套期图利行为，也被称为预期利润最大化理论。基差逐利型套期保值理论是期货市场上基于“点价模式”构建策略的理论基础，很好地解释了“现货套利”“基差交易”和“交割套利”策略的逻辑。

沃金的观点对于解释套期保值的动机具有重要意义：

（1）期货市场套期保值操作有利于现货市场的买卖决定。当期货市场套期保值与现货市场采购或销售有序地一一对应地进行时，由于这时候人们需要关注的是能否从现货市场和期货市场的组合操作中获利，就没必要只考虑某一买卖的价格相对于其他现货价格是否有利可图，也没必要考虑价格的绝对水平是否有利。

（2）套期保值操作为商业决策提供了更大的自然度，最为明显的就是买进决策。例如，在棉花的收获季节，棉花加工商认为棉花的价格处于较低水平时，可以直接在期货市场上买入，而在现货市场上理想的高品质棉花是不能立刻买到的。

（3）套期保值提供了可靠的指标——基差来指导剩余商品的仓储。仓储剩余的商品是非常不确定甚至是危险的事情。然而参与了套期保值之后，仓储变得相对简单。可以根据基差的变化及预期确定的仓储数量，减少原料的采购成本。

以上原因都有助于降低风险。扩大的套期保值概念强调套期保值不仅仅要降低风险，而且要获得预期利润，即“套利套期”。

三、组合套期保值理论

Johnson（1960 年）和 Stein（1961 年）提出用 Markowitz 的组合投资理论来解释套期保值。组合投资型套期保值理论认为，交易者进行套期保值实际上是对现货市场和期货市场的资产进行组合投资，强调预期套保的收益最大化和风险最小化。与传统套期保值理论以及基差逐利理论相比，套期保值比率是组合投资型套期保值理论的最大改进之处。组合投资理论认为套保者需要同时考虑风险和收益，根据现货市场和期货市场的交易头寸以及相互之间的相关性确定最优套保比例。

引入组合投资理论后，最佳套保比例以及套期保值有效性问题成为期货市场研究的热门话题。组合投资套期保值理论的核心就是最佳套保比例的确定问题。根据风险度量方法和效用函数选择的不同，对最佳套保比例的研究可分为两类：一类是从组合收益风险最小化的角度，研究最小风险下的套期保值比例（Risk-minimizing Hedge Ratios）；另一类是综合考虑组合收益和组合收益的方差，研究效用最大化下的均值-风险套期保值比例（Mean-risk Hedge Ratios）。

第三节　套期保值工具❶

由于远期、互换（掉期）、期货及期权等交易工具都有风险管理功能，套期保值者既可以选择单一套期保值工具进行套期保值，也可同时选取多种工具进行组合以达到与企业情况配套的最优套保效果，套期保值工具特点及风险如图 2-1 所示。

如何科学选择合适的套期保值工具，对于提高风险管理效果、降低风险管理成本至关重要。具体来说，主要考虑以下几点：

（1）套期保值工具的可用性。由于衍生品交易风险大，对专业性要求高，因此，国家对企业参与衍生品市场的交易有较为严格的规定；而国内衍生品市场并不发达，可用工具较少。因此，对于国内企业来说，具体选择何种套期保值工具，首先要看有没有符合企业的套期保值工具，企业能否利用该工具。比如对多数企业来讲，都难以进入国外衍生品市场进行套期保值；再比如目前国内期权市场还比较单薄，因此，商品现货套期保值的交易工具主要限制在国内三大期货交易所上市的相关期货合约。

（2）企业偏好。要看是否吻合现货风险特点、企业风险偏好及财务能力。由于各种套

❶ 编者注：出于教材完整性考量，本节对 4 种用于套期保值的衍生工具做了全面的介绍，但实践中国内企业用到的主要是期货和期权工具，而期权目前主要为场外期权，作为一般性阅读的读者可以跳过本节。

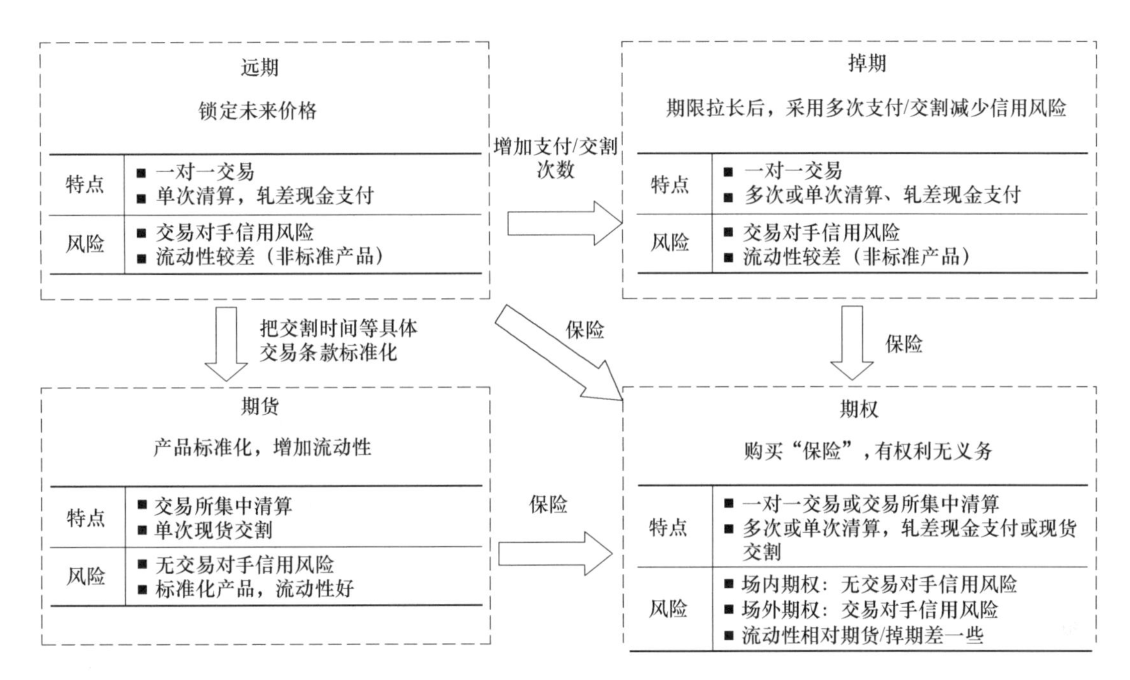

图 2-1　套期保值工具特点及风险

资粒来源：由汪滔提供

保工具的风险规避特点不同、保值成本不同以及对资金的要求不同，因此，企业应根据现货资产风险特点和企业自身的风险偏好等，有针对性地选择套期保值效率高、交易稳妥性强的工具。当然，该工具对资金的要求必须符合企业实际财务状况，技术操作难易程度要符合企业的人才状况等。

（3）风险可控性。从风险可控性来说，国外市场不如国内市场，场外交易市场不如场内交易市场，结构性产品不如基础性产品。这里说的国外不如国内，是特有所指。譬如，从法规掌握和交易的便利性上讲，选择国外市场不如国内市场更便于控制风险；从市场深度、交易机制灵活性和合约丰富性的方面讲，国外有的成熟市场具有一定的优势。再譬如，场外交易虽然具有典型的信用风险，但是，具有交易个性化特点，有利于满足企业个性化保值需要，如果保值企业具有足够的风险识别能力和实践经验，也可以采取场外交易手段对某些项目的风险实施保值。

一、远期交易

（一）概念和特征

远期交易（达成远期合同的交易）是指买卖双方签订远期合同，规定在未来某一时期按一定价格进行实物商品交收的一种交易方式。远期交易在本质上属于现货交易，是现货交易在时间上的延伸。实际上，远期合约是商品经济发展的产物，是生产者和经营者在商品经济实践中创造出来的一种规避交易风险、保护自身利益的商品交换形式。农作物的播种与收割之间有较大的时差，如果仅有现货交易，那么一个农场主的命运就完全取决于其农作物收割时农作物现货市场价格，面临的风险极大。但如果能够在播种时就确定农作物收割时卖出的价格，那么农场主就可以安心致力于农作物的生产。因此，从根本上说，远期合约就是为规避现货交易风险的需要而产生的。

远期合约不同于期货、期权交易，它没有固定的交易场所和有形设施，远期合约具有如下特征：

（1）远期合约是一种金融衍生证券。其对应的原生证券为即期或现货的商品或资产，如农产品、能源矿产、金融工具等。

（2）远期合约是一种金融避险工具。无论将来商品或资产的价格如何波动，交易双方必须按照已经签订的远期价格执行。

（3）远期合约是一种不可流通证券。远期合约是按客户要求签订的、非公开的，包括合约规模、资产交付等级、交付地点、交付日期等可磋商条款的衍生证券。

目前常见的远期合约更多是基于金融衍生品，主要包括远期利率协议、远期外汇合约、远期股票合约等。

（二）远期合约的作用及应用

1. 远期合约的作用

（1）远期合约可以稳定供求双方之间的产销关系。远期交易合约也被认为是一种预买预卖的合同。对于供给者而言，他可以预先将商品卖出去，从而能够预知商品的销路和价格，专心组织生产，使生产不受未来可变因素的大的影响。对于需求者而言，他可以预先按照可接受的价格订购商品，从而能够预选商品的来源与成本，依此筹措资金，筹划运输、储存等工作，甚至在预买的基础上还可以安排预售，使各环节有机地衔接起来。因此，远期合约对供需关系的作用主要表现为稳定产销关系。

（2）远期合约可以在一定程度上减少市场风险。远期交易在许多方面弥补了现货交易的不足，这是其得以产生并发展的根本原因。现货交易的缺点主要表现在成交的价格信号短促，即这种现货价格信号对于指导生产与经营活动有很大的局限性。生产者与经营者如果按照现货价格去安排未来的生产和组织未来的经营活动，就会面临未来市场价格与目前市场价格发生较大偏差的风险。为了避免或减少市场的这种风险，人们开始设法寻找分担风险的办法，于是便出现了在生产尚未完成，经营者就先与生产者签订远期合同预购产品，待产品生产出来之后再将产品交付给经营者的远期合同交易活动。

2. 远期合约的应用

下面通过一个农业远期订单实例具体阐述远期合约的应用。

农户经过成本核算之后，粗略计算每吨玉米成本在 1,000 元/吨，与经销商于 2017 年 3 月 30 日签订了一份远期合约。合约规定，农户在 6 个月后也就是 2017 年 9 月 30 日向经销商提供玉米 10,000 吨，价格为 1,200 元/吨。这样，到 9 月 30 日农户收割之后，不论当时市场价格如何，都按之前签订的远期合约价格销售，农户可以专心于生产。

二、互换交易

（一）概念和特征

互换交易（掉期交易）指的是交易双方（有时是两个以上的交易者）参加同一笔互换交易，预约在一定时期内互相交换货币或利率的金融交易。也有观点认为：互换交易主要指对相同货币的债务和不同货币的债务通过金融中介进行互换的一种行为。不论怎样定义，互换交易的本质在于通过这一交易降低长期资金筹措成本和资产、债务管理中防范利率和汇率风险。互换交易也是20世纪70年代以来金融创新的重要工具之一。目前，已经形成了较具规模的互换交易市场。在这个市场上，互换交易的一方当事人提出一定的互换条件，另一方以相应的条件承接下来。利用互换交易，就可依据不同时期的不同利率、外汇或资本市场的现实动向筹措到理想的资金。因此，有专家认为互换市场是最佳筹资市场。互换交易的出现为金融市场增添了新的保值工具，也为金融市场的运作开辟了新的境地。

互换交易具有以下几个特征：

（1）互换交易是结构标准化的金融交易工具。1985年国际互换及衍生品协会成立后，互换交易开始统一交易用语，制订标准的合同格式，统一利息的计算方式。该协议要求交易双方在达成第一笔互换交易前（或之后）签订一个“主协议”，同时可对各项条款进行讨论、修改和补充。在“主协议”项下，交易双方的每一笔互换交易仅需要一个信件或电传来确定每笔互换的交易日、生效日、到期日、利率、名义本金额、结算账户等即可成交。该协议使金融互换结构进入标准化阶段，使交易更方便，提高了交易效率。

（2）定价因素复杂多样。互换交易的价格主要表现为互换时所愿意支付的利率、汇率水平。因此，影响互换价格的因素比较复杂，定价过程也较为复杂。主要影响因素有：进行互换交易时的市场总体利率水平、汇率水平及其波动幅度和变化趋势；互换本金数量、期限；互换双方自身的资金状况与资产负债结构；互换伙伴的信用状况；互换合约对冲的可能性。因此，互换交易是一种比较复杂的交易技术。

（3）参与交易的机构多元化。互换市场是典型的场外交易市场，参与机构多样化，包括最终用户和中介机构。最终用户是指各国政府尤其是发展中国家的政府及其代理机构、世界范围内的银行和跨国公司、储蓄机构和保险公司、国际性代理机构与证券公司等。最终用户参与互换的基本目的是获得高收益的资产或低成本融资，实施资产与负债的有效管理，回避正常经济交易中的利率或汇率风险以及进行套利、套汇等。中介机构主要包括发达国家的投资银行和商业银行、证券交易中心等。它们参与互换的重要目的是为了从承办的业务中获取手续费收入和从交易机会中得到盈利。

（4）与其他金融工具结合的衍生能力较强。随着金融创新的发展，互换交易集合了外汇市场、证券市场、短期货币市场和长期资本市场业务，既是融资的创新工具，也是金融管理的工具。互换交易手段被金融机构同其他金融工具相结合，衍生出许多新的更加复杂的衍生产品，如与期权结合产生互换期权，与期货结合产生互换期货，与股票指数结合产生股票指数互换等。

此外，互换交易还能满足交易者对非标准化交易的要求，交易期限灵活，长短随意，最长可达几十年，适用面广；用互换套期保值可以省去对其他金融衍生工具所需头寸的日常管理，使用简便且风险转移较快。

（二）互换交易的类别

互换交易的类别有利率互换和货币互换，具体如下：

（1）利率互换。利率互换是指双方同意在未来一定期限内根据同种货币的同样的名义本金交换现金流，其中一方的现金流根据浮动利率计算，而另一方的现金流根据固定利率计算。

互换的期限通常在 2 年以上，有时甚至在 15 年以上。双方在固定利率和浮动利率市场上具有比较优势是利率互换的主要原因。

（2）货币互换。货币互换是将一种货币的本金和固定利息与另一货币的等价本金和固定利息进行交换。

双方在各自国家中的金融市场上具有比较优势是货币互换的主要原因。

（三）互换交易的作用及应用

1. 互换交易的作用

（1）风险管理功能。互换交易提高了利率和货币风险的管理效率，即筹资者或投资者在得到借款或进行投资之后，可以通过互换交易改变其现有的负债或资产的利率基础或货币种类，以从货币或汇率的变动中获利，或防范利率和汇率波动风险。

（2）投资功能。由于不同市场、不同货币之间存在价格差异，因此，投资者可以通过在金融市场之间或币种间进行套利交易，降低筹资成本或提高投资资产收益。

（3）融资功能。由于互换交易为融资者提供了控制成本的机制，为投资者提供了套利空间，因此，筹资者可以利用金融互换在熟悉的或有利的市场上筹措资金，融资渠道有所拓宽。

（4）资产管理功能。大多数互换是在场外交易，可以规避外汇、利率及税收等方面的管制。因此，投资银行可利用互换交易创造新的证券或交易方式，满足投资者不同的投资或投机需求。

金融互换的产生，主要是为了规避金融风险，但互换交易本身也存在许多风险。除了通常的经济、政治和自然社会因素外，主要在于操作风险，如过度投机、内部控制机制不健全等，以及其他风险因素，如信用风险、欺诈风险等。其中，信用风险是互换交易所面临的主要风险，互换方及中介机构因各种原因发生的违约拒付等不能履行合同的风险，以及流动性风险，达成交易后不像期货交易那样容易随时退出。另外，由于互换期限通常时间较长，对于买卖双方来说，还存在着互换利率的风险。

2. 互换交易的应用

1981 年 8 月，美国所罗门兄弟公司为 IBM 公司和世界银行安排了一次货币互换。当时 IBM 公司绝大部分资产以美元构成，为避免汇率风险，希望其负债可以与资产对称也为美元；世界银行希望用瑞士法郎或西德马克这类利率最低的货币进行负债管理。同时，世界银行和 IBM 公司在不同的市场上有比较优势，世界银行通过发行欧洲美元债券筹资，其成本要低于 IBM 公司筹措美元的成本；IBM 公司通过发行瑞士法郎债券筹资，其成本也低

于世界银行筹措瑞士法郎的成本。于是，通过所罗门兄弟公司的撮合，世界银行将其发行的29亿欧洲美元债券与IBM公司等值的西德马克、瑞士法郎债券进行互换，各自都达到了降低筹资成本的目的，如图2-2所示。据《欧洲货币》杂志1983年4月测算，通过这次互换，IBM公司将利率为10%的西德马克债务转换成了利率为8.15%（两年为基础）的美元债务，世界银行将利率为16%的美元债务转换成了利率为10.13%的西德马克债务。由此可见，两者降低筹资成本的效果十分明显。

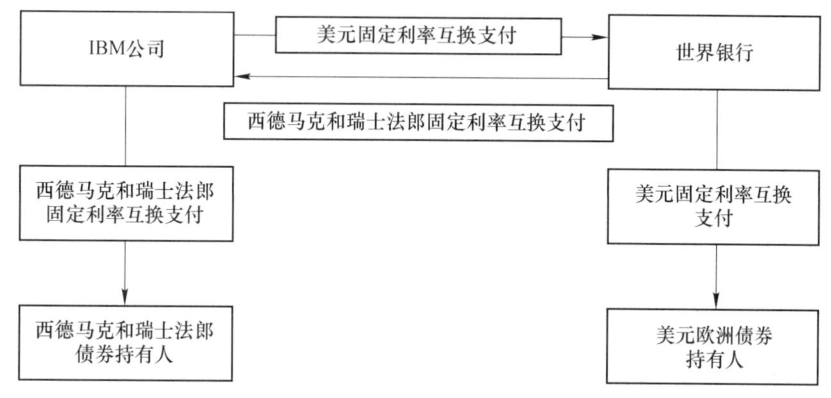

图2-2　世界银行与IBM公司的货币互换

资料来源：《套期保值实务》，姜昌武

三、期货合约

（一）概念和特征

国内外理论界和学术界一直在探讨期货的概念。许多专家和学者都在力求用简短的语言表达其丰富的内涵。一般对期货的理解是将期货看作成一种标准化合约，期货合约是指协议双方同意在将来约定的某个日期，按约定条件（包括价格、交割方式等）买入或卖出一定标准数量的、某种标的资产的标准化协议。合约中规定的价格就是期货价格。

期货早期主要应用于农产品的交易，直到20世纪70年代初，经济环境的转变使得金融市场上的利率、远期、证券价格也发生急剧的波动，整个经济体系的风险增大，而原有的远期交易由于其流动性差、信息不对称、违约风险高等无法满足人们日益增长的需要，于是，期货市场得到了极大的发展。

期货交易建立在现货交易的基础上，是一般契约交易的发展。为了使期货合约这种特殊的商品便于在市场中流通，保证期货交易的顺利进行和健康发展，所有交易都是在有组织的期货市场中进行的。因此，期货交易具有以下基本特征：

（1）交易规范性。期货交易是一种集中交易，是在专门的交易所内进行的，一般不允许场外交易。交易过程有固定的交易程序和交易规则。交易的对象是标准化的期货合约，不会因对合约条款的不同理解而产生争议和纠纷。在交易的过程中，信息披露、结算过程、合约买卖、风险处理以及实物交割，都是按照法律和严格的规则进行的，十分规范，绝不会因人而异、因时而异和因地而异。期货交易的高度规范化是建立公开、公正、公平的市场环境的必要保证，也是期货交易区别于现货交易、远期交易的重要标志。

（2）资产限制性。许多适宜用现货交易方式进行交易的商品，并不一定适宜于期货交易这就是期货交易对于期货商品所表现出的选择性特征。一般而言，商品能否进行期货交易，取决于 4 个条件：一是商品是否具有价格风险即价格是否频繁波动；二是商品的拥有者和需求者是否渴求避险保护；三是商品能否耐贮藏并运输；四是商品的等级、规格、质量等是否比较容易划分不同等级及需要设置升贴水。只有符合这 4 个基本条件的商品，才有可能作为期货商品进行期货交易。

（3）履约保证性。与一般的交易活动相比，期货交易有交易所担保履约，即使合约一方宣布破产，丝毫不会影响合约另一方的利益，合约的履行绝对不会有问题。期货交易所和结算所实行的履约保证金制度、无负债结算制度等严格的规章制度确保了交易所能提供履约担保。履约的保证性对期货交易的正常进行、消除交易者后顾之忧有积极作用。

（4）制度严密性。期货交易有自己独特的规章制度，交易者要严格遵守交易所的规则。期货交易实行严格的保证金制度，交易者不用缴纳全部交易额，一般只需缴纳 5%~10%的保证金。保证金制度使得参与期货投资的人不需具备大量的资金就能够进行交易，同时还为交易者提供了履约保证。一旦交易者所拥有的合约价格下降，购买期货合约的交易者就会被要求追加保证金。如果交易者由于破产而不能履行合约，交易所的信用保证公司可以出面拍卖其财产以抵债。保证金制度是期货交易规范化的重要标志。

（5）合约流动性。期货市场的交易是通过期货交易所来完成的，在期货交易所中，每天都聚集着大量的交易者，不停地买进卖出。经营者可以在期货市场上通过买进或卖出合约来实现对产品进行套期保值的目标。同时交易所内还聚集着大量的投机者，他们为了从价格波动中获得利益而频繁交易，促成合约的快速转手，风险也在每一次合约转手的同时被转让出去。由于转让的合约都是标准化的，交易商品本身并没有进入市场，而且其余额可以通过对冲来了结，因此交易非常频繁，同一份合约到期之前也许会在很多人手中交易过。期货交易所聚集众多的交易者，这些交易者们不用像在现货市场中那样自己去寻找交易对象，交易起来非常方便。随着电子技术和计算机、网络通信等行业的发展，许多期货交易所已经建立了电子交易系统以取代以前传统的柜台交易。

（6）竞价公平性。期货市场上的交易价格是通过集合竞价的方式形成的，因而具有很高的透明度，在交易所内，交易情况是完全公开的，交易所内的公告牌及时把交易价格及交易数量等相关情况公布出来。每一个交易者的交易行为都是通过经纪商来进行的，只有通过了交易所的信用考察，并且缴纳一定数量保证金之后才能进行交易。在交易过程中，每一个交易者处于完全平等的地位，买卖机会相同，盈亏机会也相同。

（二）期货交易的类别

期货交易包括商品期货和金融期货两大类，具体如下：

（1）商品期货。商品期货是指标的物为实物商品的期货合约。商品期货历史悠久，种类繁多，主要包括农副产品、金属产品、能源产品等几大类。截至 2018 年年底，中国在大连商品交易所、上海期货交易所以及郑州商品交易所上市的期货品种有 51 种。

大连商品交易所目前已上市的有玉米、玉米淀粉、黄大豆 1 号、黄大豆 2 号、豆粕、豆油、棕榈油、鸡蛋、纤维板、胶合板、线型低密度聚乙烯、聚氯乙烯、聚丙烯、乙二醇、焦炭、焦煤、铁矿石，共计 17 个期货品种。

上海期货交易所目前已上市的有铜、铝、锌、铅、镍、锡、黄金、白银、螺纹钢、线材、热轧卷板、燃料油、石油沥青、天然橡胶、纸浆，共计 15 个期货品种。此外，上海能源交易中心还上市了原油期货。

郑州商品交易所目前已上市的有普通小麦、优质强筋小麦、早籼稻、晚籼稻、粳稻、棉花、棉纱、油菜籽、菜籽油、菜籽粕、白糖、苹果、动力煤、甲醇、精对苯二甲酸（PTA）、玻璃、硅铁和锰硅，共计 18 个期货品种。

（2）金融期货。金融期货是指以金融工具作为标的物的期货合约。金融期货问世至今不过短短 40 余年的历史，远不如商品期货的历史悠久，但其发展速度却比商品期货快得多。目前，金融期货交易已成为金融市场的主要内容之一，在许多重要的金融市场上，金融期货交易量甚至超过了其基础金融产品的交易量。随着全球金融市场的发展，金融期货日益呈现国际化特征，世界主要金融期货市场的互动性增强，竞争也日趋激烈。金融期货有外汇期货、利率期货、股票指数期货三类。

四、期权交易

（一）概念和特征

期权交易指的是买卖一种能在未来特定时间以特定价格买进或卖出一定数量的特定商品或资产的权利的交易活动。期权买方在支付了权利金之后，获得了期权合约赋予的在规定时间、按执行价格向期权卖方买进或卖出一定数量标的物的权利。期权合约的标的物可以是现货，也可以是期货。期权交易的核心在于通过对一种具有买卖内容的权利的交易，使购买这种权利的人拥有了比现货交易和期货交易都更加灵活选择的机会，即期权购买人可以在认为合约价格有利于自己时行使权利，也可以在价格不利时暂时不行使权利或放弃权利。正是由于期权交易具有这种特殊的选择性，其在辅助企业进行风险管理方面更灵活。期权的构成要素见表 2-1。

表 2-1　期权的构成要素

（1）执行价格，又称履约价格。 • 期权的买方行使权利时事先规定的标的物买卖价格。
（2）权利金。 • 期权的买方支付的期权价格，即买方为获得期权而付给期权卖方的费用。
（3）履约保证金。 • 期权卖方必须存入交易所用于履约的财力担保。
（4）内涵价值（Exercise Value）。 • 内涵价值（期权实值部分内涵价值）（买入期权）= 标的资产价格-执行价格。 • 内涵价值（期权虚值部分内涵价值）（买入期权）= 执行价格-标的资产价格。 • 内涵价值（两平期权）= 0。
（5）时间价值。 • 时间价值=权利金-内涵价值。 • 期权距到期时间越长，时间价值越大，因为对期权买方来说获利的可能性越大；期权距到期时间越短，时间价值越小，因为期权卖方所需要承担的风险越小，故而卖方在卖出期权时所要求的权利金也不会很多。在其他条件不变的情况下，越临近到期日，期权时间价值的衰退速度就会越快；在到期日，期权的时间价值为零。

相较于期货交易，期权交易的特点如下：

（1）买卖双方的权利义务关系。期权交易与期货交易相比较而言，期货交易中的买卖双方具有合约规定的对等权利和义务；而期权交易中买卖双方权利和义务不对等。期权买方具有自由选择是否按照合约规定的价格买入或卖出标的物的权利，即有可选择权；而卖方则没有选择权，只有被动履约的义务。期权卖方在收取期权买方所支付的权利金之后，在合约规定时间内，只要期权买方要求行使其权利，期权卖方必须无条件地履行期权合约规定的义务。

对于在期货期权交易所进行的集中期权交易，期权买方和卖方都可以随时通过反向交易的做法，了结之前建立的期权头寸。

（2）买卖双方的盈亏结构。随着期货价格的变化，期货交易中买卖双方都面临着近乎无限的盈与亏（当然价格不能低于0），即在期货合约结束前，双方的保证金交纳情况都要根据市场价格变化而变化，发生浮动亏损时要及时补充，否则，交易头寸就会被平仓。

期权交易中买方只要交付了权利金，在合约到期行使权利之前不需要再交纳类似期货的保证金，也不会有浮动盈亏；而且虽然其潜在盈利是不确定的，但其亏损却是有限的，因为期权标的物合约价格比市场价格趋于不利时，期权买者可以不行权或放弃行权，因此，最大风险是其为购买期权所交付的权利金额度。而期权的卖方在期权交易中只获得固定的权利费收益，潜在的亏损却是不确定的。这是期权交易区别于期货交易的最突出特点，也是企业运用期权工具进行风险管理时要特别注意区分的关键风险点。

（3）保证金与权利金。期货交易中买卖双方均要向期货交易所交纳交易保证金，但买卖双方都不必向对方支付费用；期权交易中买方向卖方支付权利金，但不交纳保证金，卖方收到权利金，并且在集中交易市场里还要交纳保证金。

（4）交易途径。期货交易按照监管法规要求只能在期货交易所场内进行；而期权交易既可以在交易所内进行也可以在交易所场外，按照一对一谈判的方式进行，也称“对手交易”。场外交易具有方便个性化需要的优点，有时在交易成本等方面也可以方便企业，但是在商品标准化、交易流动性、信息对称性等方面明显不如场内交易。

（5）合约内容。期货交易中的期货合约内容只有交割月份的差异，其他方面如数量、商品品类等都是标准和固定的。由于期权交易多为一对一单独交易，因而在合约内容上具有明显的灵活多样性，不但有月份的差异，还有执行价格、品类等各种差异。

（二）期权交易的类别

（1）按期权购买方的权利划分，期权交易可以分为看涨期权和看跌期权。看涨期权是指给予买方在期权合约有效期内按执行价格买进一定数量标的物的权利；看跌期权是指给予买方卖出标的物的权利。当期权买方预期标的物价格会超出执行价格时，就会买进看涨期权，相反就会买进看跌期权。

（2）按执行时间的不同，期权主要可分为欧式期权和美式期权。欧式期权是指只有在合约到期日才被允许执行的期权，在大部分场外交易中被采用；美式期权是指可以在成交后有效期内任何一天被执行的期权，多为场内交易所采用。

(三) 期权交易的应用

1. 看涨期权

1月1日，标的物是铜期货，它的期权执行价格为7,000美元/吨。A买入这个权利，付出50美元；B卖出这个权利，收入50美元。2月1日，铜期货价上涨至7,100美元/吨，看涨期权的价格涨至100美元。A可采取两个策略：

（1）行使权利。A有权按7,000美元/吨的价格从B手中买入铜期货；B在A提出这一行使期权的要求后，必须予以满足，即使B日后手中没有铜，也只能以7,100美元/吨的市价在期货市场上买入，并以7,000美元/吨的执行价卖给A，而A可以7,100美元/吨的市价在期货市场上抛出，获利50美元（7,100-7,000-50），B则损失50美元（7,000-7,100+50）。

（2）售出权利。A可以100美元的价格出售看涨期权。A获利50美元（100-50）。

如果铜期货价格下跌，即铜期货市价低于敲定价7,000美元/吨，A就会放弃这个权利，只损失50美元权利金，B则净赚50美元。

2. 看跌期权

1月1日，铜期货的执行价格为7,000美元/吨，A买入这个权利，付出50美元；B卖出这个权利，收入50美元。2月1日，铜价跌至6,900美元/吨，看跌期权的价格涨至100美元。此时，A可采取两个策略：

（1）行使权利。A可以按6,900美元/吨的价格从市场上买入铜，而以7,000美元/吨的价格卖给B，B必须接受，A获利50美元（7,000-6,900-50），B损失50美元。

（2）售出权利。A可以100美元的价格售出看跌期权。A获利50美元（100-50）。

如果铜期货价格上涨，A就会放弃这个权利而损失50美元，B则净得50美元。

通过上面的例子，可以得出以下结论：一是期权的买方（无论是看涨期权还是看跌期权）只有权利没有义务。其风险是有限的（亏损最大值为权利金），但看涨期权买方在理论上获利可能是无限的。二是期权的卖方（无论是看涨期权还是看跌期权）只有义务没有权利，在理论上其风险是无限的，但收益是有限的（收益最大值为权利金）。三是期权的买方无需付出保证金，卖方则必须支付保证金以作为履行义务的财务担保。

第四节　套期保值的功能

一、锁定采购成本、锁定销售价格，转移价格波动风险

钢铁企业经营面临着上下游多个原料产品品种的价格的不确定性，在市场剧烈波动时，企业往往会面临巨大风险。

在原燃料端，铁矿石、焦煤、焦炭、废钢等原燃料市场价格波动此起彼伏，通过套期保值可以帮助企业锁定原料端的采购成本，在不同的情形下，通过买入原料期货品种来为已经签订的钢材锁价长单多订成本；在担心原料涨价时，通过买入原料期货来锁定预期成

本；或在原料库存较大担心库存减值时，卖出对应期货品种来管理库存风险等，都是企业锁定采购成本的有效方法。

在产品端同样如此，如果企业销售不畅或担心后市钢价下跌，通过期货市场卖出来锁定售价，有条件的企业还可以通过交割来直接实现销售。

二、锁定预期利润、熨平企业风险

通过购销两端的套期保值操作，套期保值可以实现锁定企业预期利润的功能。比如，某企业年初制定经营预算，计划实现利润 20 亿元，年产量 1000 万吨，也就是说，要完成当年经营任务，企业吨钢利润要达到 200 元/吨。在当年生产经营中，如果期货市场给出的产品价格（如螺纹钢）和原燃料价格（如铁矿石、焦煤焦炭）的价差，在综合考虑基差因素，以及企业生产、销售、品种价差、区域价差等因素，仍然能够实现超过预期利润（即 200 元/吨）的盘面利润，企业就可以同时买入原料期货、卖出产品期货来锁定预期利润。

从长期来看，企业参与套期保值的核心目的是熨平风险，如图 2-3 所示。对钢铁行业这样的周期性行业，企业利润随经济环境变化波动相当剧烈，好的年份企业盈利可能达到几十亿，差的年份可能全行业亏损，企业经营十分不稳定。在极端时期，企业甚至面临破产的风险，而通过套期保值，可以熨平企业的利润，在周期高点，企业效益可能不会达到最佳；但在最困难的时刻，企业亏损也相对较小，经营总体平稳。

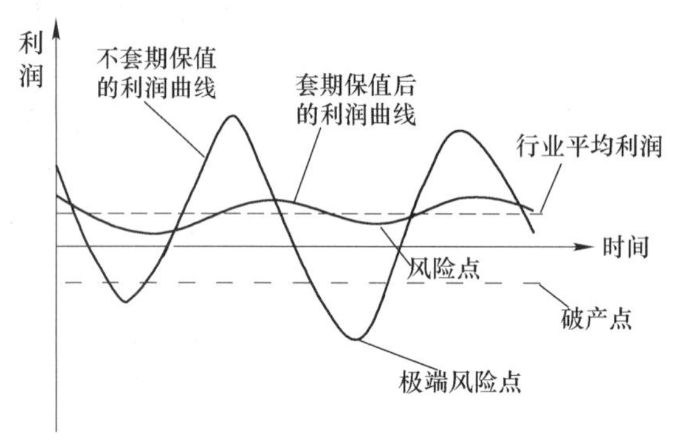

图 2-3　利润（风险）熨平效应图示

理解了利润熨平效应对企业的意义，相应地可以推导出企业的保值目标。既然企业只需要保证风险符合长期稳定经营和发展的需要，那么就没有必要规避掉所有的风险，绝大部分企业并未期望把自己的利润熨成直线，实际上也是做不到的，而是在承受一定风险的情况下追求超额利润。企业套期保值的目的不是规避所有的价格风险，而是将利润（风险）曲线的波幅压缩到企业稳健经营可以接受的程度，这才是企业理性的目标。

三、提升接单效率，稳健企业经营

企业在营销管理中，经常面临订单要不要接的艰难选择。比如，市场价格较低时，客户提出以当期较低水平锁定未来几个月的供货订单价格，不接，销售任务完成压力大；接，未来可能亏钱。在很多时候，企业接单不得不承担一定的风险，或放弃一些有价值的订单。此时，如果能够通过期货市场来提前锁定采购成本，对接单的选择就更有把握，企

业的接单效率因而有效提升，企业生产经营将更加稳定。

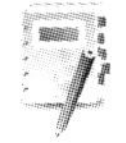

案例 2-1　市场底部的锁价订单：机遇还是挑战

鞍钢集团遵守合同，轻利重诺

21 世纪初，当时的鞍钢集团一直坚持与重点造船客户实行半年一定价的长协模式。当时，造船用钢市场供应相对有限，中厚板产能并不充足，中厚板价格主要跟随造船市场的波动而波动。而船舶制造行业制造周期较长，订单主要受远洋海运市场影响。

2006 年年初，船板市场价格在 4,000 元左右，鞍钢按照这个价格与下游中船重工等重点客户签订了半年锁价的供货合同，但随着中国经济的快速发展，特别是铁矿石等大量需求，海运市场严重供不应求，造船订单大大增加，船板价格飞涨到 8,000 元以上。由于价格变化过于剧烈，很多钢厂都与船厂协商调价，但鞍钢集团决定以信誉为重，仍然坚持执行了协议约定价格，但损失巨大。

一举三得：南京钢铁低位为客户锁价

2016 年年初，钢材市场价格还处在不到 2,000 元的水平，有客户认为市场将逐渐回暖，希望与南钢签订 2016 年 4~6 月锁价订单，每月供货，但价格要锁定在当时 2,000 元左右的水平。为此，客户愿意预付 25%订金。

面对一个很可能要亏损的订单，南钢通过套期保值巧妙实现了双赢：一方面，南钢同意与客户签约；另一方面，利用客户订金中的一部分，南钢在期货市场建仓，买入相应数量铁矿石和焦炭合约，并在之后合同执行，产品交货后相应平仓。

通过这种方式，南钢将成本锁定在了签约时的水平，确保签约时测算的毛利基本实现；同时，南钢也在客户面前建立了讲诚信的良好形象；而且，通过这个合同，南钢还获得了宝贵的流动资金补充企业经营（即客户订金用于期货建仓保证金后的剩余部分），在经营紧张时期获得了宝贵的流动资金。

一举三得！

从案例 2-1 中可以看到，通过期货市场来提升价格风险管理能力，为客户提供更多定价方式选择，有助于企业提升市场占有率。实际上，钢铁行业一项有“不给钱不发货”的传统，也就是说，企业排产很大程度上要根据订单情况来进行，在订单不足时，排产就面临困难。而前述案例中南钢通过锁价订单的形式提前完成了销售，为企业后续生产经营稳定提供了更大的保障。

四、创新商业模式，用价格风险管理能力为客户创造价值

商业模式创新是企业发展的永恒主题，如图 2-4 所示。商业模式描述的是企业如何创造价值、传递价值、获取价值的基本原理，是指从客户价值主张出发，以客户为中心，开展价值创造和价值传递，最终在实现客户价值的同时，获取本企业的价值。

实际上，提升价格风险管理能力，为客户提供价格风险管理服务，帮助客户管理风险，也可以成为一项价值主张。

在钢铁产业链，市场价格波动风险对企业生产经营影响巨大，如果能够通过套期保

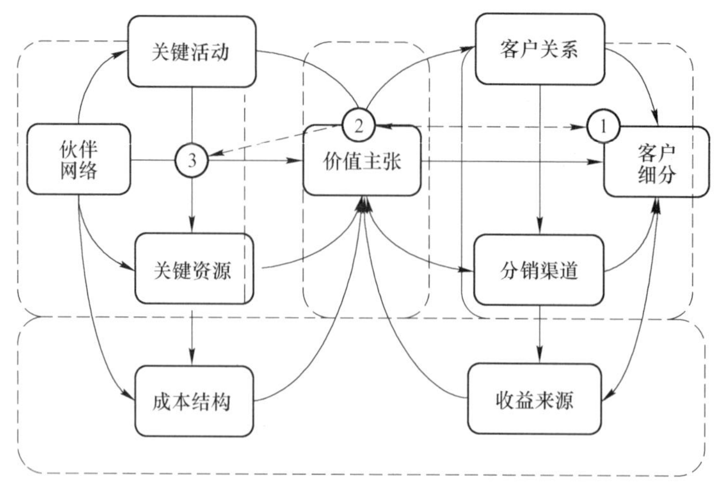

图 2-4　商业模式创新示意图

值，来提升企业市场风险管理的能力，无疑对提升竞争力大有帮助。钢铁企业作为基础材料的供应商，如果能够将价格风险管理能力打造成一项关键能力，将对企业商业模式的创新提供重要支撑。

就制造业用钢而言，下游企业从接单到制造再到交货有一个周期，在这个周期内，钢材价格的波动是无法预知的，这对钢铁企业和下游用户都是一种风险。以船舶制造企业为例，新船接单做造价预算时，船厂希望未来在制造过程中按照造价采购钢铁材料，而钢铁企业为了满足用户的需求，愿意与船厂确定供货数量和供货价格，此时，一方面，钢厂为船厂锁定成本，化解了船厂的风险；另一方面，钢厂为了实现自己的成本管理和利润，就需要利用期货工具对钢厂的原料采购进行锁定。

就建筑业用钢而言，建筑工期往往是比较长的，施工方在向甲方投标建筑造价时，也希望未来在施工期内按照造价采购钢铁材料。如果钢厂计划参与该工程项目全阶段的供货，就需要在施工周期内的各个时段，按照用户的预算供应钢铁材料。此时，钢厂也要实施精细化的成本管理和利润管理，而实现这一目标，钢厂也需要利用期货工具相应锁定原料端和产品端的价格。

总而言之，企业的竞争力来自于产业链的竞争力。期货工具的应用有利于提升产业链的风险管理能力，实现上下游企业之间的共赢，这也是商业模式创新的核心要义。

五、期货市场的其他功能

期货市场的其他功能包括：

（1）节约流动资金。相对于远期合约与现货库存，期货交易的保证金制度可以使得企业不但减少了购买原材料占用的资金，而且大大降低了原材料的库存费用，降低了企业的库存成本。

（2）减少信用风险。期货交易实行严格的结算交割制度，违约的风险很小。交易所结算部对所有期货合约交易者起着第三方的保证作用，一系列严格的制度和程序，使得期货市场正常运转。相对于远期合约的履约率，期货交易的安全系数较高。

（3）提高流动性。在期货市场里，有许多的买者和卖者，他们当中有套期保值者，有套利者，有投机者。众多的市场参与者使得市场成交非常活跃，流动性较好。流动性好的市场，买卖盘价差较小，报价频繁，市场比较稳定。这种高流动性使得企业通过期货市场运作的效率大幅提高而成本却大幅减少。比如当价格快速下跌时，企业期望通过现货迅速卖出库存规避风险的可能性是很小的，但通过期货市场企业能够快速达到对库存保值的目的，同时成本也相对更低。

案例 2-2　库存管理：极端市场环境如何应对

T 钢：焦头烂额的采购部门

2015 年第 3 季度末到第 4 季度期间，钢铁行业陷入了前所未有的低谷期，铁矿石、钢材市场价格一路下跌，整个市场一片悲观，价格一天一跌。

在这种市场中，许多大型钢铁企业都碰到一个问题：为了稳定供应，钢厂会签订有矿石采购长协合同，根据合同，每月要采购相应数量的进口矿，价格参照指数定价。在迅速下跌的市场中，这些合同令企业非常头疼。

位于河北的 T 钢公司就碰到这个问题，矿石一船船发过来，库存每天都在贬值，企业一直在失血。一般来讲，钢厂对类似市场环境主要是缩减库存，一方面少采购，另一方面将进口矿落地后转卖他人，唐钢采购部门也是这样做的，但在 2015 年第 4 季度的市场环境下，根本无人接货！采购部门每天焦头烂额，到处联系客户，但效果有效，只能眼睁睁看着库存贬值。

S 钢：顺利渡过 2015~2016 年的市场下行期

与 T 钢形成鲜明对比的，就是位于华东的 S 钢。S 钢是一家小规模的特钢企业，年产量 200 万吨。虽然企业产品是特钢，与螺纹钢、线材、热轧等期货品种相关性并不好，但是 S 钢管理层还是非常重视期货套期保值的功能，并根据企业实际经营情况，制定了相应的套期保值策略。

S 钢的套期保值思路是：将企业风险的净敞口，主要是企业的原料、在产品和产成品库存看作一个整体的库存，将其折合成原料，以铁矿石期货为主、焦煤焦炭期货为辅来进行库存风险管理。即根据企业净敞口情况，持有相应数量的铁矿石、焦煤、焦炭期货空单来对冲风险，并根据企业自身的风险偏好以及对市场风险的判断，来调整企业的套保比例。

S 钢并没有把套期保值看作独立业务，而是根据这一经营模式调整了管理架构和决策流程，将现货部门与期货部门统一纳入经营管理部，经营管理部在期货领导小组的领导下进行统一操作和考核。

同样经历了 2015~2016 年的市场波动，S 钢的期货负责人表示："我们当时做得还比较舒服！"

（4）价格发现功能。期货市场具有价格发现的功能，市场价格会随着经济环境、供需的变化而起伏，参与期货市场有助于企业掌握生产原料的价格走势。期货市场参与者广泛，既包含了生产商、贸易商、消费者，又包含了专门利用期货市场信息进行投机操作的投机者。因此，期货市场通过汇集各方面参与者对于价格走势的看法，在很大程度上反映了行业价格的趋向意识，借助于期货价格可以校验企业的销售价格，有助于企业把握市场脉搏及价格走势，避免企业落后于市场意识。同时企业可以积极利用期货的远期价格对上下游客户进行定价，只要同步进行保值就不会产生新的风险，这样有助于企业安排生产和经营，扩大市场份额。

（5）改善企业利润。套期保值真的不能带来利润吗？并非如此。钢铁企业中套期保值开展比较好的南京钢铁就比较注重套期保值改善利润的功能。套期保值要特别关注基差，选择基差有利时进行套期保值操作，在锁定风险的基础上，基差的回归还会带来一块利润。

第三章　国内商品期货市场概述

第一节　商品期货市场发展现状

商品期货是指标的物为实物商品的期货合约。商品期货历史悠久，种类繁多，主要包括农产品期货、金属期货和能源化工期货等，如图 3-1 所示。中国期货市场逐渐成长为国际商品期货市场中颇具影响力的市场。

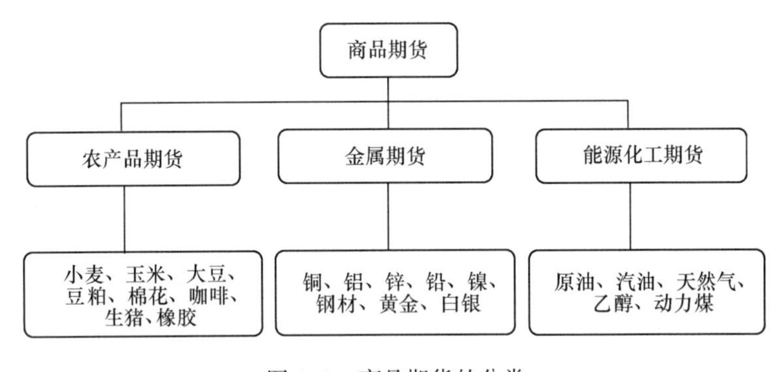

图 3-1　商品期货的分类

一、期货市场的起源

现代意义上的标准期货交易在 19 世纪中期产生于美国芝加哥。

1848 年，芝加哥的 82 位商人发起组建了芝加哥期货交易所。1851 年，芝加哥期货交易所引进了远期合同，且主要是从会员自律管理的角度为确保远期合约有效执行进行管理。

1865 年，芝加哥期货交易所在远期合约基础上加以改进完善，推出了标准化的可以转让的“远期合约”，同时实行了标准的保证金制度，即由交易所向签约双方收取不超过合约价值的保证金，作为履约保证。这就是教科书所说的现代期货交易的起源。

1882 年，交易所允许以对冲方式（即无需进行钱物交割，只需进行价差结算）解除履约责任，这更加方便和吸引了各类投资和投机者的加入，使期货市场流动性加大。1883 年，成立了结算协会，向芝加哥期货交易所的会员提供对冲工具，最终使期货交易相比远期交易在机制上极大完善，并成为谷物供求双方和投机人一致欢迎的新的交易方式。

到 20 世纪初，除小麦、玉米、大豆等谷物期货外，随着新的交易所在芝加哥、纽约、堪萨斯等地出现，棉花、咖啡、可可等经济作物，黄油、鸡蛋以及后来的生猪、活牛、猪腩等畜禽产品，木材、天然橡胶等林产品期货也陆续上市。

1876 年成立的伦敦金属交易所当时的名称是伦敦金属交易公司，开了金属期货交易先河。目前主要交易品种有铜、锡、铅、锌、铝、镍、白银等。

19 世纪后期到 20 世纪初以来，美国经济从以农业为主转向建立现代工业生产体系，期货合约的种类逐渐从传统的农产品扩大到金属、贵金属、制成品、加工品等。成立于 1933 年的纽约商品交易所交易品种有黄金、白银、铜、锦、黄金期货合约等。

20 世纪 70 年代初发生的石油危机，给世界石油市场带来巨大冲击，石油等能源产品价格剧烈波动，直接导致了石油等能源期货的产生。目前，纽约商业交易所和伦敦国际石油交易所是世界上最具影响力的能源产品交易所，上市的品种有原油、汽油、取暖油、天然气、丙烷等。

1972 年 5 月，芝加哥商业交易所设立了国际货币市场分部，首次推出包括英镑、加拿大元、西德马克、法国法郎、日元和瑞士法郎等在内的外汇期货合约。

1975 年 10 月，芝加哥期货交易所上市国民抵押协会债券期货合约，从而成为世界上第一个推出利率期货合约的交易所。

1982 年 2 月，美国堪萨斯期货交易所开发了价值线综合指数期货合约，使股票价格指数也成为期货交易的对象。

可以看出，跟随着美国农民和农产品贸易商管理市场风险的需求，标准的现代化意义的期货市场逐步发展起来。此后，工业相关的大宗商品、金融工具也逐渐发展出了衍生工具市场。

本书编委会实地调研发现，到今天，以农产品期货合约价格为基础的“基差点价”贸易已经成为了美国主要的农产品贸易方式。其一般模式是，美国当地的农产品贸易商每天为农民提供实时报价，定价方式为“期货价格+基差”，其中，期货价格为芝加哥商品交易所对应品种价格；基差参考 ADM、邦吉、嘉吉、路易达孚四大粮商报出的基差，再结合自身成本、利润、运费等情况进行适当调整。农民点价后，贸易商会在期货市场进行套保，锁定风险。本书第五章第三节会对此进行深入介绍。

二、国内商品期货市场的产生及发展

（一）我国商品期货市场产生的背景

我国商品期货市场的产生起因于 20 世纪 80 年代的改革开放，新的经济体制要求国家更多地依靠市场的力量来调节经济。改革是沿着两条主线展开的，即价格改革和企业改革。价格改革最早从农产品开始。国家实行价格双轨制后，出现了农产品价格大升大降、农业生产大起大落、买难卖难问题此消彼长、政府用于农产品补贴的财政负担日益加重等一系列难题。其中有两点引起有关领导和专家学者重视：一是现货价格失真；二是市场本身缺乏保值机制。这两点最终又归结到市场体系不完善、不配套。在 80 年代中后期，一批学者提出了建立农产品期货市场的设想。

为了解决价格波动这一难题，使资源能得到更加合理的使用，中央和国务院领导先后做出重要指示，决定研究期货交易。1988 年 3 月七届人大第一次会议上的《政府工作报告》指出：“加快商业体制改革，积极发展各类批发市场贸易，探索期货交易，从而确定了在中国开展期货市场研究的课题。”1988 年年初，国务院发展研究中心、国家体改委、

商业部等部门根据中央领导的指示，组织力量开始进行期货市场研究，并成立了期货市场研究小组，系统地研究国外期货市场的现状和历史，组织人员对国外期货市场进行考察，开始有关期货市场的研究设计工作。

（二）初创阶段（1990~1993 年）

1990 年 10 月 12 日，经国务院批准，郑州粮食批发市场以现货交易为基础，引入期货交易机制，作为我国的第一个商品期货市场开始起步。1991 年 6 月 10 日，深圳有色金属交易所宣告成立，并于 1992 年 1 月 18 日正式开业。同年 5 月 28 日，上海金属交易所开业。1992 年 9 月，我国第一家期货经纪公司——广东万通期货经纪公司成立，随后，中国国际期货公司成立。

到 1993 年，由于认识上存在的偏差，尤其是受部门和地方利益驱动，在缺乏统一管理的情况下，各地各部门纷纷创办各种各样的期货交易所。到 1993 年下半年，全国各类期货交易所达 50 多家，期货经纪机构数百家。由于对期货市场的功能、风险认识不足，法规监管严重滞后，期货市场一度陷入了一种无序状态，酿成多次期货市场风险事件，直接影响到期货市场的功能发挥。

（三）治理整顿阶段（1993~2000 年）

1993 年 11 月，国务院发布《关于制止期货市场盲目发展的通知》，提出了“规范起步、加强立法、一切经过试验和从严控制”的原则，标志着第一轮治理整顿的开始。在治理整顿中，首当其冲的是对期货交易所的清理，15 家交易所作为试点被保留下来。1998 年 8 月，国务院发布《关于进一步整顿和规范期货市场的通知》，开始了第二轮治理整顿。1999 年，期货交易所数量再次精简合并为 3 家，分别是郑州商品交易所、大连商品交易所和上海期货交易所，期货品种也由 35 个减少至 12 个。同时，对期货代理机构进行清理整顿。1995 年年底，330 家期货经纪公司经重新审核获得“期货经纪业务许可证”，期货代理机构的数量大大减少。1999 年，期货经纪公司最低注册资本金提高到 3000 万元人民币，见表 3-1。

表 3-1　中国期货交易所和期货品种的治理整顿

<table>
<tr><th>交易所和期货品种</th><th>第一次清理整顿</th><th colspan="2">第二次清理整顿</th></tr>
<tr><td rowspan="3">商品期货交易所</td><td rowspan="3">由清理整顿前的 50 多家缩减为 15 家，对期货交易所进行会员制改造</td><td rowspan="3">由 15 家精简合并为 3 家</td><td>上海期货交易所（SHFE）</td></tr>
<tr><td>大连商品交易所（DCE）</td></tr>
<tr><td>郑州商品交易所（CZCE）</td></tr>
<tr><td rowspan="3">期货品种</td><td rowspan="3">期货品种削减为 35 个</td><td rowspan="3">期货品种削减为 12 个</td><td>SHFE：铜、铝、胶合板、天然橡胶、籼米</td></tr>
<tr><td>DCE：大豆、豆粕、啤酒、大麦</td></tr>
<tr><td>CZCE：小麦、绿豆、红小豆、花生仁</td></tr>
</table>

为了规范期货市场行为，国务院及有关政府部门先后颁布了一系列法规，对期货市场的监管力度不断加强。1999 年 6 月国务院颁布《期货交易管理暂行条例》，与之配套的《期货交易所管理办法》《期货经纪公司管理办法》《期货经纪公司高级管理人员任职资格管理办法》和《期货业从业人员资格管理办法》相继发布实施。2000 年 12 月，中国期货

业协会（以下简称中期协）成立，标志着中国期货行业自律管理组织的诞生，从而将新的自律机制引入监管体系。

（四）规范发展阶段（2000 年至今）

进入 21 世纪，中国期货市场正式步入平稳较快的规范发展阶段。这一阶段，期货市场的规范化程度逐步提升，创新能力不断增强，新的期货品种陆续推出，期货交易量实现恢复性增长后连创新高，期货市场服务产业和国民经济的经验也逐步积累。

同时，中国期货市场逐步走向法制化和规范化，构建了期货市场法律法规制度框架和风险防范化解机制，监管体制和法律法规体系不断完善。由中国证监会的行政监督管理、中期协的行业自律管理和期货交易所的自律管理构成的三级监管体制，对于形成和维护良好的期货市场秩序起到了积极作用。一系列法律法规的相继出台夯实了我国期货市场的制度基础，为期货市场的健康发展提供了制度保障。

2006 年 5 月，中国期货保证金监控中心成立，并于 2015 年 4 月更名为中国期货市场监控中心。作为期货保证金的安全存管机构，中国期货市场监控中心为有效降低保证金挪用风险、保证期货交易资金安全以及维护期货投资者利益发挥了重要作用。

2000 年后，我国商品期货市场的上市品种持续扩充，随着 2018 年原油期货的上市，我国商品期货市场基本做到了对全球主流大宗商品的全覆盖，形成了以贵金属期货、有色金属期货、黑色金属期货、农产品期货和能源化工期货五大板块为核心的大宗商品期货市场，成功建立了一套与国际市场接轨、同时又兼具中国特色的大宗商品期货定价体系。

2006 年 9 月，中国金融期货交易所（以下简称中金所）在上海挂牌成立，并于 2010 年 4 月推出了沪深 300 指数期货，填补了我国股指期货市场的空白；2013 年 9 月 6 日，中金所 5 年期国债正式挂牌交易，国债期货时隔 18 年后再度重启；2015 年 3 月 20 日上市的 10 年期国债期货、2015 年 4 月 16 日上市的上证 50 和中证 500 股指期货、2018 年 8 月 17 日上市的 2 年期国债期货进一步丰富和完善了我国金融期货市场。

商品期货市场的蓬勃发展，加上中金所的成立和股票指数期货、国债期货的推出，对于丰富金融产品、完善资本市场体系、开辟更多投资渠道，以及深化金融体制改革具有重要意义，同时也标志着我国期货市场进入了商品期货与金融期货共同发展的新时期。

三、国内期货市场主体概述

我国期货市场由期货交易所、结算机构、中介与服务机构、交易者、期货监督管理机构和行业自律管理机构组成。

（一）期货交易所

期货交易所是为期货交易提供场所、设施、相关服务和交易规则的机构。它自身并不参与期货交易。期货交易所的基本宗旨是：营造公开、公平、公正和诚信透明的市场环境，维护投资者的合法权益。

期货交易所的重要职能包括以下方面：

（1）提供交易的场所、设施和服务。

（2）设计合约、安排合约上市。

（3）制定并实施期货市场制度与交易规则。

（4）组织并监督期货交易，监控市场风险。

（5）发布市场信息。

我国境内现有上海期货交易所、郑州商品交易所、大连商品交易所和中国金融期货交易所四家期货交易所。

（二）期货结算机构

期货结算机构是负责交易所期货交易的统一结算、保证金管理和结算风险控制的机构。其主要职能包括担保交易履约、结算交易盈亏和控制市场风险。

目前我国境内四家期货交易所的结算机构均是交易所的内部机构，因此期货交易所既提供交易服务，也提供结算服务。这意味着我国境内期货交易所除了具有组织和监督期货交易的职能外，还有如下职能：组织并监督结算和交割，保证合约履行；监督会员的交易行为；监管指定交割仓库。

（三）中介与服务机构

我国期货市场的中介与服务机构主要是以期货公司为主体，由于交易所对会员实行总数控制，只有成为交易所的会员，才能取得场内交易席位，在期货交易所进行交易。非会员则需通过期货中介机构进行交易。期货公司是代理客户进行期货交易并收取交易佣金的中介组织。

期货公司作为场外期货交易者与期货交易所之间的桥梁和纽带，属于非银行金融服务机构。主要职能包括：根据客户指令代理买卖期货合约、办理结算和交割手续；对客户账户进行管理，控制客户交易风险；为客户提供期货市场信息，进行期货交易咨询，充当客户的交易顾问等。

（四）期货交易者

期货交易者是市场的主要参与者，基于不同的角度可以划分为如下不同类型：

（1）根据进入期货市场的目的不同，期货交易者可以分为套期保值者和投机者。

（2）根据交易者是自然人还是法人的不同，可以分为个人投资者和机构投资者。

（五）期货监督管理机构

1. 中国证券监督管理委员会（简称中国证监会）

证监会为国务院直属正部级事业单位，依照法律、法规和国务院授权，统一监督管理全国证券期货市场，维护证券期货市场秩序，保障其合法运行。依据有关法律法规，中国证监会在对期货市场实施监督管理中履行下列职责：

（1）制定有关期货市场监督管理的规章、规则，并依法行使审批权。

（2）对品种的上市、交易、结算、交割等期货交易及其相关活动，进行监督管理。

（3）对期货交易所、期货公司及其他期货经营机构、非期货公司结算会员、期货保证金安全存管监控机构、期货保证金存管银行、交割仓库等市场相关参与者的期货业务活动，进行监督管理。

（4）制定期货从业人员的资格标准和管理办法，并监督实施。

（5）监督检查期货交易的信息公开情况。

（6）对期货业协会的活动进行指导和监督。

（7）对违反期货市场监督管理法律、行政法规的行为进行查处。

（8）开展与期货市场监督管理有关的国际交流、合作活动。

（9）法律、行政法规规定的其他职责。

2. 地方派出机构

中国证监会总部设在北京，在省、自治区、直辖市和计划单列市设立36个证券监管局，以及上海、深圳证券监管专员办事处。各派出机构的主要职责是：根据证监会的授权，对辖区内的上市公司，证券、期货经营机构，证券期货投资咨询机构和从事证券期货业务的律师事务所、会计师事务所、资产评估机构等中介机构的证券、期货业务活动进行监督管理；查处监管辖区范围内的违法、违规案件。

3. 中国期货保证金监控中心

中国期货保证金监控中心有限责任公司，中国期货保证金监控中心是经国务院同意、中国证监会决定设立，并在国家工商行政管理总局注册登记的期货保证金安全存管机构，是非营利性公司制法人。其主管部门是中国证监会，其业务接受中国证监会领导、监督和管理。

（六）行业自律管理机构

中国期货业协会是行业的自律管理机构，于2000年12月成立。中国期货业协会的宗旨是：在国家对期货业实行集中统一监督管理的前提下，进行期货业自律管理；发挥政府与期货业间的桥梁和纽带作用，为会员服务，维护会员的合法权益；坚持期货市场的公开、公平、公正，维护期货业的正当竞争秩序，保护投资者的合法权益，推动期货市场的规范发展。

第二节　期货交易的基本特征及套期保值交易流程

一、期货交易的基本特征

期货交易是在现货交易、远期交易的基础上发展起来的。在市场经济发展过程中，商流与物流的分离呈扩大趋势，期货交易是两者分离的极端形式。期货交易是在交易所内或者通过交易系统进行的标准化远期合同（期货合约）的买卖。期货交易的基本特征可以归纳为以下几个方面：

（1）合约标准化。期货合约是由交易所统一制定的标准化合约中，标的物的数量、规格、交割时间和地点等都是既定的。这种标准化合约给交易带来极大的便利，交易双方不

需要事先对交易的具体条款进行协商，从而节约了交易成本，提高了交易效率和市场流动性。

（2）场内集中竞价交易。期货交易实行场内交易，所有买卖指令必须在交易所内进行集中竞价成交。只有交易所的会员方能进场交易，其他交易者只能委托交易所会员，由其代理进行期货交易。

（3）保证金交易。期货交易实行保证金制度。交易者在买卖期货合约时按合约价值的一定比率缴纳保证金（一般为5%~15%）作为履约保证，即可进行数倍于保证金的交易。这种以小博大的保证金交易，也被称为“杠杆交易”。期货交易的这一特征使期货交易具有高收益和高风险的特点。保证金比率越低，杠杆效应就越大，高收益和高风险的特点就越明显。

（4）双向交易。期货交易采用双向交易方式。交易者既可以买入建仓，即通过买入期货合约开始交易；也可以卖出建仓，即通过卖出期货合约开始交易。前者也称为“买多”，后者也称为“卖空”。双向交易给予投资者双向的投资机会，也就是在期货价将上升时，可通过低买高卖来获利；在期货价格下降时，可通过高卖低买来获利。

（5）对冲了结。交易者在期货市场建仓后，大多并不是通过交割（即交收现货）来结束交易，而是通过对冲了结。买入建仓后，可以通过卖出同一期货合约来解除履约责任。对冲了结使投资者不必通过交割来结束期货交易，从而提高了期货市场的流动性。

（6）当日无负债结算。期货交易实行当日无负债结算，也称为逐日盯市（Mark-to-Market）。结算部门在每日交易结束后，按当日结算价对交易者结算所有合约的盈亏、交易保证金及手续费、税金等费用，对应收应付的款项实行净额一次划转，相应增加或减少保证金。如果交易者的保证金余额低于规定的标准，则需追加保证金，从而做到“当日无负债”。当日负债结算制度可以有效防范风险，保障期货市场的正常运转。

二、期货套期保值流程

企业进行套期保值首先要选择期货经纪公司开设法人账户，其次要了解期货交易流程、区分套期保值与投机，最后掌握交割流程。

（一）期货开户流程

期货账户分为个人账户和法人账户，只有通过法人账户买卖的期货合约才可进入交割月进行交割，即参与套期保值业务。开立期货账户有四个步骤：第一步，客户提供开户所需要的资料；第二步，签署《期货经纪合同》；第三步，期货公司为客户申请交易编码；第四步，客户拥有自己的期货账户号及密码。

（二）期货交易流程

期货交易具体操作上，投机交易时个人账户和法人账户操作一致，对于看涨者来说，一个完整的交易包括买入开仓和卖出平仓两个步骤；对于看空者来说，一个完整的交易包括卖出开仓和买入平仓两个步骤。保值交易时法人账户略有不同，需要选择保值交易后再交易，个人账户不能进行保值交易。期货交易流程如图3-2所示。

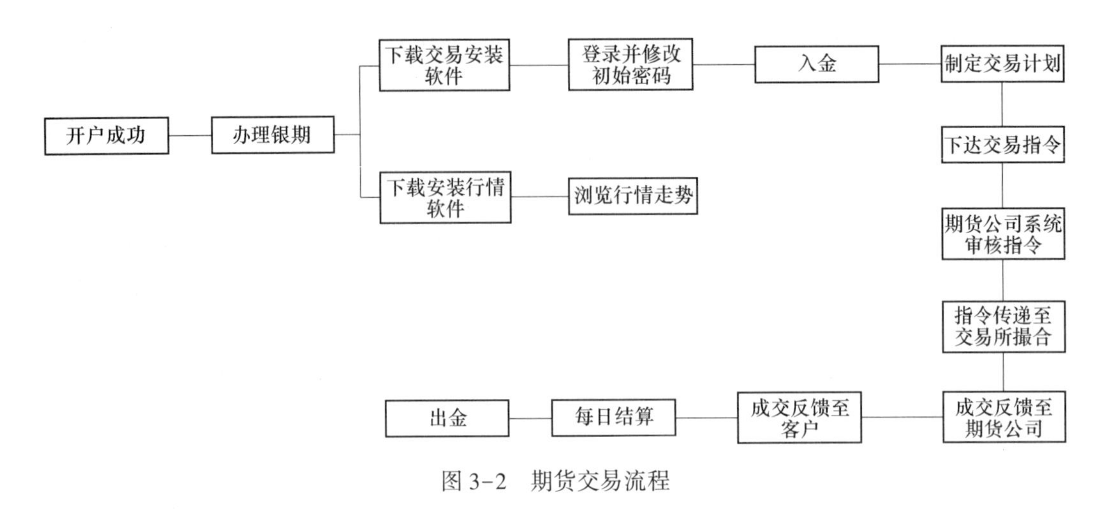

图 3-2　期货交易流程

（三）投机与套期保值的区别

投机和套期保值并没有本质的区别，一般认为，在期货交易中，个人账户一定是投机账户，法人账户可能是投机账户也可能是保值账户，判断的唯一标准就是法人账户的期货持仓有没有相应的现货对应。

（四）期货交割流程

实际期货交易中，一般个人账户必须在持有合约进入交割月前最后一个交易日以平仓的方式了结持有的期货头寸，盈亏自负；法人账户可以一直持有到交割月选择在交割日前平仓了结持有头寸，或者选择持有至交割日进行实物交割，实际中实物交割是迫不得已的选择，多数时候都以在期货账户平仓的方式了结持有的期货头寸，极少数情况下进行实物交割。期货交割的基本流程见表 3-2。

表 3-2　期货交割的基本流程

交割方	持仓	申请	最后交易日	交割结果
买方	买入开仓	向期货公司提交交割申请	保证金转为货款	接受货物，收到卖方开具的发票
卖方	卖出开仓		提交仓单收取 80% 货款	买方验货后，交易所划转 20% 余款给卖方

期货交易具有合约标准化、保证金交易（杠杆交易）、双向操作、T+0 制度、到期交割、每日无负债结算等特征。由于钢铁企业在参与套期保值时多数情况下都是选择在期货合约交割日前平仓了结持有头寸，钢材期货市场更多的是发挥其对冲功能，而非交割功能。因此，套期保值比率的选择尤为重要。

期货市场的绝大多数是投机者，他们是风险的承担者也可能是受益者。套期保值本身也存在着风险，现实中期货价格波动远远大于期货价格波动，套期保值的结果不一定能将风险全部转移出去，只有在期货价格与现货价格走势完全一致时才能转移全部或部分风险。因此，要想更好地利用钢材期货规避风险首要任务是认识套期保值的风险来源。

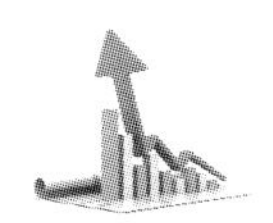

第三节　钢铁相关交易品种

一、大商所上市品种

（一）铁矿石

1. 发展状况

2001 年我国原矿产量 2. 18 亿吨，随后逐年增长，在 2014 年达到峰值 14. 98 亿吨；与此同时，铁矿石进口量也逐年攀升，2017 年达 10. 75 亿吨。近年来，铁矿石年度谈判定价体制瓦解，贸易定价随行就市，价格波动剧烈，2014～2016 年初，价格在 300～900 元/吨波动，最大年内跌幅近 45%，大连商品交易所（以下简称大商所）顺应铁矿石金融化趋势，推出铁矿石期货交易。2014 年以来，铁矿石期货日均持仓量稳定增长，2017 年日均持仓量达 2. 04 亿吨，较上年增长 18. 3%。同年消费量为 11 亿吨，日均期货持仓量是现货消费量的 34 倍。螺纹钢合约持仓情况如图 3-3 所示。

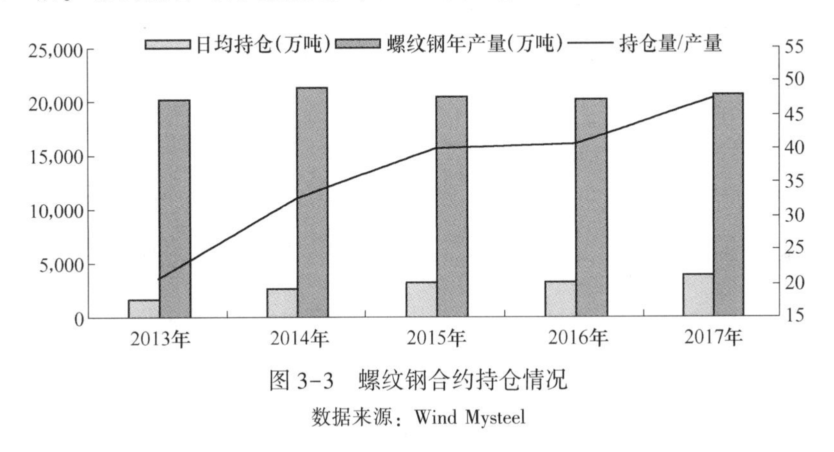

图 3-3　螺纹钢合约持仓情况

数据来源：Wind Mysteel

2017 年参与大商所交易的客户累计为 69. 98 万户，法人客户年末持仓量占大商所总量的 48%。法人客户占比提升说明期货作为套期保值工具的作用得到了一定发挥。2013～2017 年间，铁矿石期现价格相关系数高达 0. 971，期现价格联系紧密、走势高度相关，说明期货市场已经具备了良好的价格发现功能，方便产业企业用期货进行套期保值，我国的铁矿石期货市场日趋成熟。同时，与外盘铁矿石期货不同，大商所铁矿石采用实物交割制度，实物交割是期限市场链接的纽带，使期货市场的价格发现和套期保值功能得以施展，因此大商所的铁矿石期货具备成为国际定价基准的潜力。随着中国对全球铁矿石市场的影响力逐步扩大，以现金交割为定价基础的外盘铁矿石指数期货的定价机制可能会发生改变，中国铁矿石市场的日趋成熟有助于中国在铁矿石定价中获得更多的话语权。铁矿期现价格走势如图 3-4 所示。

2014～2016 年铁矿石期货成交量和成交额稳定增长，2017 年成交量虽有下降，但成交额依然上涨 18%，达到 34 万亿元，日均成交额为 1,400 亿元。同年，大商所铁矿石期货成交总量 330 亿吨，日均成交量 1. 4 亿吨，日均持仓量 1. 03 亿吨，日均成交量为持仓量的 1.3 倍，期货市场表现活跃，如图 3-5 所示。

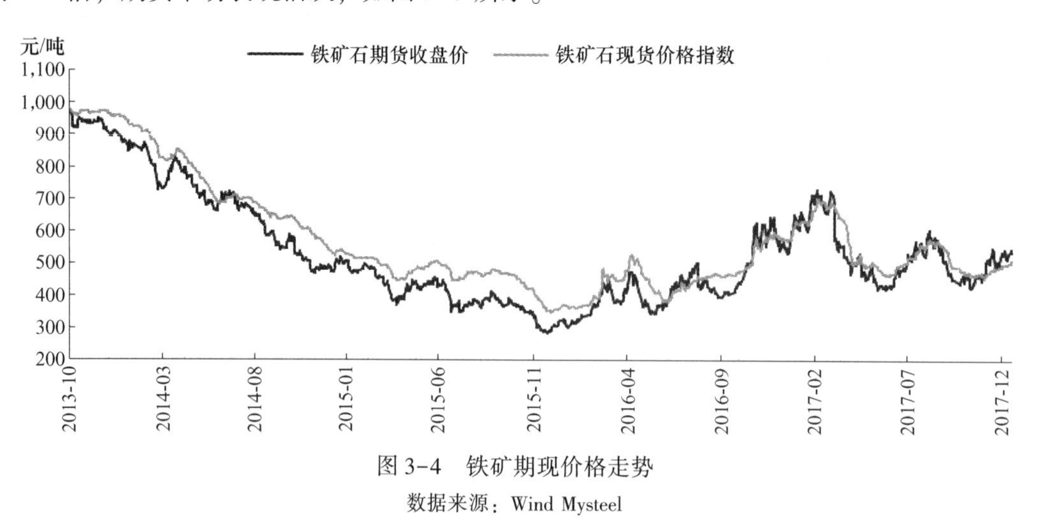

图 3-4　铁矿期现价格走势

数据来源：Wind Mysteel

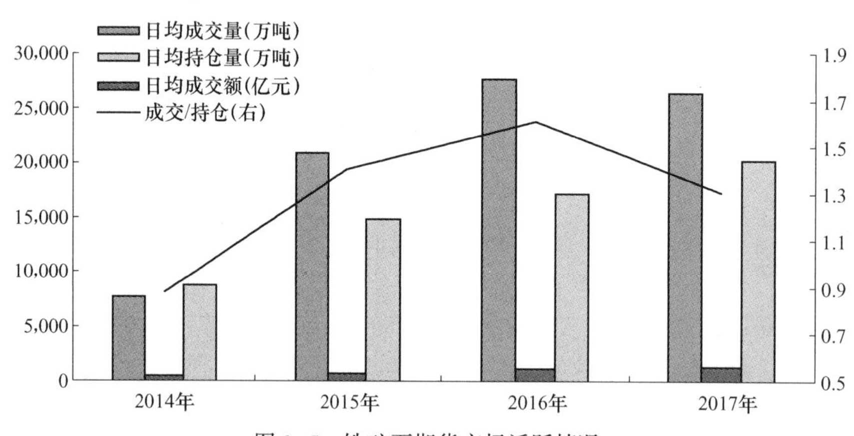

图 3-5　铁矿石期货市场活跃情况

数据来源：Wind Mysteel

2. 期货合约

根据大商所发〔2017〕27 号文件，自铁矿石 1809 合约开始施行新质量标准 F/DCE I001—2017。铁矿石期货新合约见表 3-3。

表 3-3　铁矿石期货新合约（自 1809 合约起）

交易品种	铁矿石
交易单位	100 吨/手
报价单位	元（人民币）/吨
最小变动价位	0.5 元/吨
涨跌停板幅度	上一交易日结算价的 4%
合约月份	1~12 月
交易时间	每周一~周五上午 9：00~11：30，下午 13：30~15：00，以及交易所公布的其他时间

续表 3-3

交易品种	铁矿石
最后交易日	合约月份第 10 个交易日
最后交割日	最后交易日后第 3 个交易日
交割等级	大连商品交易所铁矿石交割质量标准（F/DCE I001—2017）
交割地点	大连商品交易所铁矿石指定交割仓库及指定交割地点
最低交易保证金	合约价值的 5%
交割方式	实物交割
交易代码	I
上市交易所	大连商品交易所

资料来源：大连商品交易所网站。

3. 交易流程、交割制度

铁矿石交易和交割制度见附录 A1。

（二）焦煤

1. 发展状况

焦煤期货于 2013 年 3 月 22 日在大连商品交易所正式挂牌交易。上市以来，焦煤期货合约持仓量、成交量等关键指标迅速增长，屡创新高，并于近几年增长趋于稳定。2013 年 8 月焦煤单月成交量首次突破 1,000 万手，达到 1,231.7 万手；同年 11 月，持仓量首次突破 1,000 万手，达到 1,113.41 万手。2014 年 3~6 月，焦煤成交量连续 4 个月突破1,000万手，其中 4 月、5 月更是连续两月突破 1,500 万手；2014 年全年成交量和持仓量同时创下历史纪录，分别达到 11,521.09 万手和 8,424.01 万手。2016 年 4 月，焦煤期货合约单月成交量创造了 1,837.89 万手的历史纪录。2013 年以来，焦煤期货日均成交量持续保持在 30 多万手左右，日均持仓量基本保持在 25 万手左右，仅 2015 年低于平均值。

以焦煤合约年持仓量折算的焦煤现货数量也远远超过了现货的年消费量。2013 年我国焦煤年消费量达到 6.43 亿吨，而焦煤期货合约年持仓量折算的焦煤数量高达 31.90 亿吨，焦煤期货合约年持仓量折合焦煤数量是消费量的 4.96 倍，即使是在近几年焦煤期货合约持仓量最少的 2015 年，这一比值也达到了 3.86 倍，而近几年该比值基本保持在 6~7 倍，如图 3-6 所示。

焦煤期货和现货的价格走势高度相关，甚至期货市场价格会比现货市场的提前发生变化，证明了期货市场具有价格发现功能，如图 3-7 所示。因此，可以利用焦煤期货对冲现货价格的波动，达到套期保值的目的。

上市以来，焦煤期货市场保持较高活跃度。虽然日均成交量由 2014 年的 2,821.49 万吨有所下降，但近几年稳定保持在 2,000 万吨以上。日均成交额近年来稳步上升，由 2015 年的 48.63 亿元增加到 2017 年 255.28 亿元。从焦煤期货成交量与持仓量的比值来看，除

2015 年外，焦煤期货成交持仓比均大于 1.2，反映出焦煤期货较高的活跃度，如图 3-8 所示。

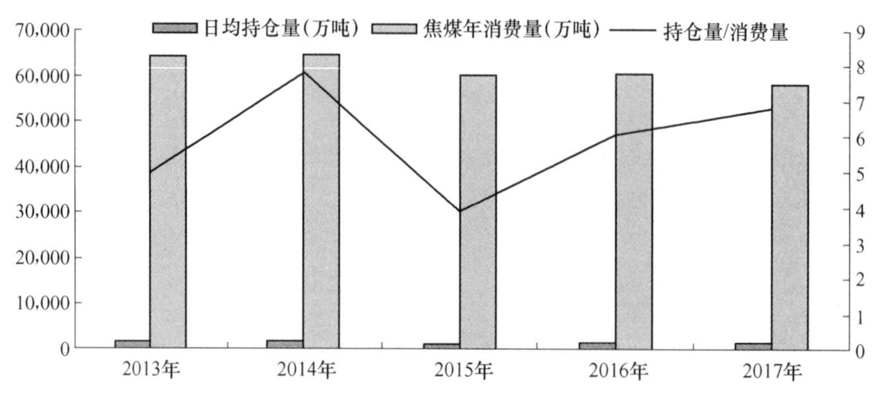

图 3-6　焦煤合约持仓情况

数据来源：Wind Mysteel

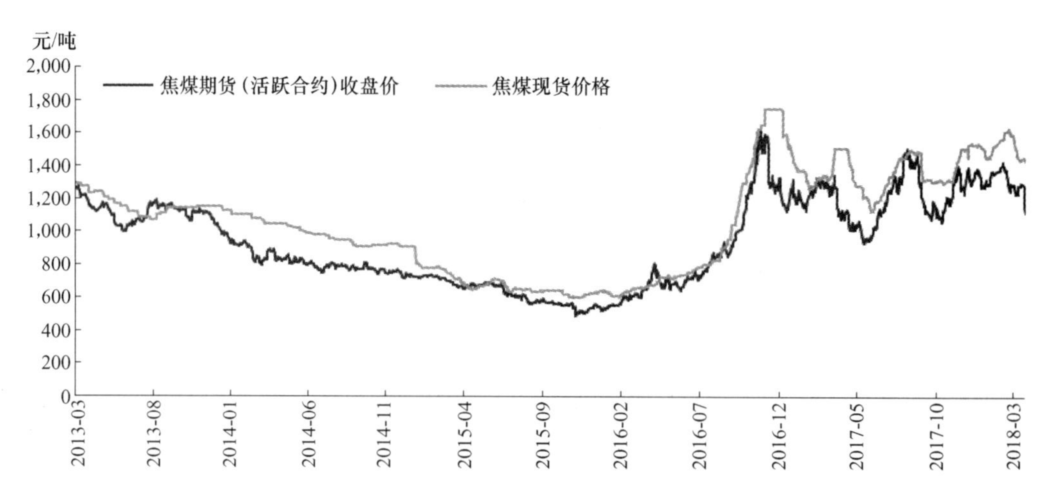

图 3-7　焦煤期现价格走势

数据来源：Wind Mysteel

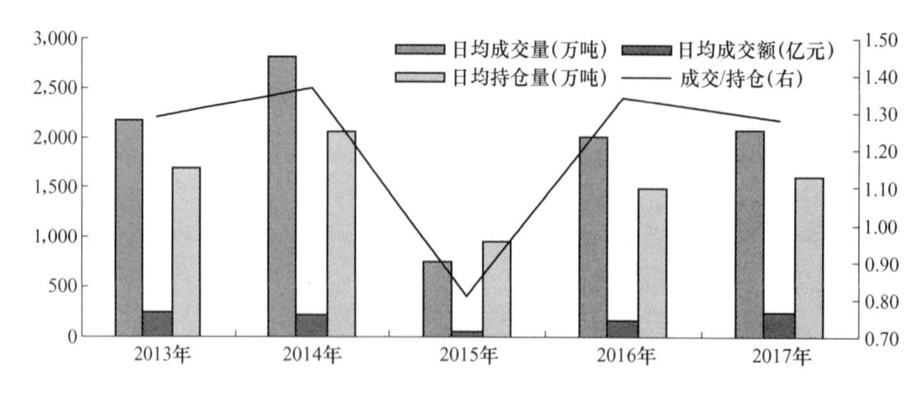

图 3-8　焦煤期货市场活跃情况

数据来源：Wind Mysteel

2. 期货合约

大连商品交易所焦煤期货标准合约见表 3-4。

表 3-4　大连商品交易所焦煤期货标准合约

交易品种	焦煤
交易单位	60 吨/手
报价单位	元（人民币）/吨
最小变动价位	0.5 元/吨
涨跌停板幅度	上一交易日结算价的 4%
合约月份	1~12 月
交易时间	每周一~周五上午 9：00~11：30，下午 13：30~15：00，以及交易所公布的其他时间
最后交易日	合约月份第 10 个交易日
最后交割日	最后交易日后第 3 个交易日
交割等级	大连商品交易所焦煤交割质量标准
交割地点	大连商品交易所焦煤指定交割仓库
最低交易保证金	合约价值的 5%
交割方式	实物交割
交易代码	JM
上市交易所	大连商品交易所

资料来源：大连商品交易所网站。

3. 交易、交割制度

焦煤的交易、交割制度见附录 A2。

（三）焦炭

1. 发展状况

作为全球首个焦炭类期货品种，焦炭期货自 2011 年 4 月 15 日在大连商品交易所上市以来也取得较飞速的发展。日均持仓量和日均成交量分别从 2011 年的 1.11 万手和 1.70 万手，增长至 2017 年的 25.98 万手和 32.89 万手，分别增长 26.16 倍和 20.99 倍。在 2013 年日均成交量更是接近 100 万手，达到了 96.90 万手，日均持仓量则在 2018 年第 1 季度突破了 2014 年的历史记录 29.38 万手，达到 30.06 万手。

同样，焦炭期货合约年持仓量折算的现货数量也远远高于我国冶金焦的年产量。2016 年，我国冶金焦产量为 4.76 亿吨，而焦炭期货合约年持仓量折算的现货数量高达 58.63 亿吨，是冶金焦产量的 12.31 倍，且近几年这一比例一直维持在 7~13 倍之间，如图 3-9 所示。

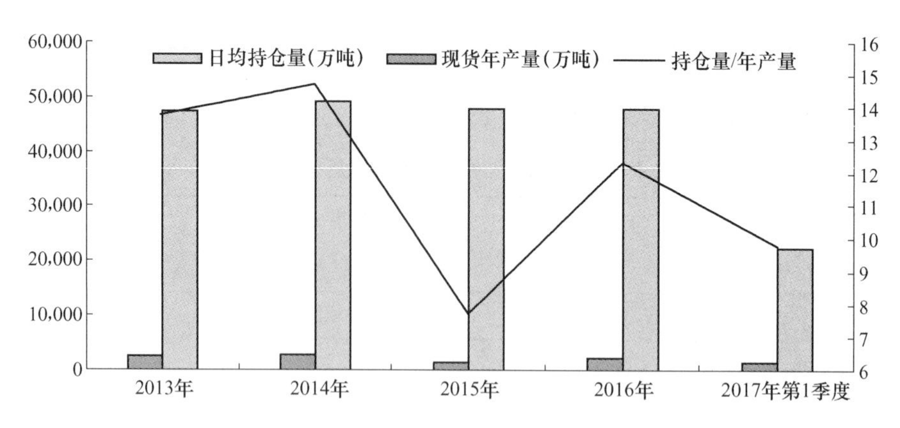

图 3-9　焦炭合约持仓情况

数据来源：Wind Mysteel

焦炭期货价格和现货价格走势也高度一致（见图 3-10），甚至期货市场价格会比现货市场的提前发生变化，证明了期货市场具有价格发现功能，说明利用焦炭期货也可以很好地达到套期保值的目的。

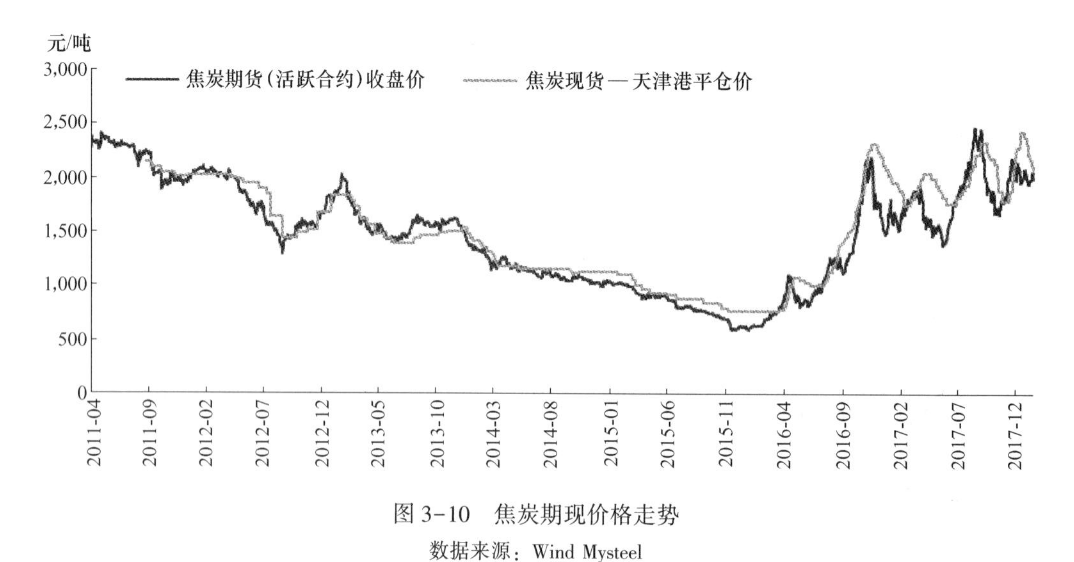

图 3-10　焦炭期现价格走势

数据来源：Wind Mysteel

焦炭期货自上市以来成交量和成交额经历了两轮增长。第一轮增长于 2011 年合约上市后，日均成交量和日均成交额分别由 169.97 万吨和 38.54 亿，增长至 2013 年的 9689.63 万吨和 1548.32 亿元；第二轮增长则从 2015 年的 1283.80 万吨和 107.89 亿元，增长至 2017 年的 3288.61 万吨和 633.57 亿元。从合约的成交量与持仓量的比值来看，除 2015 年外，焦炭期货合约成交量与持仓量之比近几年基本保持在 1~2 倍之间，也保持了较高的活跃度，如图 3-11 所示。

2. 期货合约

大连商品交易所焦炭期货标准合约见表 3-5。

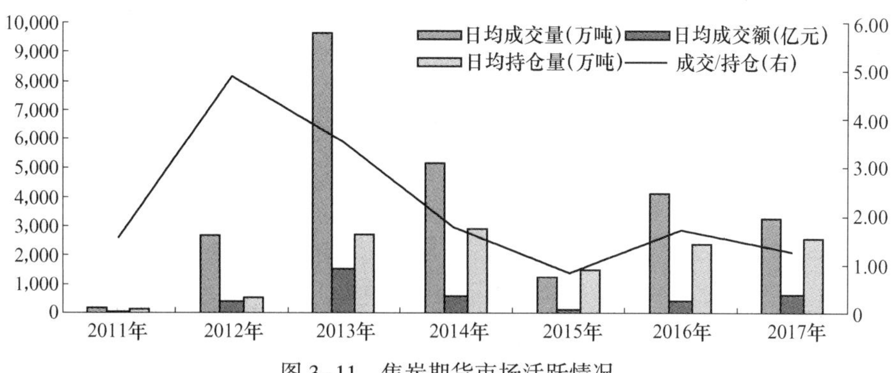

图 3-11　焦炭期货市场活跃情况

数据来源：Wind Mysteel

表 3-5　大连商品交易所焦炭期货标准合约

交易品种	冶金焦炭
交易单位	100 吨/手
报价单位	元（人民币）/吨
最小变动价位	0.5 元/吨
涨跌停板幅度	上一交易日结算价的 4%
合约月份	1~12 月
交易时间	每周一至周五上午 9：00~11：30，下午 13：30~15：00，以及交易所公布的其他时间
最后交易日	合约月份第 10 个交易日
最后交割日	最后交易日后第 3 个交易日
交割等级	大连商品交易所焦炭交割质量标准
交割地点	大连商品交易所焦炭指定交割仓库
最低交易保证金	合约价值的 5%
交割方式	实物交割
交易代码	J
上市交易所	大连商品交易所

资料来源：大连商品交易所网站。

3. 交易、交割制度

焦炭交易、交割制度见附录 A3。

二、上期所上市品种

（一）螺纹钢

1. 发展状况

2005~2014 年我国螺纹钢产量保持较快增长，年复合增长率超过 10%。2014 年达到峰值后，随着钢铁行业产能过剩，2015~2016 年国内钢价持续下跌，螺纹钢增产受到抑制。2015 年螺纹钢产量 2.04 亿吨，较 2014 年减少 4.3%，2016 年延续跌势，2017 年产量有所恢复达到 2.07 亿吨，较 2016 年增长 2.37%。近 5 年，螺纹钢期货日均持仓量持续上涨，2017 年达到 3,986 万吨，较 2016 年上涨 19.6%。日均期货持仓量是现货产量的 47 倍，期货市场很活跃，如图 3-12 所示。

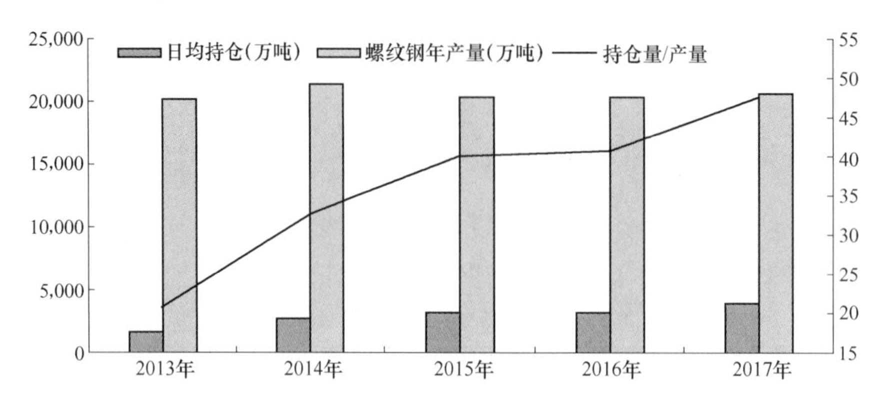

图 3-12　螺纹钢合约持仓情况

数据来源：Wind Mysteel

中国的螺纹钢期货交易在上海期货交易所（SHFE，以下简称上期所）进行，2016 年参与上期所期货交易的法人客户持仓占比在 55%以上。法人客户占比提升说明期货作为套期保值工具的作用得到了一定发挥。5 年来螺纹钢期现价格相关系数高达 0.947，期现价格联系紧密、走势高度相关，说明期货市场已经具备了良好的价格发现功能，方便产业企业用期货进行套期保值，我国的钢材期货市场日趋成熟，如图 3-13 所示。

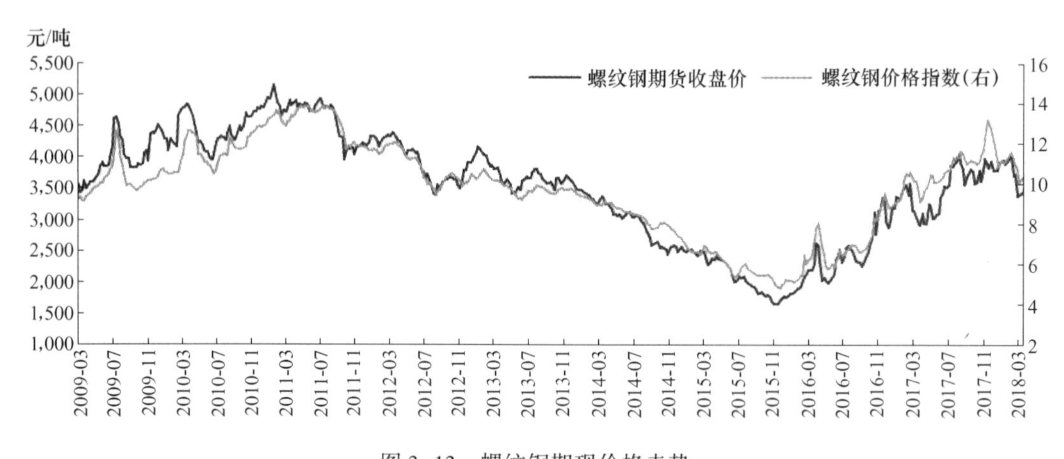

图 3-13　螺纹钢期现价格走势

数据来源：Wind Mysteel

近 5 年，螺纹钢期货成交量和成交额保持良好增长态势，2017 年成交量虽有下降，但成交额依然保持 9%的增速，达 47.6 万亿元，日均成交额为 1,927 亿元。同年，上期所螺纹钢期货成交量 137.5 亿吨，日均成交量达 5,568 万吨，日均持仓量为 3,986 万吨，成交量是持仓量的 1.4 倍，期货市场较为活跃，如图 3-14 所示。

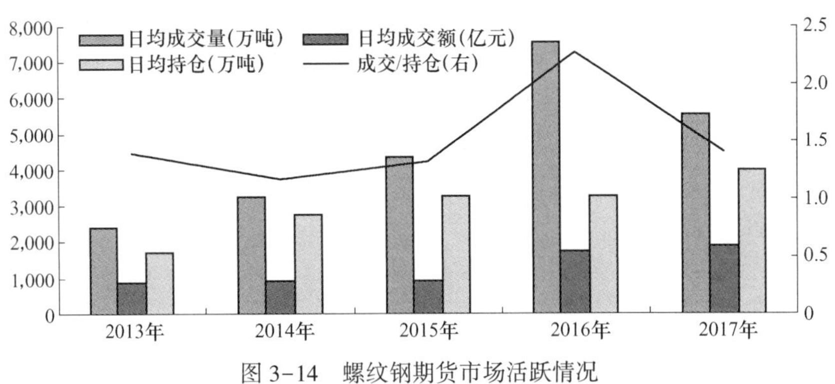

图 3-14　螺纹钢期货市场活跃情况

数据来源：Wind Mysteel

2. 期货合约

上海期货交易所螺纹钢期货标准合约见表 3-6。

表 3-6　上海期货交易所螺纹钢期货标准合约

交易品种	螺纹钢
交易单位	10 吨/手
报价单位	元（人民币）/吨
最小变动价位	1 元/吨
每日价格最大波动限制	不超过上一交易日结算价±3%
合约交割月份	1~12 月
交易时间	上午 9：00~11：30　下午 1：30~3：00
最后交易日	合约交割月份的 15 日（遇法定假日顺延）
交割日期	最后交易日后连续五个工作日
交割品级	符合 GB/T 1499. 2—2018《钢筋混凝土用钢　第 2 部分：热轧带肋钢筋》牌号为 HRB400 或 HRB400E 的有关规定 符合 GB/T 1499. 2—2018《钢筋混凝土用钢　第 2 部分：热轧带肋钢筋》牌号为 HRB400、HRB400E 的有关规定
交割地点	交易所指定交割仓库
最低交易保证金	合约价值的 5%
最小交割单位	300 吨
交割方式	实物交割
交易代码	RB
上市交易所	上海期货交易所

资料来源：上海期货交易所网站。

合约附件包括：

(1) 交割单位。螺纹钢期货标准合约的交易单位为每手 10 吨，交割单位为每一仓单 300 吨，交割应当以每一仓单的整数倍交割。

（2）质量规定：

1）用于实物交割的螺纹钢，质量应当符合 GB/T 1499. 2—2018《钢筋混凝土用钢　第 2 部分：热轧带肋钢筋》牌号为 HRB400、HRB400E 的有关规定。

2）交割螺纹钢的尺寸、外形、重量及允许偏差、包装、标志和质量证明书等应当符合国标 GB/T 1499. 2—2018《钢筋混凝土用钢　第 2 部分：热轧带肋钢筋》的规定。

3）用于实物交割的螺纹钢其长度为 9 米或 12 米定尺。

4）每一标准仓单的螺纹钢，应当是同一生产企业生产、同一牌号、同一注册商标、同一公称直径、同一长度的商品组成，并且组成每一仓单的螺纹钢的生产日期应当不超过连续 10 日，且以最早日期作为该仓单的生产日期。

5）每一标准仓单的螺纹钢，应当是交易所批准的注册品牌，应附有相应的质量证明书。

6）螺纹钢交割以实际称重方式计量。每一仓单的实物溢短不超过±3%，磅差不超过±0. 3%。

7）仓单应由该所指定交割仓库按规定验收合格后出具。

3. 交易、交割制度

螺纹钢交易、交割制度见附录 A4。

（二）热轧卷板

1. 发展状况

2005~2014 年我国热轧卷板产量保持较快增长，年复合增长率超过 10%。2014 年达到峰值后，随着钢铁行业产能过剩，2015~2016 年国内钢价持续下跌，热轧卷板增产受到抑制。2016 年螺纹钢产量 1 亿吨，较 2015 年减少 19. 91%，2017 年产量有所恢复达到 1. 03 亿吨，较 2016 年增长 2. 38%。近 4 年，热轧卷板期货日均持仓量持续上涨，2017 年达到 761 万吨，较 2016 年上涨 171. 37%。日均期货持仓量是现货产量的 27 倍，期货市场较为活跃，如图 3-15 所示。

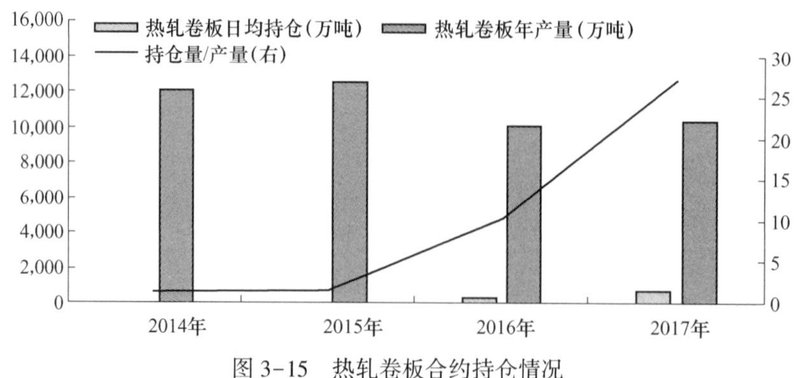

图 3-15　热轧卷板合约持仓情况

数据来源：Wind Mysteel

中国的热轧卷板期货交易在上海期货交易所（SHFE）进行，上市4年来，期现价格联系紧密、走势高度相关（见图3-16），说明期货市场已经具备了良好的价格发现功能，方便产业客户用期货进行套期保值，我国的钢材期货市场日趋成熟。

图3-16　热轧卷板期现价格走势

数据来源：Wind Mysteel

近4年，热轧卷板期货成交量和成交额保持良好增长态势，2017年日均成交额为310亿元，同比增长215%。同年，上期所热轧卷板期货日均成交量达845万吨，日均持仓量为761万吨，成交量是持仓量的1.11倍，期货市场较为活跃，如图3-17所示。

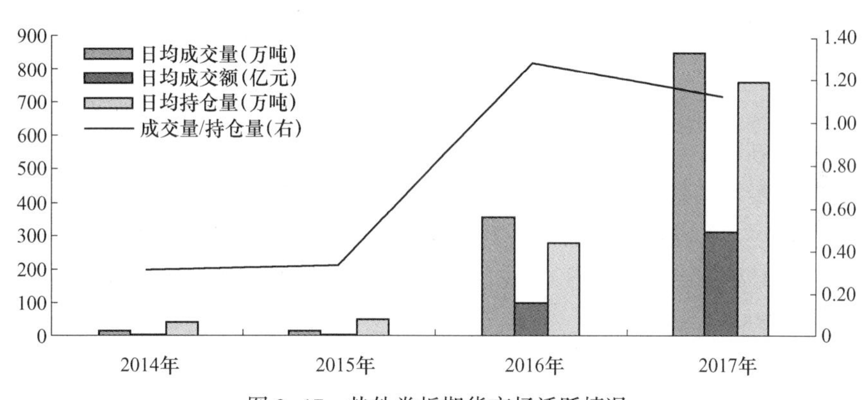

图3-17　热轧卷板期货市场活跃情况

数据来源：Wind Mysteel

2. 期货合约

上海期货交易所热轧卷板期货标准合约见表3-7。

表3-7　上海期货交易所热轧卷板期货标准合约

交易品种	热轧卷板
交易单位	10吨/手
报价单位	元（人民币）/吨
最小变动单位	1元/吨

续表 3-7

交易品种	热轧卷板
每日价格最大波动限	不超过上一交易日结算价±3%
合约交割月份	1~12 月
交易时间	上午 9：00~11：30，下午 1：30~3：00 和交易所规定的其他交易时间
最后交易日	合约交割月份的 15 日（遇法定假日顺延）
交割日期	最后交易日后连续五个工作日
交割品级	标准品：符合 GB/T 3274—2017《碳素结构钢和低合金结构钢热轧厚钢板和钢带》的 Q235B 或符合 JIS G 3101—2015《一般结构用轧制钢材》的 SS400，厚度 5.75mm、宽度 1500mm 热轧卷板。 替代品：符合 GB/T 3274—2017《碳素结构钢和低合金结构钢热轧厚钢板和钢带》的 Q235B 或符合 JIS G3101—2015《一般结构用轧制钢材》的 SS400，厚度 9.75mm、9.5mm、7.75mm、7.5mm、5.80mm、5.70mm、5.60mm、5.50mm、5.25mm、4.75mm、4.50mm、4.25mm、3.75mm、3.50mm，宽度 1500mm 热轧卷板
交割地点	交易所指定交割仓库
最低交易保证金	合约价值的 4%
交割方式	实物交割
交易代码	HC
上市交易所	上海期货交易所

资料来源：上海期货交易所网站

合约附件包括：

（1）交割单位。热轧卷板标准合约的交易单位为每手 10 吨，交割单位为每一仓单 300 吨，交割应当以每一仓单的整数倍进行。

（2）可用于实物交割的热轧卷板重量范围为 14~31 吨/卷。

（3）质量规定。标准品：符合 GB/T 3274—2017《碳素结构钢和低合金结构钢热轧厚钢板和钢带》的 Q235B 或符合 JIS G3101—2015《一般结构用轧制钢材》的 SS400，厚度 5.75mm、宽度 1500mm 热轧卷板。

3. 交易、交割制度

热卷交易、交割制度见附录 A5。

三、郑商所上市品种

（一）铁合金

1. 发展状况

我国铁合金行业随着钢铁行业蓬勃发展，但随着 2014 年钢铁产量达到峰值后，铁合金产量也从高点回落，2017 年产量有所恢复，硅铁、锰硅产量分别达到 365 万吨和 661 万吨。在 2015 年铁合金期货行情低谷后，持仓量开始恢复。2017 年硅铁、锰硅日均持仓量分别达到 38 万吨和 54 万吨，较 2016 年分别增长 908.36% 和 1112.34%，如图 3-18、图

3-19 所示。日均期货持仓量是现货产量的 37 和 30 倍，期货市场较为活跃。

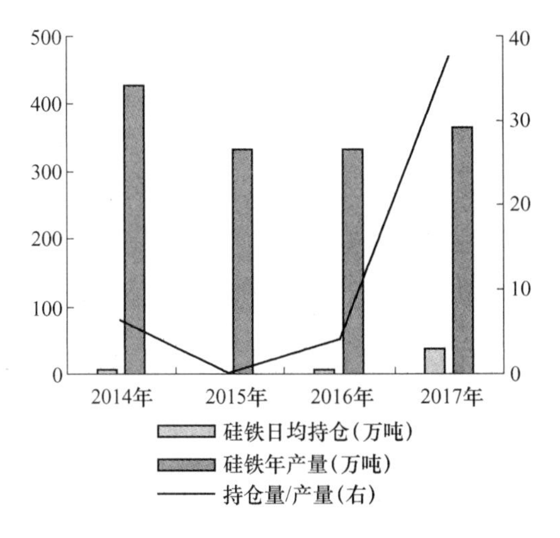

图 3-18　硅铁合约持仓情况

数据来源：Wind Mysteel

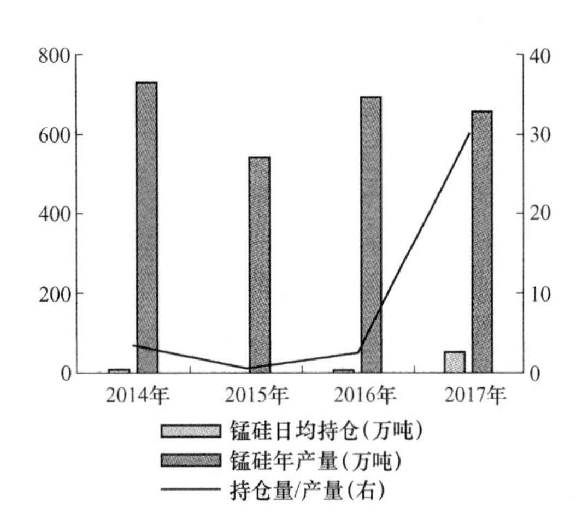

图 3-19　锰硅合约持仓情况

数据来源：Wind Mysteel

中国的铁合金期货交易在郑州商品交易所（CZCE）进行，上市以来，期现价格联系紧密、走势高度相关（见图 3-20、图 3-21），说明期货市场已经具备了良好的价格发现功能，方便产业客户用期货进行套期保值。

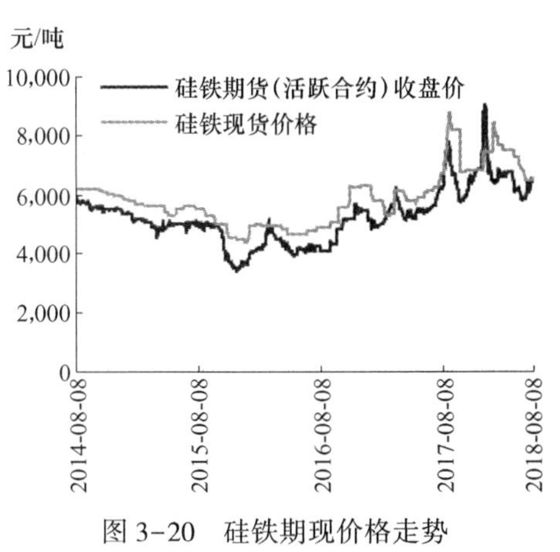

图 3-20　硅铁期现价格走势

数据来源：Wind Mysteel

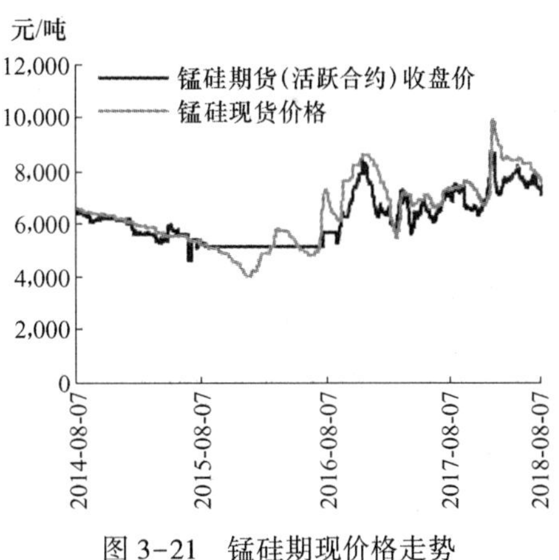

图 3-21　锰硅期现价格走势

数据来源：Wind Mysteel

近 4 年来，铁合金期货市场活跃度有所欠缺，但在 2017 年得到了明显改善，如图 3-22、图 3-23 所示。2017 年硅铁日均成交量 67 万吨，同比增长 2,368.32%，日均成交额为 46 亿元，成交量是持仓量的 1.78 倍。2017 年锰硅日均成交量 102 万吨，同比增长 1,726.36%，日均成交额为 54 亿元，成交量是持仓量的 1.88 倍。

2. 期货合约

郑州商品交易所铁合金期货合约见表 3-8。

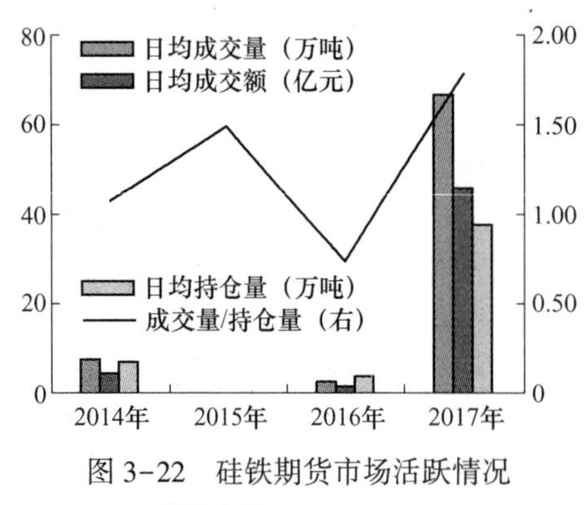

图 3-22 硅铁期货市场活跃情况

数据来源：Wind Mysteel

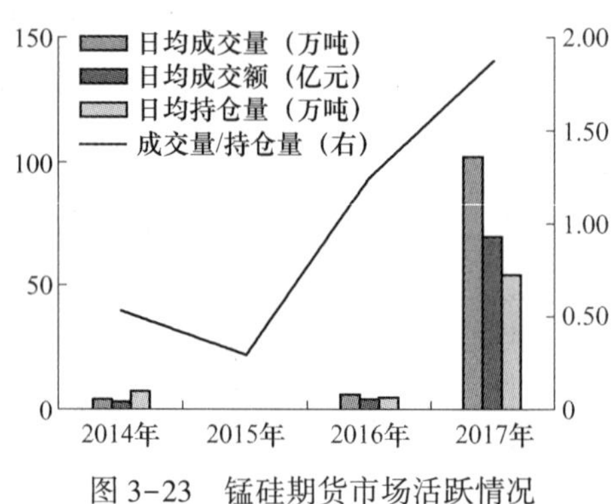

图 3-23 锰硅期货市场活跃情况

数据来源：Wind Mysteel

表 3-8 郑州商品交易所铁合金期货合约

交易品种	硅铁	锰硅
交易单位	5 吨/手	
报价单位	元（人民币）/吨	
最小变动价位	2 元/吨	
每日价格波动限制	上一交易日结算价±4%及《郑州商品交易所期货交易风险控制管理办法》相关规定	
最低交易保证金	合约价值的 5%	
合约交割月份	1~12 月	
交易时间	每周一~周五（北京时间法定节假日除外），上午 9：00~11：30，下午 1：30~3：00，以及交易所规定的其他时间，最后交易日上午 9：00~11：30	
最后交易日	合约交割月份的第 10 个交易日	
最后交割日	合约交割月份的第 12 个交易日	
交割品级	见《郑州商品交易所期货交割细则》	
交割地点	交易所指定交割地点	
交割方式	实物交割	
交易代码	SF	SM
上市交易所	郑州商品交易所	

3. 交易、交割制度

铁合金交易、交割制度见附录 A6。

（二）动力煤

1. 发展状况

近年来，我国动力煤消费较为平稳，2017 年年消费 31.42 亿吨。但动力煤期货日均持仓量持续上涨，2017 年达到 3963 万吨，较 2016 年上涨 60.8%。日均期货持仓量是现货产量的 5 倍，期货市场较为活跃，如图 3-24 所示。

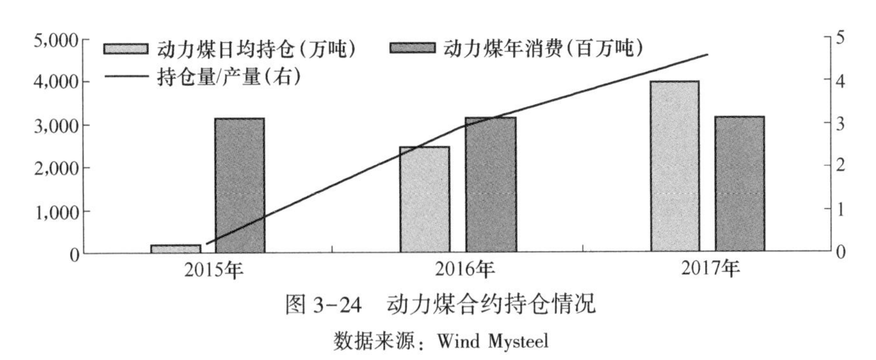

图 3-24　动力煤合约持仓情况

数据来源：Wind Mysteel

中国的动力煤期货交易在郑州商品交易所（CZCE）进行，上市以来，期现价格联系紧密、走势高度相关（见图 3-25），说明期货市场已经具备了良好的价格发现功能，方便产业客户用期货进行套期保值。

图 3-25　动力煤期现价格走势

数据来源：Wind Mysteel

近 3 年来，动力煤合约调整之后，期货成交量和成交额存在回调，但持仓量不断增长。2017 年动力煤日均成交量 2,517 万吨，日均成交额为 150 亿元，日均持仓量为 3,963 万吨，同比增长 60.8%。成交量是持仓量的 0.64 倍，期货市场活跃度仍有较大的提升空间，如图 3-26 所示。

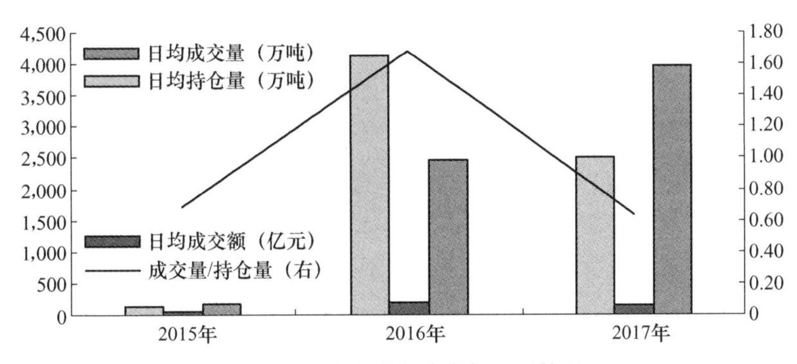

图 3-26　动力煤期货市场活跃情况

数据来源：Wind Mysteel

2. 期货合约

郑州商品交易所动力煤期货合约见表 3-9。

表 3-9　郑州商品交易所动力煤期货合约

交易品种	动力煤
交易单位	100 吨/手
报价单位	元（人民币）/吨
最小变动价位	0.2 元/吨
每日价格波动限制	上一交易日结算价±4%及《郑州商品交易所期货交易风险控制管理办法》相关规定
最低交易保证金	合约价值的 5%
合约交割月份	1~12 月
交易时间	每周一~周五（北京时间法定节假日除外），上午 9：00~11：30，下午 1：30~3：00，以及交易所规定的其他时间，最后交易日上午 9：00~11：30
最后交易日	合约交割月份的第 5 个交易日
最后交割日	车船板交割：合约交割月份的最后 1 个日历日 仓单交割：合约交割月份的第 7 个交易日
交割品级	见《郑州商品交易所期货交割细则》
交割地点	交易所指定交割地点
交割方式	实物交割
交易代码	ZC
上市交易所	郑州商品交易所

3. 交易、交割制度

动力煤交易、交割制度见附录 A7。

第二部分

钢铁套期保值实务

第四章　套期保值管理体系

在规划企业套期保值时，套期保值管理体系的建立非常重要。套期保值管理体系是企业套期保值管理框架的基础，它为套期保值的有效执行提供组织、分析、操作和系统的支持。一个独立而且权责分明的套期保值管理组织，能够充分了解公司的风险承受能力和风险管理的目标，同时能够及时反映风险管理过程中管理人员的看法，从而为企业套期保值决策提供依据，有助于企业套期保值的顺利开展。

第一节　套期保值管理体系的组织结构

一、组织结构设计的原则

组织结构设计的原则有：

（1）协调与效率有效结合。套期保值管理体组织结构的设计要充分考虑企业内部各业务部门的设置及相互之间关系的协调，要保证部门之间的权责划分明确、清晰，便于操作；保证部门之间的信息沟通方便、快捷、准确无误，能够在部门之间或部门内部建立必要的监督机制。同时，组织结构的安排和职能划分要体现效率原则，保证企业经营和管理系统的高效运作。

（2）全面管理原则。对风险的管理要渗透到与企业套期保值相关的各项业务过程中的各个操作环节，覆盖相关的部门、岗位和人员。具体体现为：

1）全员风险管理。实现与套期保值相关的全体员工对套期保值风险管理的参与。与套期保值相关的人员不仅包括期货部门、现货部门（采购、销售、生产），还包括仓储部门、财务部门等多个部门的相关人员。

2）全程风险管理。对套期保值相关业务的授权、执行、监督检查的全过程实行风险控制，将风险管理渗透到业务的每一操作环节。

3）全方位风险管理。风险管理要覆盖企业套期保值面临的各方面风险，不但要包括业务风险，还要包括法律风险、技术风险和信誉风险等。

（3）集中管理原则。要求套期保值管理体系应同时设立风险管理委员会和具体风险管理部门。风险管理委员会负责制定宏观风险政策，进行总体风险汇总、监控与报告，并且负责风险管理办法与构架的决策；具体风险管理业务部门则进行具体的风险管理，实施风险管理委员会制定的风险政策与管理程序。

（4）独立性原则。要求套期保值管理过程的检查、效果评价部门应当独立于套期保值的管理和执行部门，并有直接向董事会和高级管理层报告的渠道。它主要表现在套期保值管理机构在组织制度上形成董事会、风险管理委员会直接领导的，以独立风险管理部门为中心，与各个业务部门紧密联系的，职能上独立的风险管理系统。

（5）程序性原则。要求套期保值管理体系组织结构的安排应当严格遵循事前授权审批、事中执行和事后审计监督三道程序。有利于为企业防范风险提供三道“防火墙”，进一步加强企业在复杂的风险环境中及时、有效、系统管理风险的能力。

二、套期保值业务常见的管理结构模式

根据企业套保业务的归属大可划分为三种常见的结构模式，即财务主导型、业务主导型和子公司操作总部监控型。

（一）财务主导型

将公司期货业务放在财务部（见图 4-1），适用于刚刚成立或者是刚刚开展期货业务的公司。这种模式的优点是依托了企业财务部门的优势，节约财务、人事、风险控制等资源的成本。

（1）依托财务部门在资金管理、调度和风险控制方面的优势；

（2）依托财务部门对外投资的职能，包括金融行业的相关知识和投资经验；

（3）依托财务部门掌握的企业经营数据，从公司层面进行期货运作考虑；

（4）依托财务部门的专业人员优势。

这种模式的缺点体现在：

（1）财务部门数据的时效性不强，决策可能滞后；

（2）期货业务部门不在采购、销售一线，对价格变化和水平不够敏感；

（3）期货运作和期货监督在同一个部门，风险控制的难度较大；

（4）当系统性的统一方针与计划与下属公司利益相悖时，易引起公司内部矛盾；

（5）信息收集与传达程序繁杂，信息的偏误会严重影响套保的设计与执行效果；

（6）权责明晰难度大，易出现亏损处理责任推脱现象。

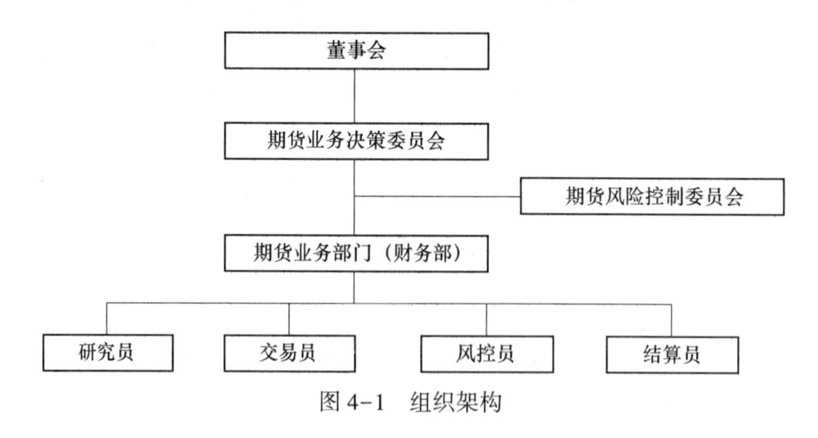

图 4-1　组织架构

（二）业务主导型

将公司期货业务放在采购、销售或者市场（两者结合）部等业务部门，适用于期货运作时间较长的大型企业。采用这种模式的企业往往经历一个渐进过程：前期将期货业务放在采购或者销售部门，随着期货业务的逐渐深入，将采购和销售部门合并成市场部。

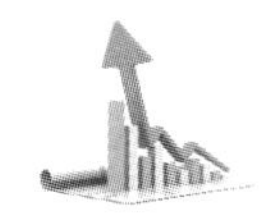

这种模式的优点是能够及时获取采购和销售数据。

（1）能够根据每一笔订单及时调整保值头寸；

（2）了解产业链变化情况，对价格及其变化更加敏感；

（3）依托这两个部门对价格的预测和市场行情的预判；

（4）由财务部门协助控制风险，风险控制制度更加完善。

这种模式的缺点体现在：

（1）业务部门风险意识不及财务部门；

（2）缺乏期货等金融市场运作经验；

（3）市场部门的工作性质可能导致人员无法安下心来进行期货运作。

（三）子公司操作总部监控型

对于大型集团公司，在期货运作上还有另外一种模式，那就是由集团总部控制风险，由各子公司独立运作、自负盈亏。这种模式的优点主要包括：

（1）集团能有效地控制期货业务总体风险；

（2）子公司能够根据实际经营情况进行保值操作；

（3）分公司执行套保的组织架构层级较少，运转快，效率较高；

（4）权责分明，不存在责任属向问题。

这种模式的缺点主要包括：

（1）总部对子公司期货业务运作的管理空间有限，无法根据企业经营战略调整子公司期货头寸；

（2）期货部门多了一个层级，相互的合作、协调面临考验；

（3）重复设置的部门，需求大量的财务、人事、风险控制等资源，增加了成本。

三、部门与岗位设置

期货业务的组织结构中，主要部门设置包括期货业务决策委员会、期货业务风险控制委员会、期货业务部；主要岗位设置包括研究员、交易员、风控员、结算员等，如图 4-2 所示。

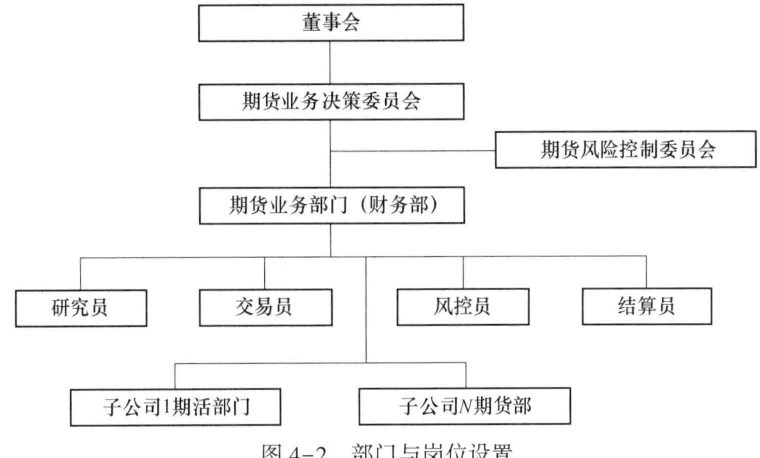

图 4-2　部门与岗位设置

（一）期货业务决策委员会

期货业务决策委员会是公司期货业务的最高决策机构。为了全面了解企业真实情况、充分发挥各部门的优势和能力，期货业务决策委员会一般由公司各个职能部门的负责人组成，由公司总经理任决策委员会主任，分管营销的副总经理任决策委员会副主任。

（二）期货风险控制委员会

期货风险控制委员会是公司期货业务风险控制工作的最高决策机构，主要负责监督、审计期货业务的各项风险。一般由有相关工作经验的人员组成，由公司分管财务的副总负责。

（三）期货业务部

期货业务部是公司期货业务的执行机构，主要由投资经理、研究员、交易员、风控员、结算员等组成。

期货业务的顺利开展需要包括行情分析、交易执行、风险管控在内的大量期货专业人才。钢铁企业需要根据自身的企业文化、发展模式以及发展目标和任务，制定对期货人员有效、经济的需求计划，畅通人才引进和培养储备渠道。

人才引进渠道和方式包括人才市场公开招聘、高校定向培养或高校专项推介、从现货销售部门引进培养、通过专业媒体公开招聘、借助猎头公司引进等。

加强公司内部现有人才的培训和在职学习，不断丰富公司期货人员队伍是期货人才的主要来源。培育措施包括加强上岗培训、广泛开展继续教育、重点人员重点培训、加强专题培训。

四、大型钢铁企业套保业务组织结构设计案例

大型钢铁企业期货套期保值业务的组织结构设计选择子公司操作总部监控模式。部门设置和岗位安排如图 4-2 所示。

在业务初期设立期货领导小组，组长由公司分管财务工作的领导担任，组员分别由财务、销售、运营、审计等部门负责人及期货主管组成。随着业务的深入，领导小组逐渐向决策委员会和风控委员会转变。集团期货办公室设在集团公司计财部，设期货主管、研究员、风控员等职位。期货办公室对公司相关单位期货业务进行全程监管，统一管理。某钢铁企业套期保值业务组织结构设计见表 4-1。

表 4-1　某钢铁企业套期保值业务组织结构设计

组织机构设置：
（1）集团各子公司成立期货领导小组，总经理任组长，销售负责人为期货分管领导； （2）财务负责人为资金调拨审批人，负责资金调拨审批； （3）期货办公室设在销售部门，负责期货日常运作； （4）期货办公室设期货主管、研究员、交易员、结算员、风控员

续表 4-1

期货领导小组主要职责： （1）明确公司期货套期保值思路； （2）审批公司期货套期保值可行性研究报告、管理办法、风控办法、管理制度； （3）审批集团各子公司重大套期保值方案，处理期货重大风险事件； （4）监管公司期货业务执行情况； （5）评估公司期货套期保值效果； （6）处理公司期货业务其他重大事项
期货办公室主要职责： （1）设计公司期货项目，编制公司期货套期保值可行性研究报告、管理办法、风控办法、管理制度； （2）完成期货各项筹备工作，包括品牌注册、硬件设施建设、人员配置、期货经纪公司选择、法人开户等； （3）审核相关单位套期保值方案、操作计划； （4）对相关单位期货业务进行全程监管、统一管理； （5）评估相关单位期货套期保值效果； （6）建立与期货经纪公司、监管部门良好的沟通协调机制
相关子单位期货领导小组主要职责： （1）明确套期保值思路，对保值结果负责； （2）审批重大保值方案，在国务院国资委及公司限定范围内就保值品种、保值量、资金规模、目标价位等做集体决策； （3）就重大行情下的大规模操作做集体决策； （4）处理重大期货风险事件； （5）监督期货业务执行情况； （6）处理期货业务其他相关重大事项
相关子单位期货办公室主要职责： （1）进行期货准备工作，包括硬件设施配备、人员配置、期货经纪公司选择、法人开户等； （2）建立完善的信息收集渠道、整理数据，提供高质量的行情分析和策略建议； （3）根据行情走势和经营需要，编制保值方案及操作计划； （4）严格执行经审批的保值方案，控制交易风险，完成交易任务； （5）编制交易报表，汇报交易情况； （6）在市场行情发生较大变化时，及时提出修订方案； （7）处理期货业务其他相关事项

第二节　套期保值管理

一、套期保值的业务流程

从企业经营者的角度，企业在生产经营过程中面临的风险大致可以分为两类，即商业风险和财务风险。商业风险包括行业特征、竞争能力（营销、技术、效率、政策）和管理等；财务风险也称金融风险，主要包括财务特征、财务政策、盈利性、资本结构、现金流保护和财务灵活性等。

（一）风险识别

通过对企业生产经营目标的梳理和生产经营流程的分析，确定影响企业实现生产经营目标的各类风险，在此基础上进一步确定那些通过保值可以规避同时也需要规避的风险点，如大宗商品价格波动风险；根据企业风险点的不同区分不同类别的保值业务，包括双向敞口的保值业务、上游敞口的保值业务、下游敞口的保值业务，以便于制定对应的风险对冲策略。

（二）风险量化

利用各种风险量化的工具确定不同风险点下企业的风险值，帮助企业确定对风险进行管理的目标，同时也可以协助企业甄选最佳保值策略。这些工具包括在险价值、情景分析、压力测试等。

（三）保值策略制定

针对不同的风险点和风险程度，利用不同的保值工具制定对应的保值策略，包括针对双向敞口业务的定价时间调频策略、定价方式调频策略、价差锁定策略，以及针对单边敞口企业的远期、期货的策略，互换的策略，期权的策略，结构产品策略和组合保险的策略。

（四）保值方案优化

保值成本、基差等因素的存在使得完美保值很难实现，同时企业逐利的特性也要求在风险对冲的基础上尽可能优化套期保值效果，由此产生了很多保值效果优化的策略，包括：根据期货特征调整现货运营方式；以保值的心态建立头寸，以套利的心态处理头寸；利用市场的一些特征或者短期趋势变化优化保值效果；管理好库存保值与交叉保值等。同时还有其他一些战略性的优化策略，包括最优套期保值比例的确定以及利用风险量化工具选择最优策略。

（五）保值跟踪及效果评估

利用保值报表跟踪保值效果，第一时间发现保值中的风险和问题并及时调整保值策略。建立完善的保值效果评估体系，便于对保值人员进行考核以及对保值思路或者策略进行完善。

上述五个步骤以及其中的每一个步骤，都是大小不一的封闭式循环，企业的套期保值业务就是不断重复这些循环的过程。企业从无到有建立套期保值业务，需要完成五个步骤构成的大循环；企业在现有业务基础上开展一项套期保值的新业务，也需要按照这五步完成一个循环，这是中循环；企业完成一个阶段性的保值计划后，开展下一阶段的保值计划，继续按照上面的步骤进行并对每个步骤优化，这是小循环。

二、套期保值业务的管理流程

（一）套期保值的目标设定

企业开展套期保值业务的目的在于通过套期保值业务对冲企业原材料、产成品市场的价格波动，实现套期保值，有利于企业生产经营的稳定。

套期保值目标计划分年度目标计划和季度目标计划。目标计划内容包括公司年度运作资金额度以及套期保值交易的量价范围、拟采取保值的比例及控制的目标价位范围等计划。企业应当选择与主业经营密切相关、符合套期会计处理要求的简单衍生产品，不得超越规定经营范围，不得从事风险及定价难以认知的复杂业务。持仓规模应当与现货及资金实力相适应，持仓规模建议不超过同期保值范围现货的90%；以前年度金融衍生业务出现过严重亏损或新开展的企业，两年内持仓规模建议不超过同期保值范围现货的50%；企业持仓时间一般不得超过12个月或现货合同规定的时间，不得盲目从事长期业务或展期；不得以个人名义（或个人账户）开展金融衍生业务。

（二）套期保值原则

（1）避险原则、审慎原则。套期保值是期货工具的主要功能，目的是降低与基础资产价格相关的风险，锁定成本和利润，实现稳定持续的经营活动。期货工具具有杠杆性、投机性和复杂性等特点。企业进行期货交易的目的不是作为盈利手段，更不是追求利润最大化，而应该是避险。企业主要参与市场应以场内市场为主，场外交易则应该审慎参与，尤其那些结构型的复杂衍生品业务。即使确实需要参与场外那些复杂结构型衍生产品工具，也必须全面评估交易风险。这是企业在参与套期保值交易时要遵守的首要原则。企业进行境外套期保值时应当根据自身的实力和业务水平投资，不熟悉领域和不熟悉业务不要轻易涉足；要充分考虑企业承受能力，企业进行高风险业务投资时必须与自身规模、需求相适应，而且要严格合规。另外，企业进行境外套期保值业务需要得到主管部门的批准。

（2）风险控制、管理原则。企业进行套期保值运作的时候，必须遵循风险控制和风险管理原则，高度重视风险的防范和控制。企业要通过机构设置、权责划分、流程设计来保障套期保值业务的顺利开展，实现控制风险和管理风险的目的。

1）树立正确的风险管理理念。理解金融衍生产品高收益、高杠杆、高风险的天然属性，套期保值是为了降低与基础资产价格相关的风险，锁定成本和利润，实现稳定持续的经营活动，而不是为了获取额外的高额收益。切记期货等衍生工具是一把双刃剑，在化解风险同时也暴露新的风险窗口。企业在参与套期保值业务的时候要充分考虑承担风险的能力，牢记进行套期保值只是锁住成本和利润，回避价格波动风险，不能为了追求高收益而偏离正确轨道。

2）在内部控制机制的建立和执行的过程中，要注意以下几点：一是建立有效防范和监控市场风险、法律风险、信用风险、操作风险、流动性风险等管理制度，定期对制度执行情况进行监督检查，并对具体业务发生的问题及时预警；二是严格执行风险监控部门独立报告制度，定期进行内、外部审计。

3）建立完整的内部控制程序，前中后台务必要严格分开，相互合作与相互制衡。这里要注意风险防患与风险应对相结合，既要通过风险预警系统和压力测试等制度来防患风险，又要建立化解风险的重大风险事件应对机制。

4）要专人专岗，职责分离。领导层应重视套期保值工作，做到专人负责；企业领导应经常了解企业套期保值的具体情况。这既是对具体操作者的一种支持，又具有监督防范作用，防范由于某个人的重大失误而导致的重大恶性事件的发生，从而造成不可挽回的经济损失。

三、套期保值制度设计

（一）确立企业参与期货市场的运行机制

套期保值的本质是价格风险管理。期货价格不仅赋予了企业生产经营环节的管理基础，还渗透到企业的运行管理中，形成价格风险管理为核心的运行机制，即围绕总体经营目标，通过在培育良好的风险管理文化，建立健全风险管理体系，把价格风险管理作为企业的核心竞争力，依托期货市场的信息，对价格、利率、汇率风险进行流程化监控和管理，建立完善的企业价格风险控制体系，以保证公司经营的平稳运行。

（二）培育良好的风险管理文化

价格风险管理是一项全员参与的系统工程，需要以塑造风险管理文化、增强全员风险管理意识为支撑。风险管理文化是企业文化的重要组成部分，其内容主要包括风险管理理念、风险控制行为、风险道德标准和风险管理环境。在风险管理文化建设中，要倡导和强化“全员的风险管理意识”，通过各种途径将风险管理理念传递给每一个员工，并且内化为员工的职业态度和工作习惯；要在企业内部形成风险控制的文化氛围和职业环境，使企业能敏锐地感知风险、分析风险、防范风险。

（三）设立健全的风险管理机构

设立价格风险管理机构，构筑价格风险管理组织体系，是提高企业价格风险管理水平的重要保证。董事会应该成为企业价格风险管理工作的最高决策者和监督者，就企业全面风险管理的有效性对股东会负责。董事会内部可以设置风险管理委员会，专门研究和制定企业风险管理政策与策略等。经理层应该成为企业价格风险管理政策与策略的执行者，主要负责企业价格风险管理的日常工作，就企业全面风险管理工作的有效性对董事会负责。企业风险管理职能部门等内部有关部门，应该形成各有分工、各司其职、相互联系、相互配合的有机整体。各机构人员应该由熟悉本职工作，能对个案做出风险评估和处理的专家或专门人才组成。根据各企业经营特点，应该确立各部门、各单位风险控制的重点环节和重点对象，制定相应的风险应对方案，监督企业决策层和各部门、各单位的规范运作。风险发生时，风险管理组织系统应该能够全面有效地指导和协调风险应对工作。

（四）以风险控制为导向的信息管理机制

市场竞争的本质是信息。管理好价格风险必然要建设有完善的信息管理机制。具体的

内容包括：

（1）成立信息管理部门，对全球和国内商品市场走势和供求关系进行全方位分析和预测。

（2）建立标准化的历史数据库和 IT 系统，使风险监控做到自动化和流程化，提高信息使用效率。

（3）提高市场信息获取能力，获取信息的路径包括但不限于期货市场、集中交易的电子平台、金融和商品市场数据供应商、专业报价机构提供的市场报告、提供的场外交易价格数据等。

（五）建立完善的风险约束机制

为了将价格风险管理活动，完整贯彻到企业所有业务活动中，需要建立价格风险约束机制，避免因业务单元盲目追求利润，导致重大经济损失。具体的内容包括：

（1）设立清晰的风险问责制度，按照公司资源与能力条件，确定公司能够承受的整体价格波动风险的上限。

（2）确定公司合理的价格风险敞口，并将其分配到各个业务单元。

（3）制定各业务部门价格风险检测、记录和报告管理流程，严格管理所分配的风险敞口。

（4）风险管理委员会和风险管理部门，定期审查和监控各类风险，保证计划风险敞口的安全落实。

（5）发生风险溢出或者市场基本面变化情况，风险管理部门要通过风险管理委员会警示业务部门，及时调整交易仓位和对冲风险，业务部门自己发现的风险变动，要通过流程及时调整策略。

（六）前瞻性的风险监控预警机制

价格风险管理自身也会面临特定的风险，针对该风险形成前瞻性的风险预警机制，能够有效提升价格风险管理的运行效率。具体内容包括：

（1）风险管理部门负责前瞻性的风险预警。

（2）通过使用量化测量工具，如压力测试、情境分析和风险敞口等，并结合 VaR 值对风险进行综合评估。

（3）有条件的可以建立全自动化的风险监控平台，使风险定量和汇报做到自动化和流程化，达到及时发现风险和规避风险的目的。

（4）风险管理委员会与风险管理部门针对发现的风险，应及时与业务部门沟通，必要时调整策略，以确保风险水平在合理范围。

（七）制定科学严密的风险对冲机制

价格风险管理的关键在于制定科学的风险对冲计划。由于企业整体价格风险是部门价格风险的集合组成，所以企业既要控制好整体价格风险，也要协调各个业务部门的风险对冲计划，确保各部门制定合理的风险对冲活动，避免因个别部门行为导致整体风险溢出。具体包括：

（1）风险管理部门要提出和实施企业层面的风险对冲策略，业务部门要明确自身对冲要求，确定是要锁定价格、稳定收益，还是通过选择性地承担可控风险而获取利润，以此确定业务对冲策略。

（2）策略在实施前，应当通过期货历史数据对风险对冲策略进行测试，确保对冲策略在震荡市场环境中能够达到预期目的。

（3）在策略测试过程中，要考虑对冲策略是否会引发其他风险，例如在极端市场条件下期货保证金的要求可能带来流动性风险。

（4）策略在实施过程中，要严密监控现货和期货交易的盈亏并随市场变化及时调整交易仓位，以保证最佳的风险对冲效率。

（八）建立以参照期货价格体系为基础的全面预算制度

全面预算管理已经成为现代化企业不可或缺的重要管理模式。它通过业务、资金、信息、人才的整合，明确适度的分权授权，战略驱动的业绩评价等，来实现企业的资源合理配置并真实地反映出企业的实际需要，进而对作业协同、战略贯彻、经营现状与价值增长等方面的最终决策提供支持。期货市场价格体系的出现，为企业制订科学的财务预算提供了依据，企业在制订预算时，依据企业传统预算制定方法，参照在预算年度相关期货品种的平均价格，根据期货市场价格信息反映出的供需形势科学安排生产计划，这就从计划价格与产品数量上改变了过去在制订预算时“盲人摸象”和“领导拍脑袋”等随意性比较强的情况，制定的计划能够基本符合市场发展趋势。

（九）建立以期货市场价格体系为基础的营销机制

企业营销举措的辐射与执行、渠道政策的贯彻与落实、消费需求的挖掘与达成，都需要微妙的机制来确保有效的运转，而机制的生命力便在于不断探索个人及组织行为背后的原动力，并不断创新。如前所述，企业能够通过期货市场，实现产成品的提前销售，进而锁定经营利润。实践中，企业在明确了企业财务与非财务发展的短中期计划的基础上，建立了以期货市场价格体系为核心的营销机制，明确了以期货价格为基准的均价模式、点价模式等销售方法的销售流程、决策体系以及动态调整等制度，为企业进一步发展期货业务水平提供了制度性的保障措施。

（十）建立以期、现货经营为基础的绩效考核机制

企业绩效考核制度对于调动企业部门积极性具有直接的引导作用。在参与期货市场之初，企业期货部门与现货部门存在相互责任不清、义务不明、考核独立等问题，制约着企业参与期货市场的能力建设。当前企业在逐步熟悉期货市场的基础上，基本认清了套期保值的目的与方法，改变传统单一考核现货生产绩效的模式，将期货与现货业绩归并于同一个生产营销系统，通过对现货与期货经营盈亏进行综合评价，对整个期、现系统进行考核，使产品生产与销售部门和期货市场套期保值业务操作部门积极主动地沟通信息、制定方案、密切配合，获得了良好的经营效果。

第三节　套期保值过程风险控制

企业在掌握了最基本的套期保值方法之后，就需要在风险管理制度的建立与执行方面有所作为。套期保值业务的每一步详细做法都要由公司讨论来决定，本书对此不再详述，重点介绍套期保值业务中必须采取的基本步骤和执行这些步骤的指导方针。

一、企业风险管理理论

（一）风险的含义

风险就是活动或事件消极的、人们不希望的后果发生的潜在可能性。风险和不确定性是很容易混淆的概念：不确定性是客观事物永远发展变化的客观特性，是产生风险的原因。虽然风险和不确定性这两个概念经常互相使用，但它们并不是一回事。不确定性仅仅考虑事件发生的肯定程度，而风险则要考虑事件发生后果的严重程度。

不确定性在某些特定的情况下并不完全是坏事，关键要看不确定性是在向着人们希望的方向发展，还是相反。再次说明，风险是针对不希望发生的事件而言的，它包括以下两个方面：

（1）发生的可能性；

（2）一旦发生，后果的严重程度。

有两类事件的风险性质是没有争议的：一类事件是“高可能性，严重后果”，对这类事件可以立即判定属于高风险问题；另一类事件是“低可能性，轻微后果”，对这类事件可以立即判定属于低风险问题。有两类事件的风险等级的判定是容易引起争议的，它们是：

（1）高可能性，轻微后果；

（2）低可能性，严重后果。

这两类风险性质的判定与个人的主观判断有很大的关系，不同的人由于持有不同的立场、观点，以及所处的环境不同，会有不同甚至相反的判断。在这种情况下，对项目风险等级的判定会更加依赖个人的解释。这时，主管人员一方面要依靠不同领域的专家，另一方面也要做好准备，对判定风险问题作最后的决断。

对现代企业来说，风险是某种不利因素产生并造成实际损失致使企业目标无法实现或降低实现目标的效率的可能性。企业风险可以分为政策风险、战略风险、日常经营管理风险及财务风险。政策风险主要是国家宏观经济政策或行业政策改变导致企业所面临的风险；战略风险主要表现在企业的多元化经营与企业并购方面；日常经营管理风险按照日常运转的关键环节划分，主要包括供应风险、生产风险和销售风险；企业的财务风险则是指企业财务活动目标不能得以实现的可能性，包括筹资风险、资金投放的风险及企业其他财务活动风险。

（二）风险管理

风险管理是采取一定的措施对风险进行检测评估，使风险降低到可以接受的程度，并将其控制在某一可以接受的水平上。从职能上说，风险管理就是在对风险进行观察、评估的基础上控制风险可能造成的损失，保证组织目标的实现。对风险管理的定义可以理解为：

（1）风险管理是一个系统过程，包括风险的识别、衡量和控制等环节。

（2）风险管理的目标在于控制和减少损失，提高有关单位或个人的经济利益或社会效果。

（3）风险管理是一种管理方法。

风险管理作为企业的一项管理活动，产生于20世纪50年代的美国，当时美国一些大公司发生的重大损失使公司的高层决策者开始认识到风险管理的重要性。那时风险管理是企业管理的一个重要组成部分，主要涉及的是对企业纯粹风险的管理。这一特征与当时企业经营环境相对简单，因而纯粹风险给企业经营带来的影响最为严重以及通过保险手段可以对纯粹风险进行有效管理是密切相关的。

20世纪80年代后，企业的经营环境开始发生了巨大变化，以价格风险、利率风险、汇率风险等为代表的财务风险开始给企业带来巨大的威胁，使得企业开始寻求规避财务风险的工具。但企业在这方面的努力仅限于一些孤立的实践活动，并没有形成完整的理论和方法体系。反而在金融机构中，由于所经营的金融产品带来的各种风险加剧，逐步形成了针对金融机构的相对完整而系统的金融风险管理体系，其针对的对象和内容都与传统风险管理有很大不同。

到20世纪末，随着大型企业特别是巨型跨国公司面临的风险管理日趋多样和复杂，开始出现了将企业的所有风险，包括纯粹风险和财务风险综合起来进行管理的需要。这种需求使得在历史上的不同时期，沿着两条不同轨迹发展起来的传统风险管理和金融财务风险管理终于结合在一起，形成了一个崭新的概念——全面风险管理。

全面风险管理是指企业围绕总体经营目标，通过在企业管理的各个环节和经营过程中执行风险管理的基本流程，培育良好的风险管理文化，建立健全全面风险管理体系，包括风险管理策略、风险管理措施、风险管理的组织职能体系、风险管理信息系统和内部控制系统，从而为实现风险管理的总体目标提供合理保证的过程和方法。

全面风险管理力求把风险导致的各种不利后果减少到最低程度，使之正好符合有关方在时间和质量方面的要求。一方面，风险管理能促进决策的科学化、合理化，减少决策的风险性；另一方面，风险管理的实施可以使生产活动中面临的风险损失降至最低。

目前我国大部分企业没有专门的人员或机构进行企业全面风险管理活动，每个人或部门往往只针对自己工作中的风险独立地采取一定对策，缺乏系统性、全局性。企业中的风险管理基本上是一种被动式管理；企业中风险管理活动往往是间断性的，缺乏系统、科学的风险管理理论方法指导。

构建企业全面风险管理体系，是在对相关信息进行采集的基础上，分析可能导致生产活动中出现风险的根源性因素，通过定性与定量相结合的方法发现企业各生产环节管理与运作过程中的潜在风险。充分重视企业的风险管理，建立风险管理体系，并对风险分析的理论方法进行全面、深入、细致的研究，将对成功实现企业目标，达到资源的优化配置起到重要的理论指导作用。

（三）风险管理过程及方法

风险管理过程包括风险规划、风险识别、风险分析和评价、风险处理和风险监控几个阶段。

1. 风险规划

风险规划指决定如何着手进行风险管理活动的过程。风险规划是确定一套完整全面、有机配合、协调一致的策略和方法并将其形成文件的过程，这套策略和方法用于识别和跟踪风险区，拟订风险缓解方案，进行持续的风险评估，从而确定风险变化情况并配置充足的资源。在进行风险规划时，主要考虑的因素有风险管理策略、预定义角色和指责、各项风险容忍度、工作分解结构、风险管理指标体系。

规划开始时，要制定风险管理策略并形成文件。早期的工作是：确定目的和目标；明确具体区域的职责；明确需要补充的技术专业，规定评估过程和需要考虑的区域；规定选择处理方案的程序；规定评级图；确定报告和文档需求，规定报告要求和监控衡量标准。如有可能，还要明确如何评价潜在资源的能力。

风险规划过程的运行机制是为风险管理过程提供方法、技巧、工具或其他手段、定量的目标、应对策略、选择标准和风险数据库。其中，定量的目标表示量化的目标，应对策略有助于确定应对风险的可选择方式，选择标准指在风险规划过程中制定策略，风险数据库包含历史风险信息和风险行动计划等。

风险管理计划在风险规划中起控制作用。风险管理计划要说明如何把风险分析和管理步骤应用到项目之中。该文件详细地说明了风险识别、风险评估、风险处理和风险监控的所有方面。风险管理计划还要说明项目整体评价的风险的基准是什么，应当使用什么样的方法以及如何参照这些风险评价基准对项目整体进行评价。

2. 风险识别

风险识别是风险管理的第一步，即识别实施过程中可能遇到（面临、潜在）的所有风险源和风险因素，对它们的特性进行判断、归类，并鉴定风险性质。风险识别的目的是减少结构的不确定性，亦即发现引起风险的主要因素，并对其影响后果作出定性的估计。该步骤需要明确两个问题：明确风险来自何方（确定风险源），并对风险事项进行分类；对风险源进行初步量化。

风险识别是风险管理的基础，应是一项持续性、反复作业的过程和工作。因为风险具有可变性、不确定性，任何条件和环境的变化都可能会改变原有风险的性质并产生新的风险。对风险的识别不仅要通过感性认识和经验进行判断，更重要的是必须依靠对各种客观统计资料和风险记录进行分析、归纳和整理，从而发现各种风险的特征及规律。常用的风险识别方法有专家调查法（头脑风暴法、德尔菲法、访谈法、问卷调查法）、情景分析法、故障树分析法等。

3. 风险分析和评价

风险分析和评价是在对风险进行识别的基础上，对识别出的风险采用定性分析和定量分析相结合的方法，估计风险发生的概率、风险范围、风险严重程度（大小）、变化幅度、分布情况、持续时间和频度，从而找到影响安全的主要风险源和关键风险因素，确定风险区域、风险排序和可接受的风险基准。在分析和评价风险时，既要考虑风险所致损失的大小，又要考虑风险发生的概率，由此衡量风险的严重性。

风险分析和评价的目的是将各种数据转化成可为决策者提供决策支持的信息，进而对各风险事件的后果进行评价，并确定其严重程度排序。在确定风险评价准则和风险决策准则后，可从决策角度评定风险的影响，计算出风险对决策准则影响的度量，由此确定可否接受风险，或者选择控制风险的方法，降低或转移风险。在分析和评价风险损失的严重性时应注意风险损失的相对性，即在分析和评估风险损失时，不仅要正确估计损失的绝对量，而且要估计组织对可能发生的损失的承受力。在确定损失严重性的过程中，必须考虑每一风险事件和所有风险事件可能产生的所有类型的损失及其对主体的综合影响，既要考虑直接损失、有形损失，也要考虑间接损失、无形损失。风险影响与损失发生的时间、持续时间、频度密切相关，这些因素对安全生产的影响至关重要。

风险分析和评价的方法主要有专家打分法、蒙特卡罗模拟法、概率分布的叠加模型、随机网络法、风险影响图分析法、风险当量法等。

4. 风险处理

风险处理就是对风险提出处置意见和办法。通过对风险识别、估计和评价，把风险发生的概率、损失严重程度以及其他因素综合起来考虑，就可得出发生各种风险的可能性及其危害程度，再与公认的安全指标相比较，就可确定它的危险等级，从而决定采取什么样的措施以及措施的程度。有效处理风险，可以从改变风险后果的性质、风险发生的概率或风险后果大小三个方面提出多种策略。

5. 风险监控

风险监控就是通过对风险识别、估计、评价、处理全过程的监视和控制，保证风险管理能达到预期的目标。监控风险实际上是监控生产活动的进展和环境，即情况的变化，其目的是：核对风险管理策略和措施的实际效果是否与预见的相同；寻找机会改善和细化风险控制计划，获取反馈信息，以便使将来的决策更符合实际。在风险监控过程中，及时发现那些新出现的风险以及预先制定的策略或风险措施不见效或其性质随着时间的推延而发生变化的风险，然后及时反馈，并根据对生产活动的影响程度，重新进行风险识别、估计、评价和处理，同时还应对每一风险事件制定判断成败的标准和依据。

风险监控还没有一套公认的技术可供使用，由于风险具有复杂性、变动性、突发性、超前性等特点，风险监控应该围绕风险的基本问题，制定科学的风险监控标准，采用系统的管理方法，建立有效的风险预警系统，做好应急计划，实施高效的风险监控。

风险监控应是一个连续的过程，它的任务是根据整个（风险）管理过程规定的衡量标准，全面跟踪并评价风险处理活动的执行情况。有效的风险监控工作可以指出风险处理活动有无不正常之处，哪些风险正在成为实际问题，掌握了这些情况，管理部门就有充裕的时间采取纠正措施。同时，建立一套管理指标体系，使之能以明确易懂的形式提供准确、及时而关系密切的风险信息，是进行风险监控的关键所在。

风险监控的主要方法有审核检查法、监视单、风险报告等。

（四）风险管理的意义

风险管理是一个参与全程的动态过程，与管理的四个阶段，即启动、规划、实施和结束阶段密切结合，渗透在管理的全过程之中。在企业有效开展风险管理能够促进各单位决策的科学化、合理化，减少决策的风险性，能为企业提供安全的经营环境，能够保障企业经营目标的顺利实现，能够促进企业经营效益的提高。无论从理论还是从实践的角度来说，大胆创新、探索性地恰当运用风险管理的理论与方法，已成为关注的一个热点，对于提升企业管理水平、加强安全保障、创造更好的经济效益具有十分重要的意义。

二、套期保值风险管理

（一）套期保值风险管理的对象

对于单个企业来说，在经营过程中面临的主要风险通常包括市场风险、操作风险、信用风险和流动性风险。当然，这些并非囊括了所有风险，另外还有技术、法律、健康、安全和环境等方面的风险。商品风险构成了市场风险的一部分。

根据所从事业务的类型，市场风险有不同的定义。在金融学的概念里，市场风险通常被定义为机构或企业在金融状况方面的风险，这种风险是由该机构或企业的资产价格的反向移动或者波动性的不利变动所产生的。

商品风险是一种企业的金融状况方面的风险。这种金融状况的风险是由企业在其经营过程中生产、持有、交易或利用的有形或无形商品的不利价格变动或者价格波动性增大所产生的。

按照常理，假如商品的价格变动影响企业的金融状况，那么这种变动有不利的方面，也有有利的方面。只有不利于价格变动的可能性才导致风险。有利的价格变动产生的是机遇。管理风险的部分要义在于消除或至少控制风险，同时尽量不消除机遇。

一个公司的目标、内部组织结构以及它所生存的环境都是在持续发展的，因此它所面对的风险也是持续变化的。一个公司健全的内部控制体系取决于对公司所面临的风险的性质及其程度充分且及时的评估。既然从某种程度上说，利润是对业务运营中成功承受风险的回报，那么商品风险管理的目的就是帮助企业恰当地掌控而不是消除风险。

（二）套期保值风险管理的内容

商品风险管理中的一个最重要的方法是套期保值业务，而进行套期保值业务的第一步是要发现和分析企业商品风险的本质和来源。

对于单个企业来说，识别某特定的业务中增大金融风险的商品是一个分析的过程。按照“商品”的定义，每个企业都要检查并记录自己企业生产、持有、交易或利用的有形或无形的商品。这个分析的结果可能会使很多公司的管理者感到吃惊。接下来的统计计算将会表明，对于企业的金融状况，商品的价格变动有什么影响。只有这一步结束以后，企业才能作出必要的风险管理决定。

1. 识别企业中商品风险的本质

在了解了商品风险是什么之后，还要具体地分析一个特定企业面临的风险来源和本质究竟是什么。

第一步是发现风险。商品的交易价格受市场上各种力量的影响而不断波动，而价格波动，有上涨也有下跌。由此可以推断出，企业在经营过程中必然会面对着不利价格变动的风险。

不利价格变动的构成与企业所从事的业务有关。例如，对一家使用大豆的压榨企业来说，不利的价格变动是大豆价格上涨，但大豆价格上涨却对生产大豆的农场非常有利。与此类似，对一家养殖企业来说，有利的价格波动是玉米价格下跌，但玉米价格下跌却是一家生产玉米的农场的不利价格变动。

当然，上面两例中的双方都能管理风险，也都能通过正确的套期保值方法来使其面对的风险中性化。

在管理商品风险时，公司必须制定将要遵循的明确的指导方针。明确的指导方针只有在对各种可能和选择进行全面分析和深入考虑之后才能产生。

2. 解决风险，建立套期保值头寸

在考虑到企业所面临的每一种商品风险的情况下，企业如何建立套期保值头寸？这个问题可以简化成公司是相关商品的空头持有者还是多头持有者，或者说公司应该是空头持有者还是多头持有者。

以任何特定的商品而言，出于管理风险的目的，很多企业可以将它们自己看成生产者，也可以把自己看成使用者。这里要强调的是，对于套期保值者来说，不同的环境对每一个套期保值都可能是有利的，也可能是不利的。

成功的商品风险管理给管理者带来了许多特别的挑战。这些特别的挑战主要来源于这样一个事实：风险管理中所需要的知识积累、实践经验和信息并不集中于某个部门或一个或两个人身上。风险，诸如利率风险、信用风险和汇率风险，通常由金融部门内部来处理，而且很容易由公司内部控制系统监控。然而商品风险并非如此简单，套期保值的风险管理面临更多挑战。

套期保值可以用期货和期权的很多策略来操作，同时增强最终的保值效果，这也表明了这些工具的灵活及其被广泛使用的原因。显而易见，除了这些灵活性给经营带来的巨大优势之外，公司也需要对套期保值过程给予坚决保证。它必须长期对市场进行监督。公司必须要连续不断地考虑并且制定套期保值的决策。当这种机制正确地融入公司的企业文化中时，人们就会发现这个操作实际上既不麻烦，而且还很有必要。

（三）套期保值风险管理的要求

早在2001年5月24日中国证券监督管理委员会（以下简称为证监会）、国家经济贸易委员会、对外贸易经济合作部、国家工商行政管理总局、国家外汇管理局就联合发布了

《国有企业境外期货套期保值业务管理办法》，在严格监管下逐步放开了国有企业涉足国际期货市场的限制。2001 年至今，先后已有多家国有大型企业获得证监会颁发的境外期货业务许可证，在境外从事与之相关的大宗商品套期保值业务。借鉴以往企业的经验，保证套期保值有效进行必须做到以下几点：

建立健全内部监督管理体制和风险控制体系。国内很多企业进行套期保值失败的主要原因在于内控机制不健全，交易员建立的大大超过企业自身生产和交易能力的头寸没有被及时发现和制止，或者企业管理者迷信“明星”交易员，不是根据企业实际情况制订科学的保值方案，而是任由交易员调整保值头寸，当市场行情发生变化时，这些交易员往往处在很大压力下，很容易判断失误，如果期货头寸又很大，后果将不堪设想。

企业参与期货市场从事套期保值交易的主要目的是规避市场经营风险，因此，针对套期保值业务，企业应建立一套经营风险监督体系和权力制衡机制，在决策、授权、交易等操作程序上规范运作，发挥各级操作者的主观能动性，提高企业在期货市场的抗风险能力，保障套期保值交易的顺利进行。

可以成立由总经理为核心，财务、经营人员为主的保值领导小组，共同监督制订保值计划，以求实现目标利润最大化和经营风险最小化。严格控制企业参与期货市场的资金总量和交易中的总持仓量，避免主管领导独揽大权，独断专行。

建立每日定期报告制，将每日交易情况及时通报主管部门，实时监测，辅以不定期检查，确保套期保值计划执行过程中的监督管理和风险控制能够有效实行。企业也可以就期货头寸和现货商品数量建立 T 形账户，综合反映套期保值效果，增强套期保值的透明度。

企业主管部门应在一定时间内对企业的所有交易过程和内部财务处理进行全面复核，及时发现问题、堵塞漏洞。建立必要的稽核系统，保证套期保值交易活动的真实性、完整性、准确性和有效性，防止差错、虚假、违法等现象发生。在必要的情况下，可以由主管部门直接紧急干预，防止由于内部管理不善或内部管理体制出现漏洞而产生损失。

提高套期保值负责人的认知能力，警惕借套期保值的名义进行投资性交易。传统套期保值的目的是利用期货市场的盈利来弥补现货市场的亏损，从而实现期现市场双边平衡。以中信泰富参与澳元巨亏的案例为例，该案例中，中信泰富使用了累积期权这种衍生工具，根本无法实现投资资金的双边平衡。累积期权是一种复杂的金融衍生品，使用这种衍生工具进行保值，利润有限而风险无限。以中信泰富为例，中信泰富为降低投资西澳铁矿项目面对澳元升值的风险，签订了 3 份杠杆式外汇合约（累积期权的一种），对冲澳元、欧元及人民币升值的影响，其中澳元合约占绝大部分。由于合约只考虑对冲相关外币升值的影响，没有考虑相关外币的贬值可能，故只设有止盈金额，所签合约中最高利润只有 5150 万美元，但亏损却没有限制。可见，中信泰富所谓的套期保值策略，实际上是追求资金单边平衡的投资策略，而不是套期保值策略，其所选择的保值工具是经过“包装”的复杂的投资产品，实际上是一种投资工具。随着全球金融市场的发展壮大，金融创新不断，金融衍生产品层出不穷，如何有效识别各种衍生品，真正做到套期保值，规避风险，对企业意义重大。

三、套期保值风险管理面临的挑战

（一）风险管理的指导方针

管理者的首要责任是制定商品风险的指导方针。制定指导方针是最困难的任务之一，但是没有指导方针就没有成功的实际可能，缺乏指导方针会产生风险，会使管理者实际上对商品风险管理失去控制。在国际金融史上，由此引发的严重危机不在少数。

比如，受委托管理套期保值头寸的公司员工就很可能突破合理的头寸限制。随着经验和信心的增加，这些员工变得过度自信，开始建立更具投机性的头寸。在公司风险承担者的收益与其进行投资组合获得表现相关联时，这种现象尤为明显。

套期保值者从来不应当将主要精力放在用套期保值的衍生工具进行投资组合获得利润上。套期保值的全部目的是中和损失。因此，衍生工具的损失也并不代表公司的所有损失。正确的做法是通过套期保值取得的最终结果来做最后的判断：它是否满足了预期要求。这样套期者增加的价值便可以通过套期保值的实际价值得以判断。

（二）风险管理的企业文化

商品风险管理并非仅仅是金融部门的功能，不是说仅仅把管理商品风险的任务交给金融部门就可以万事无忧了。为了正确管理商品风险，需要从更加广泛的范围集中知识、信息和投入。如果管理商品风险只作为金融部门执行的功能，而没有整个公司的积极合作，这个功能也将不能被正确完成。

如果没有一种企业文化来支持，就不可能成功地执行任何一种企业的功能。因此在商品风险方面，商品价格风险是管理者积极寻求掌控的一个普遍关注的风险。在商品风险引起管理者重视之前，一线员工常常在日常工作中认识到商品价格的风险问题，因此在经营中必须对商品风险全面收集信息。只有这样，才可以主动识别和处理商品风险。

最有可能识别这些风险的员工主要是从事采购、存货控制、订单、生产、销售和发货部门的员工。他们可能是最先发觉市场中大大小小变化的人。他们工作生活在第一线，因此他们首先获知价格的即时变化，供应商、购买者和竞争对手策略的调整，对生产经营和其他数以百计将会直接或实质影响生产中商品风险的因素的改变。

（三）风险管理的人力资源培训

本部分针对的是分布在企业各部门、各环节的涉及商品风险管理的非专业人员。公司在人力资源方面最大的挑战是能否对这部分人员进行正确的培训，不同级别的不同职能需要不同水平的技巧。

例如，销售代表不需要知道如何建立多头套期保值，但他必须知道，如客户讨论改变他们的购买计划时，这可能对他的公司产生商业风险。他应知道有一个适当的渠道可以反映这些信息，使公司能对这些信息的含义给予适当注意。

为了在经营中帮助培养风险管理的企业文化，人力资源部必须保证对所有职员提供培训和信息，必须识别和正确培训那些公司中在商品风险方面具有非凡能力的员工。而且有必要使采购、存货控制和销售部门的人员关注他们需要的投入，同样，生产部门的人员需

要将已使用商品的知识、等级和替代物等方面的知识与财务部门人员共享，这样才可以建立正确的套期保值策略。

这也表明必须培训财务部门员工，使其全面了解生产过程的每个细节和实际上的原料使用情况等方面的内容，否则就可能出现问题。他们还需深入了解营销部门是如何工作的、谁销售产品以及什么是客户需要的。

因此，前面提到的几个部门的人员要通过培训了解更多关于商品风险管理的知识，这样他们就能把获得的更敏锐的洞察力用于成功地完成商品风险管理任务的过程中。

然而，最为重要的培训是对管理层和管理者的培训。在商品风险方面，责任渗透于整个机构当中。人力资源部应该让每个与商品风险管理相关的部门获得其所需层次的知识和技术。

管理者的工作是留心沟通渠道的正常与否。通过这个渠道，关于商品风险的信息是否能流入和流出公司管理的中枢。由于对商品风险管理的特殊要求，建议任何规模的公司都设立一个类似的“中枢”。这个中枢是中心沟通点，在这里会聚了相关信息，管理者的要求也可以从那里传向所有部门。另外也建议风险管理直接负责人召开经常性的会议，讨论相关信息以及话题。这是为了保证在经营中，当进行商品风险管理决策和制定政策时，各个部门都能提供及时且有价值的信息。

四、套期保值的内控制度

（一）内部控制与风险管理的关系

从新的COSO框架对企业内部控制的完善来看，企业内部控制逐渐呈现与风险管理靠拢和一体化的趋势。风险管理的目的是要防止风险、及时地发现风险、预测风险可能造成的影响，并设法把不良影响控制在最低程度。

内部控制就是企业内部采取的风险管理，内部控制制度的制定依据主要是风险，在某些极端情况下甚至完全由风险因素来决定。风险越大，越有必要设置适当的内部控制措施，风险太大时，还要设置多重内部控制措施。而且做好内部控制是做好风险管理的前提。一家企业只有从加强内部控制做起，通过风险意识的提高，尤其是提高企业中处于关键地位的中高层管理人员的风险意识，才能使企业安全运行。

风险管理是内部控制概念的自然延伸。内部控制和风险管理各有侧重。内部控制侧重制度层面，通过规章制度规避风险；风险管理侧重交易层面，通过市场化的自由竞争或市场交易规避风险。一般来说，典型的内部控制依然是为了保证资金安全和会计信息的真实可靠，会计控制是其核心，内部控制一般仅限于财务及相关部门，并没有透到企业管理过程和整个经营系统，控制只是管理的一项职能；典型的风险管理关注特定业务中与战略选择或经营决策相关的风险与收益的比较，如银行的授信管理、汇率风险管理和利率风险管理等，它贯穿于管理过程的各个方面。从以上分析可以看出，风险管理是内部控制概念在新技术和市场条件下的自然延伸，风险管理包括内部控制，内部控制是风险管理的基础。风险管理侧重于市场交易层面。

正因为内部控制与风险管理有内在的联系，各国分别以不同的方式逐步将内部控制与风险管理联系起来。巴塞尔委员会发布的《银行业组织内部控系统框架》中指出：“董事会负责批准并定期检查银行整体战略及重要制度，了解银行的主要风险，为这些风险设定可接受的水平，确保管理层采取必要的步骤去识别、计量、监督以及控制这些风险……”显然是把风险管里的内容纳入内部控制框架中了。2004 年 1 月 8 日，我国有关方面举办了“商业银行风险管理与内部控制论坛”，这表明我国银行业也开始将内部控制风险管理联系起来。

尽管风险管理与内部控制有内在的联系，但现实中的内部控制应用水平与风险管理还有不小的差距。典型的风险管理关注特定业务中与战略选择或经营决策相关的风险与收益比较；典型的内部控制是指会计控制、审计活动等，一般局限于财务相关部门。它们的共同点都是低水平、小范围，只局限于少数职能部门，并没有渗透或应用于企业管理过程和整个经营系统，因此，有时看上去风险管理与内部控制还是相互独立的两件事。但是，随着内部控制或风险管理的不断完善，它们之间必然会相互交叉、融合，直至统一。

（二）套期保值业务内部控制制度

在套期保值业务进行的整个过程中，内部控制是一个非常关键的职能。企业需建立严格有效的风险管理制度，利用事前、事中及事后的风险控制措施，预防、发现和化解信用风险、市场风险、操作风险和法律风险。

由于期货和期权交易会产生杠杆风险，企业必须建立追踪衍生工具和风险敞口使用的系统。因为它们是资产负债表表外工具，因此需要采取特别的措施来记录和监控这些头寸。

1. 相关人员的书面授权

内部控制的特殊任务是观察那些管理风险的人有没有在套期保值的伪装下建立投机的头寸，同时还必须确保他们遵守了套期保值所需要的头寸限制并使用了正确的套期保值工具。管理层所决定的指导方针必须列出这些明细。而企业内从事期货套期保值业务的人员必须有书面授权。授权包括交易授权和交易资金调拨授权，并应保持授权的交易人员和资金调拨人员相互独立、相互制约。

交易授权书应列明有权进行套期保值交易的人员名单、可从事套期保值交易的具体品种和交易限额；交易资金调拨授权书应列明有权进行资金调拨的人员名单和资金限额。

被授权人只有在取得书面授权后方可进行授权范围内的操作，而被授权从事套期保值交易业务的人员还应当具备相应的期货期权专业知识。

2. 套期保值业务信息保密措施

套期保值业务中的期货期权业务相关人员应遵守企业的保密制度，未经允许不得泄露企业的套期保值计划、交易情况、结算情况、资金状况等。

企业从事套期保值业务的人员发生变动的，企业应立即通知业务相关各方。原套期保值人员自变动之日起，应不再享有被授予的一切权利。人员变动后，应及时修改电话委托密码、网上交易密码等可能进行公司套期保值交易的一切方式，并及时去开户的期货经纪公司办理相应的变更手续。

3. 套期保值交易的记录与报告

套期保值业务的交易人员应每日向上级主管报告新建头寸状况、敞口头寸状况、计划建仓及平仓状况、市场信息等基本内容。

结算和资金调拨人员应每日向上级主管报告结算盈亏状况、敞口头寸风险状况、信用额度及保证金使用状况等，同时通报交易人员及风险控制人员。

建立套期保值业务交易主管定期（例如每周）报告制度，报告基本内容包括总体头寸状况、敞口头寸风险状况、信用及保证金使用状况、累计结算盈亏、信用额度及保证金使用状况等，市场发生重大变化或有较多新建头寸时，应提高报告频率。

4. 错单处理程序

交易人员出现错单，立即向上级主管汇报，采取相应处理办法。风险控制员或结算人员发现错单，应立即向上级主管经理汇报，并调查是否有舞弊行为，采取相应处理办法。

错单处理原则：

（1）如与套期保值方向相反，立即平仓。

（2）如与套期保值方向相同，并在套期保值计划内，由套期保值的相关部门共同协商处理；超出套期保值计划的交易，立即平仓。

（3）对金额较大、性质较严重的错单，应及时将错单情况及处理意见以书面形式向公司汇报，以便做进一步的调查。

5. 止损制度

由于期货期权属于杠杆交易，为了避免期货交易过程中可能出现的极端不利行情（例如卖出套期保值遭遇持续大幅上涨），造成期货保证金严重亏损，持续追加保证金给企业正常经营带来不利影响，公司应综合考虑现金流实际状况，有必要制定期货套期保值业务止损制度。

在制订套期保值计划时，应设定相应的止损额度，经期货管委会批准后，由期货部经理负责严格执行。

在初次建立期货持仓头寸后，行情即出现不利状况，亏损金额达到止损额度时，交易员应立即执行平仓，并向期货经理汇报。经理向期货管委会报告，并制订新的套期保值方案。

当期货持仓止损后，价格发生逆转，此时应再次建立期货头寸，继续实施套期保值计划。

企业必须深刻认识到，止损制度的建立可以有效避免期货行情不利时，持续追加保证金的风险，但企业也必须承担期货行情区间波动时造成的连续开、平仓价差损失和交易手续费用。

最后应注意的是，内控制度必须监控商品风险管理系统的有效性。因此，内控制度必须在这个系统的设计、执行和完成过程中作为程序的一部分。这也意味着，对内控负责的人员必须在管理商品风险方面达到高水平的知识和竞争力。取得这些知识和专业技术之后，还必须不断对其进行更新、升级和维护。

五、案例：国内某公司套期保值业务风险管理办法

为了有效地规避或降低价格波动带来的风险，公司拟开展期货的境内套期保值业务（以下简称“期货套期保值业务”或“期货业务”）。为规范期货交易，防范风险，特制定本管理办法，请各相关单位、部门遵照执行。

（1）进行期货套期保值业务的基本方法：在现货市场和期货市场上对同一种类的商品进行数量相等但方向相反的买卖活动，即在买进或卖出现货的同时，在期货市场上卖出或买进同等数量的期货，经过一段时间，当价格变动使现货买卖上出现盈亏时，可由期货市场的亏盈得到抵消或弥补。从而在“现”与“期”之间、近期与远期之间建立一种对冲机制，以使价格风险降低到最低限度。

（2）进行期货套期保值业务所应遵循的原则：应坚持“三同一反”，即商品品种相同、数量相同、月份相同（相近）、买卖方向相反。

（3）经公司董事会授权，公司控股子公司涉及的期货套期保值业务全部委托X公司交易执行。

（4）公司应按照本办法制定相关的期货套期保值业务实施细则及其流程，报公司董事会备案。

（5）根据国家相关法律法规、制度的规定，结合公司的实际情况，为顺利开展期货套期保值业务，控制相关风险，公司实行“期货管委会、期货经理、风险控制员”三级风险管理体制。

（6）期货管委会是期货业务管理的最高机构，负责对公司从事期货套期保值业务进行风险控制及监督管理工作。

（7）期货经理负责对公司套期保值计划的制订及期货业务的日常风险控制、检查报告工作，直接对期货管委会负责。

（8）风险控制员，协助期货经理开展风险管理工作，直接对期货部经理负责，但有权直接向总经理汇报。

为保证套期保值业务的顺利进行，公司需增设以下机构和部门：

（1）公司设立期货套期保值管理委员会（以下简称“期货管委会”），由公司总经理、销售总监、财务总监、生产副总组成，其他列席人员由期货管委会成员指定。期货管委会主任由公司总经理担任。期货管委会主要负责对公司从事期货套期保值业务进行决策、监督管理；审核批准年度期货保值计划；审核期货保值计划执行情况和期货套期保值业务报告；定期或不定期抽查期货部所持头寸是否符合保值计划中的价格、数量等条件；负责严格监督公司期货部对相关规定的执行情况，发现异常现象及时通报公司董事会。

期货管委会的主要职责应包括：

1）参与制定本企业套期保值业务的风险管理制度和风险管理工作程序；

2）批准套期保值计划，监督套期保值业务的总体执行情况；

3）核查交易人员的交易行为是否符合套期保值计划和具体交易方案；

4）对期货头寸的风险状况进行监控和评估，保证套期保值业务的正常进行；

5）发现、报告并按照程序处理风险事故；

6）重大决策的决定权。

期货管委会每月举行一次会议，由总经理召集和主持。经两名以上小组成员申请，也可以召开临时会议。列席期货管委会会议的成员享有表决权，表决权一人一票。期货管委会的各项决策由出席会议的所有人员过半数通过。

（2）公司设立期货部，期货部经理由公司期货管委会提名，向总经理负责。期货部主要负责拟订各项期货套期保值计划（包括年度、季度、月度、周度），并负责获批的各项期货套期保值计划的具体执行。

期货部设经理一名，管理期货部的各项期货相关事务。风险控制员一名，负责监控套期保值执行过程是否有异常风险发生。交易员若干名，负责执行期货部经理制订的具体套期保值方案。

期货部需定期开展对公司中层人员的期货套期保值教育，宣传套期保值对企业的发展所起到的客观作用。

（3）设置风险控制员，协助期货部经理开展期货部内部风险管理工作。风险控制员的主要职责包括：核查交易人员的交易行为是否符合套期保值计划和具体交易方案；发现、报告，并按照程序处理风险事故。

X公司的套期保值组织机构框架如图4-3所示。期货部套期保值方案审批流程如图4-4所示。

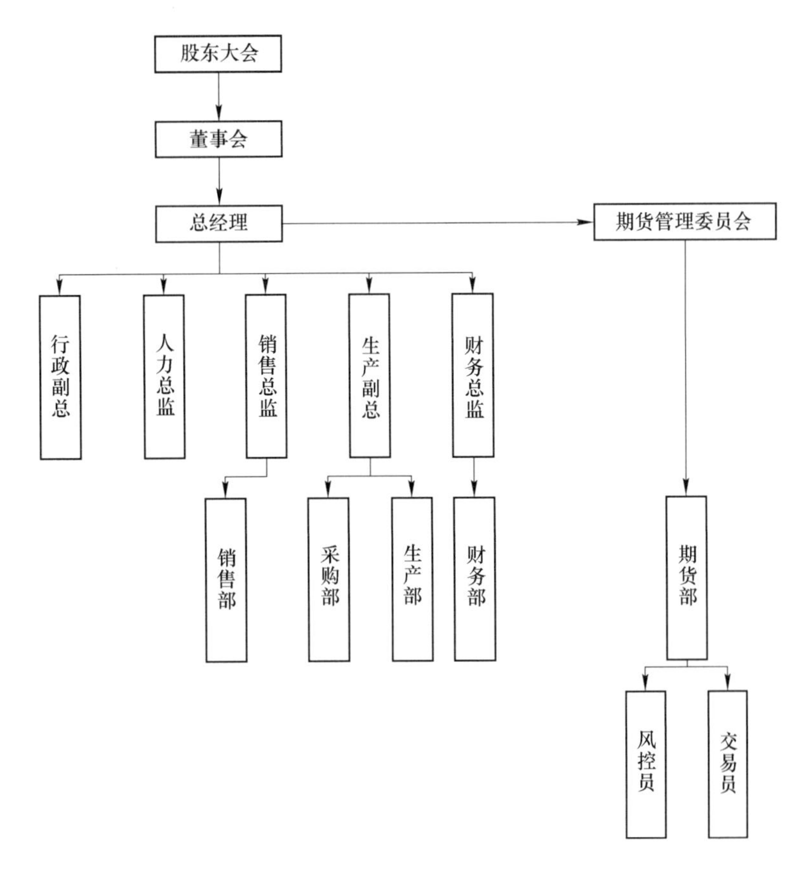

图4-3　X公司套期保值组织机构框架

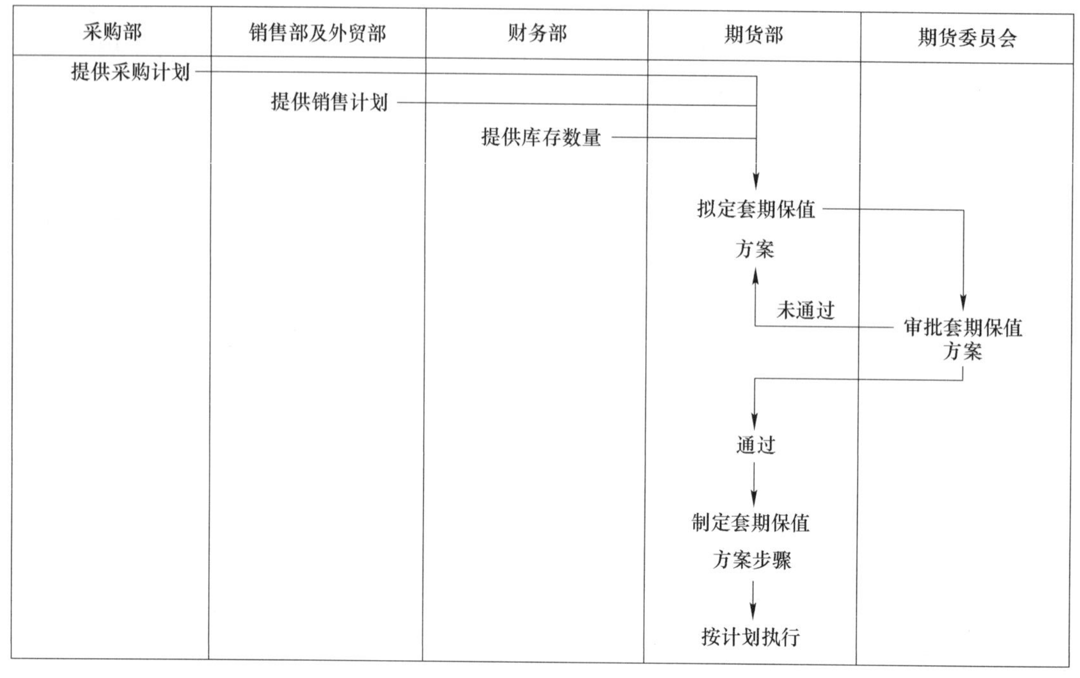

图 4-4　期货部套期保值方案审批流程图

第四节　套期保值的绩效评价

一、套期保值绩效评价体系设计

对企业套期保值绩效的评价，既是对企业整体经营绩效评价的一个组成部分，也是企业对其套期保值行为的再回顾，同时还是对套期保值相关人进行业绩考核的关键性指标。在具体评价套期保值绩效时应遵循以下几个原则：

（1）套期保值的评价对象必须是期货损益和现货损益加总后的总损益。

（2）对于套期保值绩效的评价应该以企业套期保值目标的有限实现为基准，即目标实现原则。如果企业的套期保值行为实现了企业作出套期保值决策时的经营目标，即为成功的套期保值。

（3）企业对未来价格走势的预测和判断是决定企业套期保值决策和具体实施的重要依据，但是对企业的套期保值绩效的评级绝不能以企业对未来价格走势的判断正确与否作为评价的标准。一方面，没有人在当时时刻100%地预测出未来的价格走势。另一方面，单纯地以对未来价格预测的准确度来评价套期保值，而不考虑企业进行套期保值的目的和目标，则使得企业的套期保值行为无异于期货市场上的投机。

（4）企业套期保值绩效的评价是企业套期保值治理的重要组成部分，对企业套期保值绩效的系统性的、完整的评价必须嵌入企业套期保值治理的框架之内。

二、套期保值评价方法

运用期货工具套期保值的主要目标是锁定成本和收益，如果是有效套期保值，即使在

期货市场发生浮亏，与其对应的现货也会发生增值，所以不会降低企业总的利润水平。所以上文提到，认为套期保值的盈利就是套期保值方案的有效，如果套期保值的方案有效肯定能够盈利，这种观点是错误的。运用期货工具对企业的价值不能只以期货盈亏为判断标准，期货与现货盈亏要统一考核，严格遵循期货保值中“期货盈（亏）现货亏（盈）”的原则。另外，在企业对从事套期保值业务的责任主体的考核中，在效果评估的时候不能只强调高回报不考虑承担的风险，换句话说，如果盈利是依靠承担了过高风险获得的，虽然表面上看套期保值确实很有效，但是只要失手一次就可能全军覆没，所以这样的情况下不应给予奖励。

因此，企业在对期货等衍生品业务操作和业绩进行评估时，要考虑下面两个标准：

（1）期货等衍生品操作盈亏。套期保值盈亏直接降低企业原料采购成本，或者增加了产品销售价格。

（2）期货或者现货市场盈亏相抵后的净值中是否符合预期要求，而不是单个市场的盈亏。

最为理想的情况是这两方面的结果相一致，但是现实中这样的情况是极其理想的状态。由于短期和长期的影响因素之间会存在差异，期货市场上的短期结果与其长期目标之间会存在出入，这时候就应该将短期的情况与长期目标结合起来评价。

上述提到的要求是不论是企业制定评价指标还是监管部门在制定监管指标中都应当注意的。企业套期保值效果评估还要注意考虑其他标准，比如企业进行套期保值是否对未来项目的融资及未来投产后的运行及现金流有帮助；在特定一段时间内和特定的要求下，期货交易价格相对于交易所特定合约的平均或者结算价格是否更高或者更低；长期而不是一个特定的时期期货操作的结果是否对企业财务指标的平滑和企业的健康发展有利。

企业套期保值业务的有效开展不但涉及现货、期货两大市场，而且还涉及对风险的判断、人力、物力和财力投入以及组织结构和规章制度的建设等方方面面。在具体评价套价保值绩效时，必须明确评价对象是期货损益和现货损益加总后的总损益，对于套期保值绩效的评价应该以企业套期保值目标的有效实现为基准。如果企业的套期保值行为实现了企业作出套期保值决策时的经营目标，即为成功的套期保值。

三、企业套期保值绩效评价标准

在企业套期保值行为及其有效性通过认定后，将期货损益和现货损益加总后的总损益作为评价套期保值绩效的对象。在具体评价上，本书将经营评价与市场评价有机结合起来，设计了两组评价指标。经营评价是与企业决定套期保值时所希望实现的被套期保值部分现货单位产品目标利润率相比较，体现了套期保值绩效同其内部预期值的比较。市场评价是和该品种期货市场的加权平均价格相比较，体现了套期保值绩效同外部市场平均的比较。如果套期保值部分现货的最终单位目标利润率超过了企业原先设定的目标利润率，从经营评价的角度来看企业的套期保值绩效是较好的，否则就较差。

（一）套期保值绩效的经营评价标准

在对企业套期保值进行界定以后，对企业套期保值绩效应进行经营评价标准设定。鉴于目前学术界、实业界还鲜有对企业的套期保值治理的系统性讨论。当评价套期保值有效性时，可将最终绩效是否达到企业所希望套期保值实现的经营目标作为标准，即期货与现货综合损益后的单位产品利润率是否实现了企业目标利润率。本节提出的套期保值标准，一方面将期货与现货的综合损益与企业的目标利润率相结合，从企业内部的角度考虑企业进行套期保值与实现经营目标的关系，即只要企业实现了目标利润率，就可以认定是有效的；另一方面也融合了外部市场因素对企业绩效的影响，将企业套期保值的实际效果与外部市场的变化结合起来考虑，即将企业实现的单位价格与现货市场加权平均价格或期货市场加权平均价格相比较。从长远看，这种综合评价体系更有利于提高企业套期保值的自身操作水平和评价水准。

（1）卖出套期保值，如生产保值型企业，假设标准合约的交易单位恰好可以被套期保值部分现货的数量，其评价公式为

$$\frac{\left[\sum_{i=1}^{n} F_0(i) - \sum_{i=1}^{n} F_C(i)\right]\Big/ m + S_t - S_0 - C}{S_0} \geqslant r$$

式中　n——期货总的开平仓数量；

m——被套期保值部分现货的数量；

$F_0(i)$——第 i 单位期货开仓时的价格；

$F_C(i)$——第 i 单位期货平仓时的价格；

S_t——被套期保值部分现货的单位加权平均卖出价；

S_0——被套期保值部分现货的单位生产成本；

C——与被套期保值部分现货相对应的其他费用分摊；

r——企业对套期保值部分现货部分设定的目标利润率。

（2）买入套期保值，如加工贸易型企业，假设标准合约的交易单位恰好可以整除被套期保值部分现货的数量，其评价公式为

$$\frac{S_t - \left\{S_0 + \left[\sum_{i=1}^{n} F_0(i) - \sum_{i=1}^{n} F_C(i)\right]\Big/ m\right\} - C}{S_0} \geqslant r$$

式中　n——期货总的开平仓数量；

m——被套期保值部分现货的数量；

$F_0(i)$——第 i 单位期货开仓时的价格；

$F_C(i)$——第 i 单位期货平仓时的价格；

S_t——被套期保值部分现货的单位加权平均卖出价；

S_0——被套期保值部分现货的单位生产成本；

C——与被套期保值部分现货相对应的其他费用分摊；

r——企业对套期保值部分现货部分设定的目标利润率。

通过上面两个公式，可以判定不同类型企业的套期保值是否达到企业的经营目标，从而作为套期保值的内部经营评价标准，若上述两个公式成立，即企业实现了设定的套期保值单位产品目标利润率，则企业的套期保值行为从经营角度来看就是效果较好的。

（二）套期保值绩效的市场评价标准

从静态的观点来看，如果企业的套期保值绩效实现了做出套期保值决定之初所设定的

企业经营目标，即从企业的经营评价标准来看其套期保值绩效是好的。但是，从动态发展的观点来看，这种经营评价标准本身可能过于宽松或过于严厉，因此，引入新的比较基准可能会让评价标准的设定更加科学合理。

选择期货市场的加权平均价格而不是现货市场的加权平均价格作为外部市场评价基准的原因是：虽然期货市场和现货市场存在着升贴水，但是从克服短期的价格波动性来看，期货市场的加权平均价格作为评价基准更为合适，且在一个较长时间段内的期货和现货的升贴水几乎会被熨平。

依照比较的时间长短不同，期货市场的加权价格可以取月度、季度、年度加权均价，也可以取为套期保值存续期内的加权均价，还可以取一个大宗商品价格周期段内的加权均价。另外，企业还可以根据自己的需要选取合适时间段内加权均价作为比较的基准。

以企业取套期保值存续期时间段内的期货加权平均价格作为比基准为例。假设套期保值存续期从某年某月某日 a 到某年某月某日 b，依然将卖出套期保值企业与买入套期保值企业分别加以讨论。

卖出套期保值企业情形，套期保值后实现的单位销售价格为

$$\left[\sum_{i=1}^{n} F_0(i) - \sum_{i=1}^{n} F_C(i)\right] \Big/ m + S_t$$

买入套期保值企业情形，套期保值后实现的单位购入价格为

$$\left[\sum_{i=1}^{n} F_0(i) - \sum_{i=1}^{n} F_C(i)\right] \Big/ m + S_b$$

期货市场的加权平均单位价格为

$$\bar{p} = \frac{\sum_{j=a}^{b} w_j p_j}{\sum_{j=a}^{b} w_j}$$

式中　p_j——第 j 个交易日期货市场所有进入交割月合约的日结算价，$j=a$，$a+1$，…，b；

w_j——第 j 个交易日期货市场所有进入交割月合约的交易量；

n——期货总的开平仓数量；

m——被套期保值部分现货的数量；

$F_0(i)$——第 i 单位期货开仓时的价格；

$F_C(i)$——第 i 单位期货平仓时的价格；

S_t——被套期保值部分现货的单位加权平均卖出价；

S_b——被套期保值部分现货的单位生产成本。

具体的评价体系见表 4-2 和表 4-3。

表 4-2　卖出套期保值企业绩效评价体系

卖出套期保值后实现的单位销售价格 p	绩效等级
$\bar{p} < p$	好
$\bar{p} = p$	一般
$\bar{p} > p$	差

表 4-3　买入套期保值企业绩效评价体系

买入套期保值后实现的单位销售价格 p	绩效等级
$\bar{p} > p$	好
$\bar{p} = p$	一般
$\bar{p} < p$	差

四、极端市场环境下企业套期保值行为的绩效评价

在极端市场环境下，企业套期保值行为的绩效应如何评价的问题。所谓极端市场行情，即整个经济呈现出一种系统性恐慌，近乎于崩溃的状态，雷曼兄弟破产后全球金融危机就是这种极端市场行情的典型案例。下面以一家铜生产企业为例来说明。

案例：假设一家铜生产企业，年产铜 12 万吨，每月生产 1 万吨，铜矿石均来自自有矿，生产成本为 28,000 元/吨。在金融危机爆发前，该企业根据当时的市场环境，将其产量的一半用卖出套期保值来控制现货的风险敞口，即该企业根据当时的市场环境，将其产量的一半用卖出套期保值来控制现货的风险敞口，即该企业持有未来 12 个月到期的铜卖出合约共 6 万吨，每个月 5,000 吨。由于该企业生产经营的滚动性，某一个月的期货头寸到期后，对其一年后的这个月的期货品种进行开仓，因此，其卖出期货头寸一直保持在 6 万吨，且均匀地分布在未来的 12 个月里。这时卖出套期保值的期货头寸均能满足企业的目标利润率。

金融危机爆发后，铜期货价格暴跌，当铜价格跌到 30,000 元/吨时，该企业经讨论后认为，铜价还有进一步下跌的风险，且铜价格在未来一段相当长的时间内维持在 25,000 元/吨的可能性非常大。于是该企业决定，将其每个月套期保值的现货数量提高到 9,000 吨，有效期为一年，即未来的 12 个月中每个月新增头寸 4,000 吨，共计 48,000 吨。这些期货头寸开仓时的价格只要高出 25,000 元/吨（假设企业如果停产，则会有 3,000 元/吨的净损失），即能满足企业期望的开仓条件。

假设这 48,000 吨期货合约的开仓价格为 27,000 元/吨。可以看出，这时以 27,000 元/吨进行卖出套期保值，就这 48,000 吨的现货铜而言，该企业的套期保值行为必然是要亏损的，且亏损额为 4,800 万元。这时该企业就用这确定的 4,800 万元的损失对冲可能性很大的 14,400 万元的停产损失。随着全球各国政府救市政策的出台，特别是中国政府提出 4 万亿元规模的经济刺激方案和针对有色金属的大规模政府收储安排，铜的价格走势出现了反转，以前所认为的铜价维持在 25,000 元/吨的预期已不符合现实情况，假设这时铜的价格已经回升到了 32,000 元/吨，且未来一段时间内铜价低于 32,000 元/吨的可能性很小。假设这时离该企业的上次开仓决策已经过了 4 个月的时间。该企业决定将其期货头寸的规模调整到金融危机爆发前的规模，即期货总头寸为卖出套期保值 6 万吨，未来 12 个月每月 5,000 吨。将多余的 32,000 吨期货头寸平仓，假设平仓的平均价格为 32,000 元/吨。在期货方面，由于平仓，实现期货损益-16,000 万元。当然，现货价格的上升会完全弥补期货上的这些损失，该企业损失的是铜价反弹产生的机会利润。通过上述套期保值行为，该企业放弃了反弹的机会利润，规避了价格继续下跌导致的严重后果。

前面已经提及，在极端市场行情下的套期保值行为已不仅仅是对冲现货风险、锁定利

润，而主要是为了对冲企业可能出现的系统性风险，即停产甚至破产风险，也就是以一个确定的、较小的企业可承受的损失去对冲可能出现的企业无法承受的损失。这时如果将企业的套期保值绩效用非极端市场行情下的评价体系来进行评价，显然是不合理的。由于企业的目标利润率不能设定为负值，而这 4 个月的时间内新增的部分套期保值的效果为每吨亏损 1,000 元，如果以套期保值的效果同企业的目标利润率进行比较，套期保值的绩效一定是不理想的。如果同期货市场的加权平均价相比，则接下来的 8 个月的原被套期保值的那部分现货数量的总损益也不可能获得好的绩效评价。在这种情况下，建议企业以信息披露的方式将极端市场行情下的套期保值决策的依据、具体操作进行公开说明，并以企业是否成功规避停产或破产风险作为评价的基准。如果成功地规避了企业停产或破产风险，即为成功的套期保值。在对企业总的套期保值绩效进行评价时，也建议将这一套期保值操作的绩效单独列出，而不是计入总的套期保值绩效的评价中。

另外，企业作出重大的业务变革或满足资本运作的需要而进行的套期保值，其套期保值的绩效评价应以套期保值行为是否实现了上述目标为重点，将企业从业务变革和资本运作中的收益与套期保值的损益综合起来，来评价套期保值行为的绩效。

第五章 套期保值策略

在本书的第一部分，我们已经了解了套期保值的理念和基本原则，但钢铁企业经营，面临着购销两端市场的复杂变化，仅仅按照基本原则操作，转移风险的效果很难达到，甚至常常南辕北辙，反而增加了风险。因此，企业在参与套期保值的过程中，制定合理的套期保值策略是至关重要的，套期保值策略应用不当，后果可能很严重。只有制订了合理的、适合企业自身的、顺应行业大势的套期保值策略，才能够使企业真正地用好期货这个工具，达到规避风险、实现稳健经营的目的。本章的主要内容，就是结合钢铁企业生产经营特点，对适合钢铁企业的套期保值策略进行梳理，并结合实际案例予以说明。

第一节 套期保值基本策略

套期保值的策略众多，在参与套期保值的过程中，选择合适的套保策略对企业来说至关重要。并且在实际运用的过程中，还需要结合实际操作不断地完善操作策略，使套期保值效果达到最佳。

套期保值与企业的日常生产经营紧密相关，企业的经营方法、策略、风险偏好、资金情况等差异较大，采用的套期保值策略也千差万别，所以企业一定要综合评估自身的实际情况，选择、设计最合适的套期保值策略，不能机械地生搬硬套。表5-1是归纳的钢铁产业链各参与者的常见套期保值策略汇总。

表5-1 钢铁产业链各参与者套期保值策略汇总

参与者	企业类型	标　的	套保策略	备　注
生产端	矿产商	预售产成品	卖出套保	针对未来产出的产成品，规避跌价风险
		产成品库存	卖出套保	针对现有产成品库存，规避跌价风险
	钢厂	预购原料	买入套保	预采购但尚未采购，未确定价格的长期协议供货，规避涨价风险
		库存原料	卖出套保	针对现有的敞口原料库存，规避跌价风险
		预售产成品	卖出套保	针对未来产出的产成品，规避跌价风险
		产成品库存	卖出套保	针对现有产成品库存，规避跌价风险
		加工利润	双向套保	买入原料，卖出产成品，锁定加工利润
贸易端	贸易商	预购商品	买入套保	预购入但尚未购入，未确定价格的长期协议供货，规避涨价风险
		商品库存	卖出套保	针对现有商品库存，规避跌价风险
消费端	终端用户	预购商品	买入套保	预购入但尚未购入，未确定价格的长期协议供货，规避涨价风险
		商品库存	卖出套保	针对现有商品库存，规避跌价风险

一、钢材生产加工型企业的套期保值策略

钢材生产加工型企业一般以钢厂为主，钢厂采购铁矿石、焦炭等原料通过冶炼最终形成钢材进行销售，其面临两个主要的风险敞口，分别为原料端的铁矿石、焦炭和成品端的钢材。随着我国钢铁相关期货品种的不断完善和成熟，钢铁企业对于期货市场参与的程度不断加深，形成了多种多样的行之有效的套期保值策略，期货市场也为企业的持续生产、稳定经营起到了保驾护航的作用。以下是钢厂普遍采用的、较为成熟的套期保值策略。

（一）锁定成本，确保稳定生产

对于钢铁企业这种中间加工型企业来说，如何有效地管控原料成本对其最终的盈利情况至关重要。以长流程螺纹钢为例，其成本构成为：铁矿石+焦炭+其他原料（铁合金、喷吹煤）+三项费用，其中铁矿石和焦炭占比达到了65%以上，并且相对于其他成本构成来说，铁矿石和焦炭的价格波动幅度一直较大，时常会对成本端产生较大的冲击，从而对企业的利润情况产生较大的负面影响。

钢厂对于原料的采购模式一般分为两种，即合同采购和随行就市采购。在缺乏有效的风险对冲手段的情况下，企业在采购时往往会面对以下问题：

（1）采购周期长、采购量及时间不固定、质量参差不齐、履约程度差。

（2）价格随机性较强（即使是合同采购，价格也并非固定，例如铁矿石长协一般参照月度的指数均价进行结算），易出现大幅波动。

（3）同行业其他企业的采购竞争。

为应对在原料采购环节中面对的以上种种问题，钢铁企业可以采取在期货市场上针对特定品种原料进行买入套期保值的策略，规避价格风险（价格大幅波动）、质量风险（原料品质难有保证）、信用风险（卖方违约）、流动性风险（货源紧俏或商家惜售）和时间风险（交货期不固定）。

具体操作思路上，钢铁企业参与原料买入套期保值的目的在于锁定远期的原料价格，从而最大程度地锁定未来的生产成本。举例来说，某年4月，某钢铁企业基于对于未来价格走势的判断，认为6月、7月铁矿石可能会出现大幅上涨，要针对6月、7月共2个月的铁矿用量约100万吨进行买入套保，在9月合约进行建仓共1万手，建仓均价为450元/吨。到6月20日，铁矿9月合约价格如期上涨至530元/吨，同时现货也由4月的475元/吨上涨至550元/吨（折为62品位交割标准品）。期现损益如下：

期货端（530－450）×100×10,000＝8,000万元，期货端共实现盈利8,000万元；

现货端（555－475）×1,000,000＝8,000万元，现货端成本上涨共计8,000万元。

综合期现两端可以看到，钢企通过买入套保，规避了原料价格上涨的风险，期货端的盈利完全覆盖了现货端成本的上升，到6月该钢企将盘面头寸平仓，同时在现货市场完成采购，考虑到期货市场的盈利，实际上在6月的采购价格仍然为450元/吨。

 案例 5-1　钢厂针对长协指数定价铁矿石采购的套期保值

企业简介及套保背景介绍

本案例中参与套期保值企业为华东地区某大型钢厂，年产量在 2,000 万吨以上，对铁矿需求量超过 3,000 万吨，其铁矿采购基本以年度长协为主，与矿山长协合计占总需求量的 90%以上，参照普氏 62%铁矿石指数月均价进行结算。

2016 年年初，钢价及原料价格开始反弹，全行业利润逐渐修复，钢厂利润好转后，不断提高铁矿入炉品位以提高产量，以实现利润的最大化，中高品位矿石需求旺盛。港口中高品铁矿资源多次出现阶段性紧缺，并出现价格的大幅上涨，比较典型的如 2016 年 6~8 月、2016 年 10 月~2017 年 2 月，期间铁矿石价格上涨幅度均超过 50%，使得钢厂成本快速上升，对钢铁企业利润影响较大。

针对当时的市场形势，钢厂决定进行阶段性的套期保值操作，以规避短期内矿价快速上涨对企业利润带来的冲击。

行情研判

时间：2017 年 5 月中旬。

下游需求：终端建筑及制造业经历了 3 月、4 月的旺季后，需求逐步从 4 月下旬开始持续走弱，工地施工进度放缓，工厂检修增多，并对原材料（钢材）进行了一定幅度的降库，钢价与矿价同步出现了大幅下跌。而 5 月上旬后，终端订单情况有所回暖，结合近几年频繁出现的淡季不淡的情况，后市较为看好，钢厂铁矿石原料补库意愿增强。

钢铁行业：4 月下旬随着终端需求走弱钢价持续下行，炼钢利润压缩，面对即将到来的消费淡季，钢厂主动选择检修，对原料进行较大幅度的去库存，铁矿平均库存天数从 32 天降至 23 天，并在 23 天连续维持 3 周，原料库存处于绝对低位。

行情研判：下游行业需求复苏，钢厂订单好转，同时钢厂平均铁矿库存处于绝对低位，钢厂未来主动补库意愿增强，普氏指数较为抗跌，在 53 美元附近横盘 2 周，下方买盘较强，大连铁矿石期货主力 1709 合约在 430 元/吨附近也横盘多日，综合判断铁矿石在未来 1~2 个月时间内出现较大幅度（10%以上）上涨，具备买入套期保值的条件和必要。

套期保值要素确定

（1）选择套期品种。该钢厂采购原料铁矿石基本为主流矿山中高品资源，以普氏 62%指数月度均价（美元价）进行结算，考虑到普氏 62%指数价格与大连铁矿石主力合约走势相关性高达 98%以上，因此，对铁矿石套期保值工具选择大连铁矿石期货合约。

现货端由于采用月均价结算，导致月末才能确定当月普氏 62%指数均价，所以在运用期货工具套保时要注意和现货的期限相匹配；另外，由于现货采用美元结算，而大连铁矿石期货为人民币结算，因此，在套期保值操作中同时也应注意相关汇率风险。

（2）套保方向。套期保值方向的确定遵循与现货方向相反的原则，钢厂是铁矿石的需求方，需采购铁矿石进行生产，风险敞口在于铁矿石价格波动给成本带来的影响，尤其是铁矿价格上涨时会带来成本端上移，从而对利润产生负面影响，所以对铁矿采购计划环节对应套保方向为买入套期保值。

（3）合约选择。大连商品交易所铁矿石期货挂牌交易合约为从当下月份起的未来连续 12 个月份合约，一般情况下套保合约选择为主力合约（持仓量最大的合约），一般距主力

合约交割月份2个月开始进行移仓换月，一般每年的主力合约分别为1月、5月、9月合约，若遇主力合约换月，需注意展期风险，合约选择为铁矿石1801合约。

（4）套保比例。套保比例的确定通常要基于企业自身风险敞口、资金情况及期货市场活跃度等多角度考虑，钢厂粗钢年产量2,300万吨，折铁矿需求量约为3,700万吨，平均至每月消费量300万吨以上，绝对量较大，综合考虑，对于2个月或以上铁矿采购量套保比例不超过50%。

（5）出入场点。通常在进行套期保值业务时需要根据现货实际业务发生的节点来确定保值的操作时间范围。由于该钢厂铁矿基本以长协为主，进场时间点一般取决于对后期铁矿价格走势的判断，当认为价格有大幅上涨的可能时，进行买入套保；出场时间点一般以确认月度结算价后，现货总价确定，即可对套保头寸实施平仓。

（6）套期保值操作流程。基于上述行情研判，计划对未来2个月铁矿石计划长协采购量进行买入套期保值，单月铁矿石长协采购量约为300万吨，2个月合计600万吨，现货结算方式为普氏月均值（美元计价）。某年5月31日大连铁矿石期货1801合约收盘价为411.5元/吨。铁矿石套期保值方案见表5-2。

表5-2　铁矿石套期保值方案

现货标的	铁矿石
数量	600万吨（未来2个月铁矿长协计划采购量）
期限	2个月（2017年6~7月）
套保工具	大连商品交易所铁矿石期货
合约选择	I1801合约
交易方向	买入开仓
套保操作量（期现配比）	不少于现货头寸的30%（180万吨）且不超过40%（240万吨），折期货盘面约18,000~24,000手
期限	不超过2个月（2017年6月~2017年7月）
建仓区间及时间	400~420元/吨，不超过10个交易日
初始保证金占用（10%保证金计）	7,452万元（18,000手）~9936万元（24,000手）

该企业在6月初进行交易完成建仓，建仓结果见表5-3。

表5-3　套期保值建仓结果

合约	建仓时间	方向	建仓均价/元·吨$^{-1}$	建仓数量/手	保证金占用（10%）/万元
I1801	2017.6.1~2017.6.5（共3个交易日）	买入	414.0	20,000	8,280

2017年6月下旬开始，铁矿期现价格如期均出现大幅上涨，至7月末上涨幅度超过30%，其中普氏指数6月初最低为54.0美元/干吨，6月、7月均价分别为57.2美元/干吨、67.2美元/干吨，I1801合约从6月初低点406.5元/吨至7月底最高上涨至555元/吨，期现涨幅均超过30%，平仓共进行两次，第一次为6月结束后，6月结算价确定，7月初对6月对应对冲期货头寸进行平仓，第二次为7月结束后，7月结算价确定，8月初

对6月对应对冲期货头寸进行平仓。

7月3日、4日当6月现货结算价确定后进行第一次平仓，8月1~3日当7月现货结算价确定后进行第二次平仓，汇总对冲结果如下：

（1）现货端。以6月初54.0美元/干吨为基准，6月（均价57.2美元/干吨）和7月（均价67.2美元/干吨）成本累计上移（人民币兑美元汇率假定为6.75）：

$[(57.2-54.0)\times6.75\times1.17+30]\times3,000,000+[(67.2-54.0)\times6.75\times1.17+30]\times3,000,000=56,855.7$ 万元

（2）期货端。两轮平仓加权均价为495元/吨，期货累计盈利：

$$(520.0-414.0)\times20,000\times100=21,200\text{ 万元}$$

可以看到，现货端600万吨铁矿石成本累计上移56,855.7万元，期货盘面买入套保共20,000手，相当于现货头寸的33.3%，实现盈利21,200万元。

期现对冲后，实际成本增加：56,855.7－21,200＝35,655.7万元

对冲比例：37,350/93,950＝37.29%

案例点评

首先，合约月份的选择要合适，在套期保值操作中，需要将期货头寸持有的时间段与现货市场承担风险的时间段对应起来。但这并不一定要求期货合约月份的选择与现货市场承担风险的时期完全对应起来。合约月份的选择主要受以下几个因素的影响：

（1）合约流动性。套期保值一般应选择流动性好的合约进行交易。

（2）合约月份匹配。通常会涉及展期操作。

（3）不同合约基差的差异性。企业应选择对其最有利的合约进行交易。

其次，企业在参与套期保值之前，需要结合自身情况进行评估，以判断是否有套期保值需求，以及是否具备实施套期保值操作的能力。企业要结合行业风险状况、市场动态风险状况、企业自身的风险偏好和风险承受能力等，综合评价自身对套期保值的需求。决定实施套期保值后，前期需要做大量的准备工作，方案设计要完备，综合考虑所有可能出现的情况，做到有的放矢。

最后，也是最重要的一点，为使得套期保值效果达到最佳，一定要在套期保值方案制定之前，对后期市场走势有缜密的分析和推导，在此基础上，才能更好地决定套期保值做与不做、做多少、何时入场、何时离场、使得套期保值效果达到最佳。这一点的重要性，在本章案例中将会反复体现。

（二）规避风险，锁定销售价格

钢铁企业是连续生产型企业，每日都有钢材产品投向市场进行销售，由于我国钢铁行业存在集中度较低、产区销区分布不平衡、地域差异较大、季节性因素明显等特点，一直以来钢价波动较为剧烈，导致企业的销售利润也一直跟随出现大幅波动，2015~2018年，螺纹钢现货价格波动区间在1,700~5,000元/吨，高低点相差3,300元/吨，如此大的价格波动不仅对企业的利润产生影响，也会对企业正常的生产经营产生较大的扰动。

钢厂的销售模式主要有两种，即直供和分销。直供一般由钢厂直接发往工地、汽车厂、家电厂等直接终端用户；分销一般由钢厂发往贸易商，由贸易商负责进行销售。定价

和结算方式主要由一口价、前结算和后结算，一口价结算方式主要用于高端钢材品种，大部分钢材品种均采用前结算和后结算方式，时间周期主要分为旬度和月度，但无论是哪种结算方式，其定价均主要参考现货贸易市场的每日报价。而贸易市场的特点在于价格波动频繁而剧烈，易受情绪影响，形成羊群效应，价格短时间内暴涨暴跌。

对于钢铁企业这种大型连续生产型企业来说，价格短时间内的暴涨暴跌对生产经营影响较大，所以钢企有必要在合适的价格区间内进行远期销售价格的锁定，规避现货价格大幅波动的风险。

具体操作思路上，钢企参与钢材卖出套期保值的目的在于锁定远期销售价格，一方面可以在一定程度上保障远期销售利润，另一方面也可以合理地安排未来的生产计划。举例来说，2 月春节前，钢厂接到春节后 3 月、4 月螺纹订单合计 40 万吨，但价格并未锁定，届时参照市场价进行定价。由于春节长假时间较长，不确定因素较多，综合考虑市场环境、资金情况、节后订单情况等多方面因素，钢厂决定对这 40 万吨订单进行部分卖出套期保值，套保量为 20 万吨，套保合约选择为 10 月合约。

从表 5-4 可以看到，节后钢价经历了大幅下跌，从节前的 3,900 元/吨下跌至 4 月的 3,610 元/吨，如果参照 2 月价格，钢厂共损失利润合计为 2,080+6,960=9,040 万元；而期货市场进行了 50%现货头寸的卖出套保操作，合计盈利为 1,680+3,360=5,040 万元，即为钢厂减少了因现货下跌带来的利润损失 5,040 万元，合并期现两端盈亏表现，钢厂实际利润减少额为 9,070-5,040=4,030 万元。

表 5-4　钢厂卖出套期保值操作

时间	现货操作	现货盈亏	期货操作	期货盈亏
2 月	当期现货价格为 3,900 元/吨		卖出 2 万手，建仓均价 3,760 元/吨	
3 月	完成 16 万吨（40%订单）销售，售价 3,770 元/吨	(3,770-3,900)×160,000 =-2,080 万元	平仓 8,000 手（40%持仓），平仓均价为 3,510 元/吨	(3,760-3,550)×10×8,000 =1,680 万元
4 月	完成 24 万吨（40%订单）销售，售价 3,610 元/吨	(3,610-3,900)×240,000 =-6,960 万元	平仓 12,000 手（60%持仓），平仓均价为 3,340 元/吨	(3,760-3,340)×10×8,000 =3,360 万元

案例 5-2　钢厂热轧卷板卖出套期保值

企业简介及套保背景介绍

本案例中参与套期保值企业为国内某大型热轧卷板生产厂，定价模式分为长期协议直供和贸易商分销，长协基本为年度长协，量和价均已锁定；贸易商分销量每年约为 300 万吨，价格随行就市，考虑到近年来钢价波动较大，贸易端存在较大的风险敞口，故需对 300 万吨贸易量进行卖出套期保值操作。

行情研判

时间：2017 年 2 月下旬。

行情逻辑：经历了2016年四季度以来的上涨后，热轧价格已至高位，部分终端需求被提前透支，终端下游用户如汽车厂、家电厂等补库均已完成，且库存处于近年来的高位，从钢厂节后接单情况来看并不理想，节后热轧板存在下跌风险。

行情研判：下游制造业需求走弱，钢厂高产，短期向供过于求格局转变，现货价格出现滞涨，同时热轧卷板期货从2月中旬开始走弱，贴水扩大，市场预期转差。

套期保值操作流程

基于上述行情研判，计划对未来3个月热轧计划产量进行卖出套期保值，扣除部分检修计划导致产量减少以及部分提前锁价订单共计10万吨，现货敞口合计65万吨。3月6日上海热轧卷板期货1710合约收盘价为3346元/吨，上海地区4.75mm热轧卷板贸易商现货报价为3,700元/吨。套期保值方案见表5-5。

表5-5　套期保值方案

现货标的	热轧卷板
数量	65万吨（未来3个月热轧卷板计划产量）
期限	3个月（2017年3~5月）
套保工具	上海期货交易所热轧卷板期货
合约选择	HC1710合约
交易方向	卖出开仓
套保操作量（期现配比）	不少于现货头寸的30%（19.5万吨）且不超过40%（26万吨），折期货盘面19,500~26,000手
期限	不超过3个月（2017年3~5月）

该企业在3月初进行交易完成建仓，建仓结果见表5-6。

表5-6　套期保值建仓结果

合约	建仓时间	方向	建仓均价/元·吨$^{-1}$	建仓数量/手	保证金占用（10%）/万元
HC1710	2017.3.1~2017.3.6（共4个交易日）	卖出	3,420	25,000	10,800

建仓完成后，热轧卷板如期继续下跌，至5月末下跌幅度超过10%，其中上海地区4.75mm热轧卷板现货从3月初的3,780元/吨下跌至5月末的3,200元/吨（期间最低跌至2,910元/吨），跌幅15.34%，HC1710合约从3月初3,515元/吨最低下跌至5月末的3,000元/吨，跌幅达到14.65%（期间最低跌至2,801元/吨）。

3~5月期间陆续对所持期货头寸进行平仓，平仓原则为：3~5月期间生产出现货一旦签订合同确定售价和数量完成销售即可将对应比例期货头寸进行平仓，该比例为：期货初始建仓量/现货总敞口=250,000/650,000=38.46%，即假设现货完成5万吨销售，则盘面平仓手数为50,000×38.46%×10%=1,923手。

套期保值存续期间共完成15笔现货销售，共计进行15次平仓，至9月末现货销售完毕，现货销售加权均价为4,020元/吨，期货头寸全部平仓，全部期货头寸平仓加权均价为3,670元/吨，汇总对冲结果如下：

（1）现货端。以4月现货高点4,550元/吨计算，4~6月间共出清产量65万吨，销售加权均价为4,020元/吨，盈利共减少：

$$(4,550-4,020)\times650,000=34,450\ 万元$$

（2）期货端。在热轧卷板期货合约套保共25,000手，相当于25万吨现货头寸，建仓均价为4,320元/吨，平仓均价为3,670元/吨，共实现盈利：

$$(4,320-3,670)\times25,000\times10=16,250\ 万元$$

可以看到，现货端65万吨热轧卷板由于现货价格下跌盈利减少34,450万元，期货盘面卖出套保共25,000手，相当于现货头寸的38.46%，实现盈利16,250万元。

期现对冲后，实际盈利减少：34,450－16,250＝18,200万元

对冲比例：16,250/34,450＝47.17%

（三）跌价卖保，防范库存贬值

在商品期货工具出现前，企业对于自身库存的管理一直较为被动，尤其在价格下跌时，厂商库存往往面临贬值的风险，并且价格持续下跌的同时往往伴随着下游需求的萎缩，导致出货不畅，库存不断累积，形成恶性循环，在库存公允价值不断下降的同时，还导致企业无法销售变现，现金流出现问题。

期货工具的出现为企业有效的管理库存提供了新的途径，良好的运用期货工具可以将对于库存的管理变被动为主动。钢铁企业库存一般分为原料库存（铁矿石、焦煤、焦炭）和产成品库存（钢材）。对于企业现有库存，无论是料还是产成品，为规避价格下跌带来的库存贬值风险，可以针对库存进行卖出套保，对库存进行保值，维持企业的平稳运行。

案例5-3　钢企利用期货对产成品库存套期保值

企业简介及套保背景介绍

某山东地区建材钢厂，主要产品为螺纹、盘螺和线材，年产量500万吨。2016年螺纹经历了大幅上涨，至2017年年初已至近一年来的高位，并且据钢厂普遍反馈，2017年节后订单情况并不理想，市场存在较重的恐高心理，螺纹积累了较大的调整压力。

套保操作流程

企业绝对对于库存进行卖出保值主要出于以下3方面因素考虑：

（1）2017年1月12日螺纹主力合约收盘价为3,207元/吨，上海地区现货报价3,180元/吨，磅计3,275.4元/吨，绝对价格处于近一年来的高位。螺纹钢期现价格走势如图5-1所示，2017年1~3月螺纹钢期现价差如图5-2所示。

（2）期货贴水现货仅有68元/吨，贴水幅度是近一年以来的较低水平。

（3）从本厂及其他厂商销售部门反馈来看，节后订单情况并不理想，库存有持续积累的压力。

综合以上3方面因素，因担心后期价格下跌导致库存贬值，企业决定在期货市场上进行卖出套期保值，建仓螺纹期货空单10,000手（10吨/手），建仓均价为3,175元/吨。到了2017年3月23日，螺纹价格在现货市场价格上涨至3,660元/吨，磅计3,769.8元/

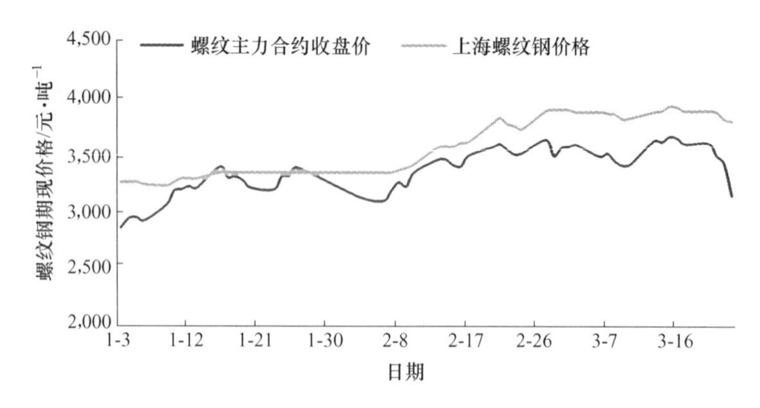

图 5-1　螺纹钢期现价格走势

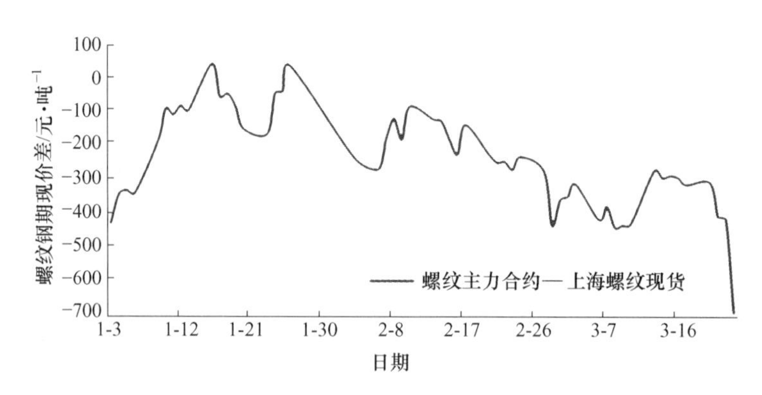

图 5-2　2017 年 1~3 月螺纹钢期现价差

吨，但同时期货合约在这段时间出现剧烈波动，3 月 23 日盘面主力合约收盘价为 3,127 元/吨，该企业在当日平仓，平仓均价为 3,140 元/吨，那么企业套保操作损益见表 5-7。

表 5-7　钢厂针对库存卖出套期保值操作

日　期	现　货	期　货	基差（现货-期货）
2017-01-12	3,275.4 元/吨	3,175 元/吨卖出 10,000 手	100.4 元/吨
2017-03-23	3,769.8 元/吨	3,140 元/吨平仓 10,000 手	629.8 元/吨
盈亏	盈利 494.4 元/吨	盈利 35 元/吨	

注：由于在这段时间内期货走势明显弱于现货，从而导致了基差的快速扩大，企业通过合理的基差套保取得了可观的收益，现货方面盈利 494.4 元/吨，期货方面也同样盈利 35 元/吨，既规避了库存贬值的风险，还通过基差变动取得了额外的收益。

案例点评：合理运用基差操作能够提升套保效果

从例 5-3 中可以看出，在加入了针对基差的分析和操作后，对于传统的卖出套保策略进行了优化，根据基差变化来动态管理原料库存，以便赚取基差利润，扩大套保成果。基差变化对卖出套保的影响见表 5-8。

表 5-8　基差变化对卖出套保的影响

基差变化	套保效果
基差不变	完全套保，两个市场盈亏刚好完全相抵
基差走强	不完全套保，两个市场盈亏相抵后存在净盈利
基差走弱	不完全套保，两个市场盈亏相抵后存在净亏损

在实际操作过程中，实体企业需要深刻了解套期保值交易的本质是以防御现货经营风险为目的，而不是为了获取高额利润，只有在能够通过套期保值有效规避风险的前提下，通过合理操作获取一定的额外收益。在评价套期保值效果时，应当综合考虑现货市场和期货市场的盈亏情况，而非期货市场一旦亏损就认为套保失去了效果，只有结合期现两个市场才能合理评价套保效果，为企业的长期经营转移价格风险。此外，企业应该实事求是地对自身可承受的风险能力进行评估，然后依据自身的特点设计相应的套期保值方案，这样才不致出现因市场特殊波动变化使企业无法承受风险而陷入经营困顿的情形。

（四）活用交割，扩宽购销渠道

我国商品期货合约基本采用实物交割的形式，实物交割是联系期货和现货的重要纽带，也是期现价格最终回归的重要保证。

产业链各类具有法人资格的企业一直是商品期货参与交割的重要主体，并且近年来黑色系商品期货的交割量不断提升，有越来越多的企业参与到了实物交割的过程当中，参与期货实物交割给企业带来了多方面的好处：

（1）我国三大商品交易所对于参与各方的信用有严格的要求，并且实行保证金制度，买卖双方履约有良好的保证，杜绝了现货市场频繁出现的违约问题。

（2）各大交易所对期货品种交割质量要求有严格的规定，其中，上期所上市品种为螺纹钢与热轧卷板，其交割采用注册品牌制度，即交易所允许的注册品牌方可参与交割，截至 2018 年 4 月，共有 43 家钢厂的相关产品成为螺纹钢的注册商标，而热卷有 16 家，涉及的钢厂遍布全国各地，均为各区域的主导钢厂及主导品牌；大商所和郑商所上市品种均为各种原料，如焦煤、焦炭、铁矿石、铁合金，其交割采用质量标准制度，即交割标准规定相关的质量标准，符合标准的即可参与交割。以铁矿石为例，交割标准中对铁矿石品位、杂质含量（二氧化硅、三氧化二铝、磷、硫及其他微量元素）、粒度要求均有相应的规定要求。

（3）积极参与交割能够扩展企业的采销渠道。以钢厂为例，在采购铁矿石的过程中，往往容易遇到货源较为紧俏、价格较高、采购难度较大的问题，而此时可以通过在盘面进行买入操作最终参与交割接货的方式完成对于现货的采购；在销售钢材的过程中，往往容易遇到市场需求转弱、销售不畅、库存被动累积的情况，此时可以通过在期货市场进行卖出操作最终参与交割交货的方式完成对于现货的销售。

（4）严格的交割品牌及交割质量标准制度有助于推动企业不断提高自身产品质量，推动产业升级。例如，上期所钢材的交割品牌制度，符合质量要求的钢厂品牌方可进行交货，这样会促使企业为了达到交易所的质量要求，获得卖方交割资质，提升自身产品质量。

（五）买卖并举，锁定加工利润

钢厂是典型的中间加工型企业，往往面临着来自原料和成品两端的风险敞口，前文已介绍了针对原料或成品一端的买入和卖出套保，锁定原料成本或是销售价格，而相对于绝对成本和绝对价格来说，企业更看重的是利润。一直以来钢价波动较为剧烈，导致企业的销售利润也一直跟随出现大幅波动，如图 5-3 所示，2015~2018 年，螺纹钢现货利润波动区间在［-500~2,000 元/吨］，高低点相差 2,500 元/吨，而同期钢价波动区间在［1,700~5,000 元/吨］，高低点相差 3,300 元/吨，利润的波动幅度几乎与绝对价格的波动幅度相同。

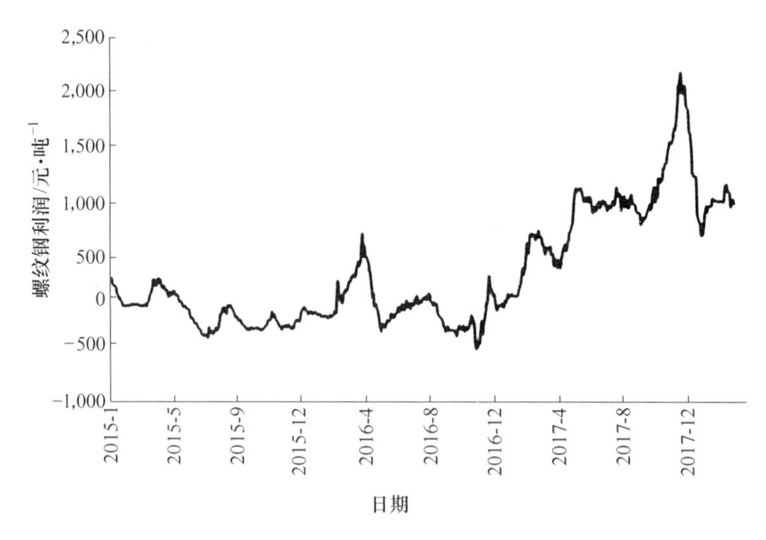

图 5-3　2015 年以来螺纹钢利润经历大幅波动

利润如此大幅度的波动对于企业的稳定经营是非常不利的，我国钢铁企业普遍具有重资产、高负债、员工众多、社会责任重等特点，相对于短时间内从高亏损到高盈利，企业更倾向于获得长期稳定的利润，这样才能够保证生产的连续性，实现长期可持续的稳定经营。

将前文中针对原料的买入套保和针对产成品的卖出套保结合使用，便可以构建出锁定远期生产利润的套期保值策略，以螺纹钢为例，其生产成本构成为：

1.6吨铁矿石＋0.5吨焦炭＋其他原料（铁合金、喷吹煤）＋原料加工成本＋三项费用

占比大（超60%），价格波动大　　　占比极小　　　成本和费用相对固定

可以看到，螺纹生产成本占比最大的为铁矿石和焦炭，并且两者价格波动较为剧烈，而其他成本均占比较小且相对固定，所以从操作思路上来说，企业可以在期货市场上通过买入铁矿石、焦炭，卖出成材螺纹的方式，锁定远期的加工利润。

举例来说，2017 年 10 月 25 日，通过公式计算出 1805 合约盘面利润约为 860 元/吨，企业认为该利润较为合理，在期货市场按照铁矿石：焦炭：螺纹钢对应的 1.7：0.5：1 的生产数量配比进行建仓（由于各品种标准合约交易单位规定不同，铁矿为 100 吨/手，焦

炭为 100 吨/手，螺纹为 10 吨/手，合约手数配比应为 17∶5∶100），从而达到锁定远期生产利润的目的。螺纹 1805 合约盘面利润如图 5-4 所示。

图 5-4　螺纹 1805 合约盘面利润

案例 5-4　熊市锁利润，助钢企渡过难关

企业简介及套保背景介绍

某河北地区钢厂，主要产品为螺纹、线材和热轧卷板，年产量 800 万吨，其中螺纹产量最大，年产量达到 450 万吨。在河北地区，相似规模和产品结构的钢厂有很多，竞争一直较为激烈。

2015 年钢材熊市仍在延续，从年初开始钢厂利润持续下滑，在 1 月、2 月普遍进入亏损，3 月、4 月得益于旺季需求小幅释放，钢价反弹，利润有所修复，但行业整体前景仍不容乐观。实体经济下行压力仍较重，需求仍有持续萎缩的压力，而钢企虽然普遍亏损，但多是采用增加检修的方式短期回避，并没有出现企业实质性的退出，供过于求的矛盾没有根本改变。

套保操作流程

2015 年 4 月下旬，企业当期螺纹利润仍处于亏损区间，吨钢亏损在 30 元/吨左右，基于对于宏观和行业供需的综合判断，企业认为未来亏损仍有可能继续扩大，遂决定在盘面进行锁利润操作，即买入铁矿和焦炭，卖出螺纹，锁定远期利润，防范利润继续下滑给企业带来的风险。

由于锁利润操作涉及品种较多，需占用大量资金，故在操作过程中，企业决定对于未来半年的产量约 240 万吨进行滚动套保操作，即每期对 2 个月的量进行套保操作，共进行 3 期，套保比例定为 30%，每期盘面套保对应量为 24 万吨螺纹（24,000 手）、38.4 万吨铁矿（3,840 手）和 12 万吨焦炭（1,200 手）。

建仓操作上采用分批建仓的思路，2015 年 4 月 29 日，螺纹 1510 合约盘面利润为 -15元/吨，当日完成 20%头寸的建仓，计划盘面利润每上升 30 元即建立 20%的仓位。若连续 5 日盘面利润低于 -15 元/吨则将余下仓位一次性建立完成。套期保值操作计划见表 5-9。

表 5-9　套期保值操作计划（铁矿、焦炭为 1509 合约，螺纹为 1510 合约）

利润/元·吨$^{-1}$	买　入	卖　出
-15	768 手铁矿，240 手焦炭	4,800 手螺纹钢
15	768 手铁矿，240 手焦炭	4,800 手螺纹钢
45	768 手铁矿，240 手焦炭	4,800 手螺纹钢
75	768 手铁矿，240 手焦炭	4,800 手螺纹钢
105	768 手铁矿，240 手焦炭	4,800 手螺纹钢

而盘面利润最高在 5 月 4 日反弹至 40 元/吨附近后再度掉头向下，按照初步计划仅完成 40%的头寸建仓，按照计划，在盘面利润连续 5 日低于-15 元/吨后，在 5 月中旬完成所有头寸建仓。最终根据各品种建仓成本，计算出盘面套保锁定利润值在-32 元/吨。

从 6 月开始，螺纹钢期现价格同步出现大幅回落，钢厂亏损也继续扩大，至 7 月初第一期套保操作结束时，盘面利润已下滑至-230 元/吨，同时现货利润也下滑至-350 元/吨。而企业由于通过在盘面锁定利润的操作，规避了一大部分亏损带来的损失。

案例点评：熊市积极锁利润，分批建仓容错空间大

本例中，出于对后市的准确判断，钢厂通过锁定利润规避了后期利润大幅回落的风险。钢厂在进行锁利润操作时，盘面利润实际上已经处于亏损区间，看上去是一种“锁亏损”的操作，但实际上，在行业经历大熊市、处于低谷的背景下，容易出现大面积巨幅亏损，少赔即是赚。所以，基于对后市合理的判断，在合理的利润区间内，无论盈亏与否，都可以进行锁定利润的套保操作。

分批建仓在实际操作中也较为常见，期货市场价格瞬息万变，点位往往很难精准把握，可以事先在计划中根据价格、利润确定一个建仓区间，进行分批建仓，这样可以最大程度上优化建仓的成本区间，也可以防范突如其来的价格大幅波动。

二、贸易型企业的套期保值策略

与钢厂不同，贸易型企业在期现市场的角色较为多变。以铁矿石原料为例，钢厂在原料端通常是多头，以买入铁矿石期货为主，只有在进行库存管理、或替代套保时可能选择卖出铁矿石期货进行套保。但贸易型企业不同，可以同时进行买入和卖出的操作，所以在期货市场上兼具多头和空头的角色，这种角色的多变为贸易企业在参与套期保值的过程中提供了非常大的空间，可以灵活应变，创新手段也较为多样，但从另一个角度来说，也对贸易企业提出了更高的要求。

较为常见的贸易商传统的套期保值模式即针对采购和销售进行的单边套保，例如贸易商与钢厂签订长期采购协议，价格每月结算，为防止未来价格上涨导致拿货成本上升，贸易商较多采用买入套保的方式规避价格上涨的风险；而当采购价格确定，远期销售价格未定，或是针对持有的库存，贸易商往往采用卖出保值的方式来规避价格下跌的风险。

随着贸易商对期货工具理解的不断加深，近年来也出现了多种较为新型的利用期货工具辅助现货采购销售、规避价格风险的策略，以下选择两种加以介绍。

（一）发现价格，指导远期定价

利用盘面对现货的升贴水对远期现货进行报价在农产品和有色金属期货中已经有了广泛的应用，农产品及有色金属期货运行时间长，且有国外先进经验借鉴，部分品种中该定价方式已经成为现货定价的主要参考标准，即常听到的“盘面点价”。

在黑色系相关品种中，截至目前，螺纹钢和铁矿石已经有部分市场参与者在逐步尝试利用该方式进行远期定价，参与主体主要为贸易商，具体思路为利用盘面主力合约对当下现货的升贴水，以期现价格未来终会回归为基础，在升贴水线性回归的基础上，针对远期特定日期现货进行报价，克服了钢材期货每年只有1、5、10三个主力合约，其他合约流动性不足的弊端，为现货的远期成交提供了便利，为市场的各方参与者都提供了良好的保障。

案例5-5　利用期货升贴水，远期现货定价不用愁

杭州某大型钢材贸易商，需要每天给下游客户3个月内每日螺纹钢现货的远期报价，这3个月往往会涉及盘面交易的非主力合约月份，由于成交不活跃，很难对当月的期货合约价格进行远期报价，故采用根据盘面主力合约对当下现货升贴水的幅度，在期现价格终将回归的基本前提下，根据升贴水的线性变化假设，以此针对未来3个月内的螺纹钢进行日报价。表5-10是在7月20日为该客户制定的远期报价单，截取至8月23日。

2017年7月20日，杭州地区螺纹钢HRB400 20mm现货价格为3,790元/吨，折磅计为3,903元/吨，当日盘面贴水为407元/吨。从报价表5-10可以看到，在考虑资金成本及仓储费用的前提下，根据升贴水的线性假设，模拟计算出未来每日的螺纹钢现货远期价格。7月20日下游终端客户需要向该贸易商询2周后（即8月4日）的螺纹钢报价，远期报价单为3,835元/吨。随后该贸易商利用该报价模型与多家下游终端用户签订了远期的订货协议，为双方提供了极大的便利。

表5-10　螺纹钢现货远期报价（基于主力合约对现货升贴水）

日　期	远期价格（按基差线性折算）	资金成本（1手，10%保证金，5%年利率计算）	仓储费用（0.1元/吨/天）	现货远期报价
2017-07-20	3,903.7000	0.0000	0.0000	3,903.7000
2017-07-21	3,899.0138	0.0532	0.1000	3,899.1670
2017-07-22	3,894.3276	0.1065	0.2000	3,894.6341
2017-07-23	3,889.6414	0.1597	0.3000	3,890.1011
2017-07-24	3,884.9552	0.2130	0.4000	3,885.5682
2017-07-25	3,880.2690	0.2662	0.5000	3,881.0352
2017-07-26	3,875.5828	0.3195	0.6000	3,876.5022
2017-07-27	3,870.8966	0.3727	0.7000	3,871.9693
2017-07-28	3,866.2103	0.4260	0.8000	3,867.4363

续表 5-10

日　期	远期价格（按基差线性折算）	资金成本（1 手，10%保证金，5%年利率计算）	仓储费用（0.1 元/吨/天）	现货远期报价
2017-07-29	3,861.5241	0.4792	0.9000	3,862.9034
2017-07-30	3,856.8379	0.5325	1.0000	3,858.3704
2017-07-31	3,852.1517	0.5857	1.1000	3,853.8374
2017-08-01	3,847.4655	0.6390	1.2000	3,849.3045
2017-08-02	3,842.7793	0.6922	1.3000	3,844.7715
2017-08-03	3,838.0931	0.7455	1.4000	3,840.2386
2017-08-04	3,833.4069	0.7987	1.5000	3,835.7056
2017-08-05	3,828.7207	0.8519	1.6000	3,831.1726
2017-08-06	3,824.0345	0.9052	1.7000	3,826.6397
2017-08-07	3,819.3483	0.9584	1.8000	3,822.1067
2017-08-08	3,814.6621	1.0117	1.9000	3,817.5738
2017-08-09	3,809.9759	1.0649	2.0000	3,813.0408
2017-08-10	3,805.2897	1.1182	2.1000	3,808.5078
2017-08-11	3,800.6034	1.1714	2.2000	3,803.9749
2017-08-12	3,795.9172	1.2247	2.3000	3,799.4419
2017-08-13	3,791.2310	1.2779	2.4000	3,794.9090
2017-08-14	3,786.5448	1.3312	2.5000	3,790.3760
2017-08-15	3,781.8586	1.3844	2.6000	3,785.8430
2017-08-16	3,777.1724	1.4377	2.7000	3,781.3101
2017-08-17	3,772.4862	1.4909	2.8000	3,776.7771
2017-08-18	3,767.8000	1.5442	2.9000	3,772.2442
2017-08-19	3,763.1138	1.5974	3.0000	3,767.7112
2017-08-20	3,758.4276	1.6506	3.1000	3,763.1782
2017-08-21	3,753.7414	1.7039	3.2000	3,758.6453
2017-08-22	3,749.0552	1.7571	3.3000	3,754.1123
2017-08-23	3,744.3690	1.8104	3.4000	3,749.5793

（二）节约资金，构建虚拟库存

我国钢材贸易市场一直较为发达，参与者众多，交易活跃，贸易环节在一定程度上容易放大短期市场的价格波动，贸易商往往是市场大幅波动的缔造方，也是承受方。钢材贸易商规模有大有小，资金实力和风险承受能力千差万别，针对规模较小、风险承受能力较差的贸易商来说，其往往无法承受市场短期的大幅波动，所以采取灵活的采购和销售策略，合理运用期货这种风险管理工具对其来说愈发重要。

贸易商通常的运作流程为：与钢厂签订年度协议，按期从钢厂拿货，然后分销给各下

游用户，赚取价差。螺纹钢每年有明显的季节性特征，进入冬季后，由于天气转凉，下游建筑行业基本全部停工，需求陷入停滞，贸易商从此时到春节后，需要进行冬储，以备来年开春后的需求释放。而冬储往往取决于钢厂的政策，需要占用大量的资金，并且由于时间周期较长，不可控因素较多，年后价格往往难以预测，部分贸易商近年来开始尝试在盘面进行买入套保构建虚拟库存的策略来完成冬储。

具体思路为：在现货市场不进行冬储或只进行很少量的冬储，主要在盘面对螺纹钢进行买入套保操作，构建盘面的虚拟冬储库存，防范未来价格上涨。简单来说，在盘面进行冬储构建虚拟库存有以下几方面好处：

（1）资金占用少。期货为保证金交易，在盘面买入只需缴纳10%左右的保证金，资金占用比现货要少很多。

（2）盘面长期贴水现货。从绝对价格的角度考虑，近年来，盘面价格一直低于现货价格，处于长期贴水的状态，更为便宜，所以从盘面买入会较为划算。

（3）无需仓储成本。如果买入现货构建库存，需要大量的场地及仓储费用，而在盘面买入无需这些成本和费用，只需缴纳极为低廉的手续费。

三、利率、汇率风险的管理

（一）钢铁企业利率、汇率风险分析

利率、汇率变动对每一个钢铁企业的影响是多方面的，具体到每一个企业的影响形式和程度也不同，比如可能会削弱议价能力、影响公司营销区域的选择、影响公司当期以及未来损益等。利率风险和汇率风险是实体企业套期保值的过程中需要考量的重要因素，但二者各自的成因、对企业的影响路径和影响效果不尽相同。

1. 利率风险的表现形式及风险管理思路

目前对于利率风险的定义较多的是以金融类企业为主体进行阐释，巴塞尔委员会在1997年发布的《利率风险管理原则》中将利率风险定义为：利率变化使商业银行的实际收益与预期收益或实际成本与预期成本发生背离，使其实际收益低于预期收益，或实际成本高于预期成本，从而使商业银行遭受损失的可能性。金融企业主要从事资金融通和资本运作，所以其对于利率风险尤其敏感，在各类金融企业中利率风险一直是被摆在极其重要的位置。

而对于实体企业来说，其资金基本上用于采购、生产和销售，资金基本以实物形式存在，对于利率的敏感程度相对金融企业来说较低。当然，随着金融化浪潮来袭，产业与金融结合的不断深入，实体企业在套期保值过程中，应当对于利率风险给予足够的重视。

在一般的套期保值过程中，企业可以将资金成本作为利率风险的一种表现形式，在套期保值的运作和最终核算中加以考量，较为原始的套期保值核算方法如下：

套期保值效果＝现货市场净损益＋期货市场净损益

这种原始的套期保值效果较为局限，并没有考虑到其他各类成本的影响，更为精细的套期保值效果的合算方法应该为：

套期保值效果＝现货市场净损益+期货市场净损益－手续费支出－各类费用－资金成本

其中，资金成本即为利率风险在套期保值过程中的表现形式，资金成本实际上是一种机会成本的概念，即指企业为筹集和使用资金而付出的代价，简单可以理解为：企业用资金在套期保值期间损失的利息收入。也就是说，当市场利率较高时，因为资金成本的提升，钱变得更“贵”了，所以对套期保值的效果要求也会相应提高。

2. 汇率风险的表现形式及风险管理思路

随着全球经济一体化的不断深入，国际大宗商品贸易额持续增长，据日本贸易振兴机构（JETRO）发布的《世界贸易投资报告》，其估算 2017 年全球贸易总额（以出口为准）达到 17.32 万亿美元，全球贸易已经深入我国经济的各行各业，而实体企业在对外贸易中，需要进行货币的兑换，不同货币之间的汇率时刻在发生着变化，汇率风险往往是难以规避的。

我国是全球最大的钢铁生产国和消费国，同时也是世界上最大的铁矿石进口国和钢材出口国，2017 年我国共进口铁矿石 10.78 亿吨，出口钢材 7,541 万吨，钢铁企业在进出口过程中时时刻刻需要面临着汇率的风险。钢铁企业进出口环节的汇率风险主要是钢铁企业在采购进口原料过程或出口产品的过程中，如果签订贸易合同的货币与企业主要资金来源不一致，企业就要承担由于汇率变化带来的风险，这种风险持续到合同支付结算完毕或者款项收取完毕。在合同签订实现销售时，汇率变化会影响采购成本或者销售收入，人民币贬值时，进口原料的采购成本增加或者出口产品的销售收入也增加；而人民币升值时，进口原料的采购成本减少或者出口产品的销售收入也减少。也与公司的支付（或收款）结算周期相关，结算周期越长，其承担的汇率风险越大。进口原料，如果人民币贬值，延期支付将对企业造成不利影响；反之，将给企业带来收益。而出口产品，与进口正相反。

在对于汇率风险的管理中，作为钢铁企业要做好以下几个方面：

（1）建立外汇风险管理机制。汇率风险管理与企业经营、财务风险管理息息相关，密不可分，贯穿于企业生产、购销的各个环节。企业结合生产经营特点，以汇率管理部门为牵头单位，会同各购销业务配合部门建立整体风险管理体系，并明确各部门的职责。如汇率管理部门负责风险评估，设定风险控制目标，策划、建立风险监控与预警机制，制定风险管理策略、方案等。各购销业务配合部门具体落实风险管理方案；汇率管理部门与各配合单位就风险方案落实情况、市场有关信息加强沟通、反馈，建立定期或不定期的信息沟通渠道和后评估机制。

（2）建立风险预警指标体制。根据对外汇风险管理的识别和评估，并结合企业实际，设置风险管控指标，如宏观先行指标、关键风险指标和日常管理指标。

1）宏观先行指标。影响汇率和利率波动的宏观因素很多，通过选择若干个较有代表性的指标，辅之以对商品、股市等市场的跟踪，以提前揭示汇率和利率存在方向性变化的可能性。宏观先行指标可以选择美元指数、美元隔夜拆借利率、央行存款准备金率等。

2）关键风险指标。结合自身的风险管理目标，拟定了关键风险指标和日常管理指标。并建立了定期的监控和预警机制，及时防范相关风险。关键风险监控指标可选择美元融资利率变动幅度、美元兑人民币汇率波动幅度等。

3）日常管理指标。根据公司管理汇率的目标，可选择外币综合融资成本等。外币综合融资成本为外币融资成本+远期锁定成本，与同期限的人民币融资成本进行比较，据此

判断是否提入外币债务。

（3）建立风险预警与响应机制。钢铁企业对拟定的关键风险指标建立风险预警矩阵与响应机制。通过动态跟踪利率和汇率的风险指标，判断风险级别，发布不同等级的风险警报，适时开展风险应对方案。

企业可以根据对风险的容忍度来确定不同的预警，如绿色正常、橙色预警、红色警报，根据不同的预警，建立不同的响应机制。

（二）钢铁企业定量化的外汇风险管理预案

外汇汇率管理的定量化，主要是通过分析企业业务形态和监测外币现金流变动，用以预测未来一段周期内的外币现金流分布，进而确定金融工具操作总额和期限分布。主要思路如下：

（1）确定外汇风险敞口。外汇风险敞口净额取决于企业外汇资产（或负债）的性质和汇率变动时其受到影响的范围和方式。企业在考虑了外币资产和负债的自然抵消情况后，应当综合考虑各种外汇风险因素，确定外汇敞口风险。

（2）外汇风险进行量化衡量。外汇风险可以由汇率波动率、风险价值以及压力测试等指标进行量化衡量，企业可以结合当时的市场环境以及未来环境的变化，并综合企业自身的状况，计算出对冲比率，并作出适当的汇率风险对冲决定。

（3）不同外汇风险的对冲策略。

1）进出口环节的外汇风险对冲策略。企业可以根据自身经营管理特点以及对冲成本的承受能力等可以采取一次性对冲、分层对冲或滚动分层对冲的模式进行。对冲工具可以选择远期购汇或者期权等外汇衍生品工具。

2）融资环节的外汇风险对冲策略。相对比较简单，以同期限可取得人民币融资成本—外币融资成本为最大的对冲成本，选择外汇衍生品工具或者增加外币投资进行对冲。

（4）对冲有效性评估。从损益角度来评估对冲的有效性，也是目前最直观及普遍的对冲效果的检验方式。有效外汇汇率通过衍生工具合同价格与实际价格之间的价差反映实际产生的损益。当买入美元的有效外汇汇率低于实际美元/人民币即期汇率时，表明对冲操作是有效的，反之，对冲带来损失。

案例 5-6　丰田公司外汇套保案例

日本丰田汽车公司向美国出口销售 1,000 辆小汽车，某年 3 月签订了半年交货付款的合同，金额是 1000 万美元。3 月美元兑日元外汇牌价是 1：108.00，9 月外汇牌价是 1：107.00。那么，如果按 3 月外汇牌价，日本丰田公司可收回 1,000×108＝108,000 万日元。但到 9 月付款时则只能收回 1,000×107＝107,000 万日元。预计损失为 108,000－107,000＝1,000 万日元。然而，丰田公司用 10 万美元在汇市做了套期保值具体如下（忽略利息及手续费）：

丰田公司在 3 月合同签订之日起即在外汇市场上以 USD/JPY＝1：108.00 的汇价卖出 100 手外汇合约（沽出美元兑日元），并于 9 月汽车交货付款日，按当时市场汇价买进平仓，平仓价为 1：107.00，则：

（108.00－107.00）/108.00×100,000×100＝92,592.59 美元，折成日元为 1,000 万元

结果：现货贸易中，由于汇率波动使企业损失 1,000 万日元；外汇市场中，企业套期保值获利 1,000 万日元，盈亏相抵成功规避了贸易上的市场风险，套期保值成功。

四、其他行业套保策略案例

（一）跨期操作，确保供应稳定

由于供应紧张导致近期期货合约的走势强于下一期期货合约时，进行转月的操作是必要的，但有些油厂无法提供转月操作，这时企业就可以买入近期期货合约，同时卖出下一期期货合约，从而实现转月的操作，保证现货的供应稳定。

案例 5-7 海大豆粕跨期操作

海大集团，2016 年 6 月开始，现货供应偏紧，在下游品种价格上涨的带动下，豆粕需求大幅增长，企业预期后期现货紧张局面将持续，m1609 在现货供应紧张的环境中走势将强于 m1701。于是公司采购的 6~9 月基差头寸均对应 m1609 点价，预计后期 m1609 走势偏强，因此需要将 m1609 点价转月至 m1701 点价。但部分油厂无法提供期货转月操作，因此公司通过买入 m1609、卖出 m1701 的套期操作代替油厂转月——自 6 月中旬开始，公司在 m1609 和 m1701 价差 10 元左右开始建仓，后期逐步开始使用基差头寸的过程中，m1609 和 m1701 价差也逐步走高。

（二）交叉套保，扩大被套期项目范围

由于期货品种的局限性，被套期项目的选择范围也有一定的局限性，有些品种有对应的期货品种，有些品种并没有相应的期货品种，这时就可以进行交叉套保，即通过相近的期货品种来对该品种的现货进行套保。

案例 5-8 广汇高粱玉米交叉套保操作

2016 年春节后，下游饲料需求偏弱，饲料原料价格维持偏弱运行，由于集团 2016 年新增上马鸭料产品，高粱、大麦等进口原材料用量增多。当时集团已订购高粱 2 万多吨，如果高粱价格进一步下跌，将给企业利润带来损失。经企业内部充分讨论，判断 2016 年仍然处于国内玉米市场化的年份，内外玉米价格将逐步接轨，庞大的国内玉米库存将加大国内玉米价格压力，而国内玉米价格下跌会逐步挤占高粱、大麦等进口原料的市场份额，拖累高粱等原料的平衡表恶化，因此已采购的高粱、大麦等头寸，未来一定时间内仍需要规避价格下跌风险。

经集团采购中心以及期货研投部门决策，决定通过大连玉米期货进行套期保值，规避高粱等原材料价格下跌的风险。高粱和玉米虽属于不同品种，但同时通过历史数据测算，两者相关性在 56%左右，并且随着国内玉米的进一步市场化，二者的相关性会逐步增加。另外考虑到当时玉米期货 5 月、9 月合约均贴水现货，套保存在一定的风险，因此采用 40%的比率套保，此外 5 月合约对于玉米大批量供应的时段，5 月、9 月合约价差有可能进一步走弱。因此，套保合约首选在 5 月合约。

通过此次期货市场套期保值操作，企业取得了良好的效益，具体效果如下：

(1) 现货亏210万元。已订购高粱船期以及现货2.1万吨，均价1,720元/吨左右，现货及远期报价随后1个多月或落到1,620元/吨附近。

$$(1,720-1,620)\times 2.1=-210\text{ 万元}$$

(2) 期货市场盈利220万元。在玉米1605合约上进行套保，均价1,960元/吨左右，1,000手，合计1万吨，并在1,740元/吨附近陆续平仓。

$$(1,960-1,740)\times 1=220\text{ 万元}$$

(三) 规避风险，锁定销售价格

案例5-9　铅锌冶炼企业卖出套保

对于国内的铅锌冶炼企业来说，在企业自身没有矿产资源的前提下，更多是担心因精矿上涨过快而削弱其产品获利能力。对于拥有矿山的生产商来说，价格的上涨对企业非常有利，其更多是担心铅锌价格的下跌直接削弱企业的盈利能力，甚至是跌破成本价时给企业造成损失。因此，铅锌冶炼企业风险主要有精矿价格上涨风险以及铅锭、锌锭价格下跌风险。针对不同的市场风险，可以分别进行买入套期保值或者卖出套期保值。

该企业在现货经营中主要面临产成品销售压力、资金压力和原材料采购的风险。其中，产成品销售压力是企业面临的主要压力，锌价的下跌将会直接削弱企业的盈利能力，企业必须在期货市场进行卖出保值以提前锁定利润，减少损失。

根据中证期货公司专项研究报告，特别是锌库存创新高、下游消费不畅等原因影响，预计锌品种下行的可能性比较大。根据企业销售计划，需要对生产的锌锭、铅锭进行一部分保值。在2011年2月，企业预计在4~6月每月将有大约4,000吨锌锭的销售计划，并且，预计锌锭价格会持续下跌。同时，由于铅期货在3月24日才正式上市，挂牌PB1109合约，企业结合铅期货挂牌上市价格较高，根据未来销售计划，对5月、6月销售进行保值，保值数量各为2,000吨。具体买入保值措施如下：

为了提前锁定利润减少损失，公司决定进行锌锭卖出套期保值交易。当日现货市场的价格为18,500元/吨，公司将这一价格作为其目标销售价。公司在期货市场上分别以19,200元/吨、19,400元/吨、19,600元/吨的价格建仓，卖出4~6月期货合约各4,000吨。4月6日，现货锌价下跌至18,000元/吨，该公司分批进行平仓，公司以平均18,000元/吨的期货价格平仓4月合约。5月6日，现货价格为16,000元/吨，公司以平均16,100元/吨的期货价格平仓5月合约。6月9日，现货价格为16,800元/吨，公司以平均17,100元/吨价格平仓6月合约。具体套期保值效果见表5-11。

表5-11　保值效果一览

日期	现货市场	期货市场
2月	目标销售价18,500元/吨 计划销售量：每月4,000吨	以19,200元/吨、19,400元/吨、19,600元/吨的价格卖出4~6月合约各4,000吨（800手）
4月	实际销售量：4,000吨 平均销售价格：17,800元/吨 销售亏损：280万	4月合约买入平仓4,000吨（800手） 平仓均价18,000元/吨 盈利：480万

续表 5-11

日期	现货市场	期货市场
5月	实际销售量：4,000 吨 平均销售价格：16,000 元/吨 销售亏损：1,000 万	5月合约买入平仓 4,000 吨（800 手） 平仓均价 16,100 元/吨 盈利：1,320 万
6月	实际销售量：4,000 吨 平均销售价格：16,800 元/吨 销售亏损：680 万	6月合约买入平仓 4,000 吨（800 手） 平仓均价 17,100 元/吨 盈利：1,000 万
累计	销售亏损：1,960 万	盈利：2,800 万

根据结果，期现盈亏相抵后该企业还盈利 840 万元。该公司通过卖出套期保值交易，有效规避了锌价下跌所产生的经营风险，实现了该公司所希望的目标销售价，提前锁定了公司利润。

（四）把握市场脉搏，顺势而为

期货市场一直处于变动中，有熊市的时候，也有牛市的时候，这时候就可以通过分析市场的变动趋势，在合适的时间买入，合适的时间卖出，顺势而为，从中赚取合理的收益。

案例 5-10　江西铜业——把握市场脉搏，顺势而为的套保策略

江铜集团成立于 1979 年，作为中国铜工业的领跑者，是国内最大、最现代化的铜生产和加工基地，集采、选、冶、加、贸易为一体，其主营业务包括铜矿开采、阴极铜冶炼、铜材加工。江铜在中国铜行业一直处于主导地位，阴极铜在世界铜行业排名中属于前三位；其管理水平、生产规模、盈利能力等方面在国内铜行业中多年来一直名列前茅。作为最早一批参与商品期货市场的实体企业，多年来，江铜积累了丰富的套保经验，留下了许多经典的套期保值操作案例。

江西铜业在 1996~2001 年的有色金属熊市中，根据成本和目标利润确定保值目标价格，积极寻找市场机会，通过上期所进行卖出套期保值，取得了非常好的效果。通过套期保值，江西铜业不仅平均售价比市场价高 1,800 元/吨左右，还保证了企业的战略发展；铜产量从 1999 年的 20 万吨到 2003 年的 40 万吨，在熊市中实现了产量翻番。

在 2003 年的牛市中，江西铜业及时根据市场动向改变策略。2005 年上半年，江西铜业共生产铜 22.66 万吨，但公司适量地仅对其中的 1/3 按目标价格在期货市场进行了卖出套期保值。报表显示，虽然期货交易账面损失 2.48 亿元，但公司于 2005 年 10 月公布了业绩预增公告，指出公司净利润比上年同期增长 50%。江西铜业既估计到了铜价的上涨趋势，主动缩减保值量，也考虑到市场风险的不确定性即公司稳健经营的发展目标，在期货市场进行了必要的对冲。

江西铜业以“稳健”为原则的套期保值，成功规避了原料供应和铜价波动给企业生产经营带来的风险，实现了企业跨越式发展。

五、从保值对象看套期保值

套期保值的基本特征是：在现货市场和期货市场对同一种类的商品同时进行数量相等但方向相反的买卖活动，即在买进或卖出实货的同时，在期货市场上卖出或买进同等数量的期货，经过一段时间，当价格变动使现货买卖上出现盈亏时，可由期货交易上的亏盈得到抵消或弥补。从而在"现"与"期"之间、近期和远期之间建立一种对冲机制，以使价格风险降低到最低限度。也就是说，套期保值的目的是通过买入或卖出期货来对冲现货的风险。那么，从套期保值的对象——现货的性质看套期保值，就成了一种有益的视角。一般而言，钢铁企业套期保值主要针对以下几种情况。

（一）针对已经签订的合同进行套保

针对现货合同进行套期保值是最常见的套期保值策略，当企业准备或者已经签订了某一项未来交货的购销合同时，就产生了相应的市场价格风险，一旦合同履约时市场价格朝不利方向波动，会影响企业的利润。因此，提前在期货市场上采取相应的建仓来锁定合同风险，就可以实现相应的套期保值。对钢铁企业来讲，最常见的就是针对企业签订的锁价长单合同进行保值。锁价长单类的合同包括出口合同、工程招标以及针对某些客户的锁价合同等。

2017 年 8 月，某子公司签订一定数量热轧卷锁价订单，11 月交货，预计 10 月采购原材料。8 月热轧卷现货价格 4,100 元/吨左右，以此原料价格进行生产，该子公司存在合理利润。为规避原材料上涨风险，于期货市场买入相应数量热轧卷 1801 期货合约，买入价格 3,950 元/吨。10 月，子公司采购热轧卷现货，现货价格 4,100 元/吨。买入现货同时，对期货头寸进行平仓，期货平仓价格 4,055 元/吨。期现货合计盈利 105 元/吨，不仅有效锁定了原材料采购成本，而且由于在套期保值中合理地运用基差操作还额外增加了盈利。

在对锁价长单合同进行保值时需要注意的是：要尽量选择与现货采购时点相近月份的合约，这样随着现货采购的临近，套保对应的期货合约也临近交割，根据期现最终回归的原则，基差也会收窄，而钢材期货基本上都是处于贴水现货的状态，所以基差收窄往往对合约的多头有利。

（二）针对库存进行保值

钢铁生产是连续流程，为保障生产和销售，企业势必要保持一定水平的原料和产品库存，生产过程中还会有在产品。当市场价格波动时，库存价值势必会变动，这也可以看做一种风险。2008 年，宝钢股份曾披露 59 亿元的库存减值，就是由于铁矿石价格大幅下跌导致的。那么，针对现货库存面临的市场风险，包括库存较低、价格可能上涨的风险，或库存较高、价格可能下跌的风险，来构建的套期保值策略，在钢铁企业经营中也非常常见。

1. 原材料库存

（1）面临的风险：当原材料的库存量高于日常需求量时，高于需求的原材料就会面临着原材料价格下降的风险。

（2）采取的套保策略：卖出期货合约。

（3）实际案例：2017 年 4 月底，某公司采购 5 月指数 PB 粉用于自营，但市场出现急跌，为避免行情下跌造成的库存贬值，公司采取卖出保值策略，与 5 月期间每日卖出对应量大连铁矿石 1709 合约，实现均价对冲；6 月 15 日，公司在货物到港前以 55 美元销售，同时大连铁矿石期货合约以 423 元买入平仓。

2. 产成品库存

（1）面临的风险：当产成品的库存量高于市场需求，不太好卖时，钢材就会面临着价格下降的风险。

（2）采取的套保策略：卖出期货合约。

（3）实际案例：2017 年 8 月末，公司成材库存为 30 万吨，常规库存为 20 万吨，风险敞口达到 10 万吨。面临着价格回落的风险，在期货市场上卖出钢材合约。

3. 建立虚拟库存

（1）面临的风险：原材料供给极度紧缺，企业可能面临着采购任务无法实现的情况，即面临着未来价格上涨的风险。

（2）采取的套保策略：买入期货合约。

（3）实际案例：钢厂 A 煤炭资源紧缺，采购不能完成任务，厂内库存逐步下降，最低时候几乎快断料了。在此情景下钢厂 A 采购部利用期货买入焦炭原料增加虚拟库存，并且在焦炭库存恢复正常后卖出平仓期货头寸，期货头寸大约盈利 500 万元。

（三）战略保值

在企业经营实践中，针对企业全年的经营计划进行套期保值的策略也很多。这一类策略依据企业所处行业和企业自身经营特点差别较大，比如江铜采取的“净敞口”保值等。对钢铁企业来说，比较常见的是针对企业当年的产销计划，对未来的利润进行锁定。由于钢铁企业生产连续性的特点，企业经营计划具有极大的确定性，因此针对产销利润进行保值有其合理性。

锁定加工利润：

（1）目前盘面给出的远期加工利润符合钢厂预期，并且钢厂担心未来原料的涨幅超过成材或是成材的跌幅大于原料，导致钢厂利润出现收缩的风险。

（2）采取的套保策略。在期货市场上买入原料，同时卖出钢材合约。

（3）实际案例。2016 年 1~4 月钢材价格持续大幅上涨，钢厂从 2015 年末的大幅亏损转变至 2016 年 4 月中旬的吨钢盈利 500 元/吨以上，企业期货部门经过分析后，判断这种大幅盈利状态不具可持续性，于是制订了分批建仓对虚拟钢铁企业利润套期保值方案，即在 4 月 11 日进行第一批建仓（卖出螺纹 RB1610 合约 2 万吨，买入铁矿 I1609 合约 3.2 万吨，买入铁矿 I1609 合约 1 万吨），且在期货盘面利润每扩大 100 元/吨时，再建一批同等数量仓位，当期货盘面利润回归至 200 元/吨时全部平仓；通过此方案的实施，实现了 6 万吨螺纹钢每吨 200 多元的盘面利润。

目前我国已上市的钢铁产业链相关的期货品种已经较为完备，从原料到成材基本做到

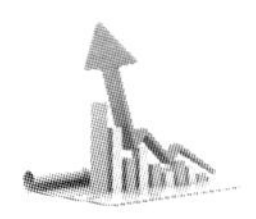

了全覆盖，这也为钢厂锁定利润提供了很大的便利。但需要注意的是，与单边买入或卖出套保不同，锁定利润的操作涉及多个品种，虽然黑色系相关品种在大趋势上走势基本一致，但也不能忽略因各自基本面不同造成的短期不同品种间的逆向波动，以及各品种的升贴水差异，这些都有可能对锁定利润的效果造成一定的影响。

第二节　期货市场研究分析框架

要做好套期保值策略，对期货、现货市场的研究和把握必不可少。因此，钢铁企业开展期货套期保值，也应在原有现货市场研究的基础上加强市场研究能力。本节以永安期货的方法为例，为企业提供一个市场研究的框架。

一、基本研究思路

从表现上来看，黑色产业属于强宏观相关性产业，黑色产业的繁荣和宏观经济增长高度相关，尤其是钢材下游需求更是同宏观经济增长息息相关。因此，在研究钢材期货品种时，宏观经济分析是绕不开的大山。通常，宏观因素对钢材价格影响偏向于中长期。同时，在分析钢材品种时也必须考虑钢材品种自身的特点，对钢铁产业进行分析，即通常说的供需分析。相较于宏观因素来看，产业因素对价格的影响更偏向于中短期。另外，由于期货具有价格发现的功能，在很大程度上期货价格代表了市场对未来价格的预期。既然是预期，那么就会有差异，同实际的价格不会完全一致，因此，期货和现货价格之间的价差或者说基差也能在一定程度上影响期货的价格。

做个简单的比喻，可以把宏观因素比喻成水流，把产业因素比喻成水面上航行的船，而期货价格为船上面的小物体，与船之间通过弹簧相连，该弹簧即为基差。小物体（期货价格）最终的运动方向将会是由水流、船和弹簧共同决定的。从影响力上来看，宏观（水流）的影响力是最大的，其次是产业（船），基差（弹簧）的影响力最小，但是从确定性上来看，基差（弹簧）影响的确定性最高，产业（船）影响的确定性次之，而宏观（水流）影响的确定性最弱。

对图 5-5 所示的三个因素做简单的分析，可以得出以下几种简单的投资方式：

假设宏观驱动向上，产业驱动也向上，如果此时期货贴水现货，那么明显地给出了单边做多的机会，且胜率较高；反之，若宏观驱动向下，产业驱动向下，期货升水现货，则明显地给出了单边做空的机会，胜率也较高。

进一步，如果宏观驱动方向不明确，但是产业驱动向上，若期货价格贴水现货价格，那么期货可以作为对冲头寸的多头，结合对冲头寸的空头，可以有效地规避宏观波动的风险，获取较为确定的收益；反之，若产业驱动向下，期货价格升水现货价格，那么该期货可以作为对冲头寸的空头，结合该对冲头寸的多头，也可以有效地规避宏观波动的风险，获取较为确定的收益。

再进一步，同样假设宏观驱动方向不确定，但产业驱动向上，期货价格升水现货价格，或者产业驱动向下，但期货价格贴水现货价格，此时较为确定的投资方案为做基差回归，获取基差收益或者产业收益。期货市场研究分析见表 5-12。

- 影响期货价格的三要素：宏观（水流）+产业（船）+基差（弹簧）
- 要素的权重：

  宏观>产业>基差
- 要素的确定性：

  宏观<产业<基差

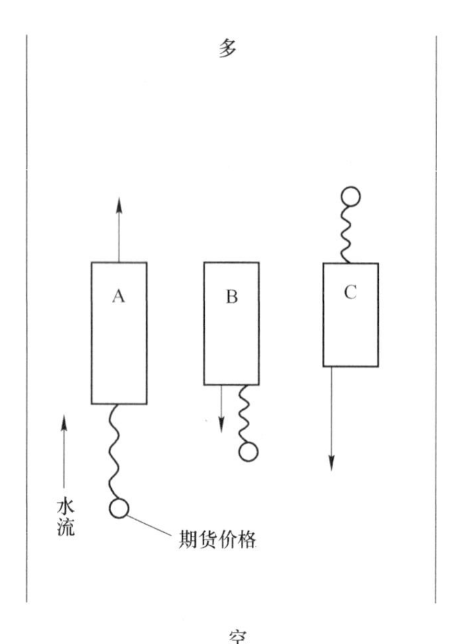

图 5-5 期货市场分析的三大因素

表 5-12 期货市场研究分析表

宏 观	产 业	基 差	评 级
向上	向上	期货贴水	单边做多
向下	向下	期货升水	单边做空
?	向上	期货贴水	对冲多头
?	向下	期货升水	对冲空头
?	向上	期货升水	获取基差收益或者产业收益
?	向下	期货贴水	获取基差收益或者产业收益

此外，对钢材分析尤其是钢材期货价格分析，还有技术分析、持仓分析等方法。由于宏观分析和技术分析的流派众多，宏观经济确定性相对低，技术分析主观性强，本章不针对宏观分析和技术分析等做详细剖析，将焦点集中在钢铁行业的分析方法上。

二、永安估值驱动研究体系

传统的研究分析体系，更加注重于供需分析，通过分析供需之间的矛盾，判断期货价格的方向。简单来说，若未来钢材供不应求，则价格倾向于上涨，若未来钢材供过于求，则钢材价格倾向于下跌。供需决定价格是经典经济学教科书中的内容，也是目前主流的分析方式，它解决了资产“好坏”的问题，若钢材未来供不应求，则钢材期货驱动是向上的，可以说钢材期货是“好”的；反之，若钢材未来供过于求，则钢材期货驱动是向下的，可以说钢材期货是“坏”的。供需分析基本上解决了驱动的问题。

但是，“好”的资产就一定能够买入，“坏”的资产就一定能够卖出吗？答案并非100%是肯定的。假如一个东西是“好”的，但是它的价格已经很高，高到了不可思议的地步；如果这个时候买入，虽然不能完全判定未来价格不会继续上涨，但买入的话，将会

承担很大的价格风险，风险收益比可能很低，这就不会是一种好的投资方式。反之，假若一个东西是“坏”的，但是它的价格已经很低，低到了几乎不需要付出任何代价就可以买入的地步，显然这个时候卖出，风险收益比将会是极低的。因此，除了考虑“好坏”的问题，也需要考虑资产本身价格的高低问题。可以把前者称为驱动，后者称为估值，驱动解决了资产“好坏”的问题，而估值则解决了资产“贵贱”的问题。如果能找到一种资产，该资产是“好”的，同时该资产也很“便宜”，即该资产驱动向上且估值偏低，那么此时买入该资产的风险较低，且收益较高。换句话说，此时买入该资产的风险收益比极高，是个较好的投资方式。反过来，如果找到一种资产，该资产是“坏”的，同时该资产也很“贵”，即该资产驱动向下，且估值偏高，那么卖出该项资产的风险相对较低，收益则相对较好；同样的，卖出该资产的风险收益比较高。资产价格与操作方法的关系见表 5-13。

表 5-13　资产价格与操作方法的关系

资　产	好	坏
贵	买入对冲	适合抛售
贱	适合买入	卖出对冲

如果一项资产是“好”的，但同时也是“贵”的，若单边做多的话，则在估值方面将会有所欠缺，即缺乏安全边际，若单边做空的话，在驱动方面将会有所欠缺，缺乏向下的动力；反之，若一项资产是“坏”的，但同时也是“便宜”的，单边做空将缺乏安全边际，单边做多则缺乏向上的动力，似乎估值驱动的方法将无用武之地。但是，如果能把估值驱动体系量化的话，那将对整个研究分析带来极其客观的便利。

如图 5-6 所示，假若对煤焦钢板块进行估值驱动量化，把各个品种按照估值驱动的数值分别投射到直角坐标系中，不同象限代表了不同的意义。第一象限：落在第一象限中的期货品种估值高估驱动向上；第二象限：落在第二象限中的期货品种估值低估驱动向上；第三象限：落在第三象限中的品种估值低估驱动向下；第四象限：落在第四象限中的品种估值高估驱动向下。显然，落在第二象限中的品种适合单边买入，而落在第四象限中的品种适合单边卖出，且品种的位置离原点越远则风险收益比越高。若同时买入落入第二象限的品种并卖出落入第四象限的品种作为对冲头寸，那么胜率将更高，风险收益比也将更高。

从实际情况来看，期货品种落入第二、第四象限的几率较小，大部分品种大部分时间落入第一、第三象限，即要么是估值高估驱动向上，要么是估值低估驱动向下，从而并没有给出明显的单边机会。但是，如果考虑对冲套利的话，还是有一定的机会。比如，对于估值相近的品种，可以卖出驱动较小买入驱动较大的品种作为对冲头寸，对于驱动相近的品种，可以买入估值较低卖出估值较高的品种作为对冲头寸，考虑到每一对对冲头寸的风险较大，还可以同时做几对这样的对冲头寸作为对冲组合，此时风险就相对较小了。经过测试，估值驱动的分析方法不仅适用于黑色品种，也适合于所有商品期货。图 5-7 为期货市场驱动要素象限图。

估值驱动的研究体系有其相对优势，在实际操作中，也较为简便。

在估值方面，要对期货品种进行估值，首先要对相应现货品种进行估值，然后结合基差（收益率）再对期货合约进行估值。在现货估值方面，行业利润率是主要的指标，利润的高低决定估值的高低，若钢铁行业利润特别好，则可以判定相关钢材品种价格高估，例如 2017 年的钢铁行业；若钢铁行业利润较差，则可以判定相关钢材品种价格低估，例如

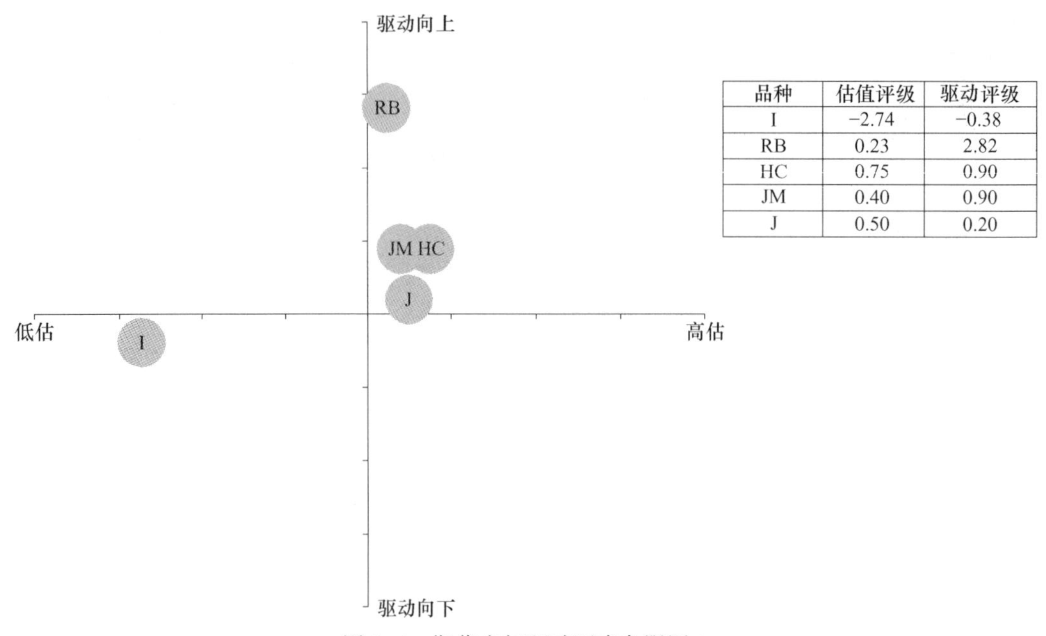

品种	估值评级	驱动评级
I	−2.74	−0.38
RB	0.23	2.82
HC	0.75	0.90
JM	0.40	0.90
J	0.50	0.20

图 5-6　期货市场驱动要素象限图 1

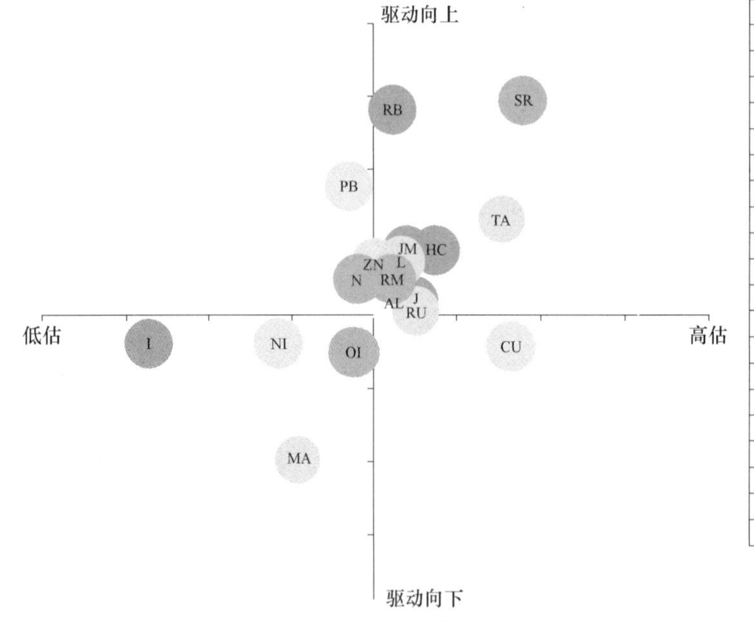

品种	估值评级	驱动评级
CU	1.64	−0.43
AL	0.25	0.17
ZN	0.02	0.72
PB	−0.30	1.77
NI	−1.16	−0.38
I	−2.74	−0.38
RB	0.23	2.82
HC	0.75	0.90
JM	0.40	0.90
J	0.50	0.20
L	0.34	0.75
TA	1.51	1.32
RU	0.51	0.06
MA	−0.90	−1.95
Y	−0.18	0.50
P	−0.26	−0.50
M	−0.20	0.50
RM	0.22	0.50
OI	−0.22	−0.50
SR	1.78	2.95

图 5-7　期货市场驱动要素象限图 2

2015 年的钢铁行业。行业利润率和基差收益率均是可以量化的指标，结合横向对比和纵向对比，即可以给出确定的期货品种估值。结合目前的钢铁生产工艺流程和贸易方向，相关的行业利润主要包括炼铁利润、炼钢利润、钢材出口利润、螺纹轧制利润、热卷轧制利润、带钢轧制利润、冷轧轧制利润等长流程炼钢利润和电炉炼钢利润等短流程炼钢利润。如果考虑钢铁上游行业，则利润还包括炼焦煤生产利润、炼焦精煤洗选利润、炼焦煤进口利润、炼焦利润、焦炭出口利润、铁矿石生产利润、铁矿石进口利润等，其中涉及钢材利

润公式❶如下：

生铁成本 =（1.6×矿石+0.45×焦炭）/0.92

炼钢成本 =（0.96×生铁+0.15×废钢）/0.82

炼钢利润 =（粗钢−炼钢成本）/炼钢成本

螺纹成本 = 炼钢成本 + 180

热卷成本 = 炼钢成本 + 250

冷轧成本 = 热卷成本/0.94 + 450

带钢成本 = 炼钢成本/0.96 + 180

基差和基差收益率计算公式为：

基差 = 现货价格 − 期货价格

基差收益率 =（现货价格 − 期货价格）/现货价格

在驱动方面，涉及的变量较多，大部分影响因素（见图 5-8）是围绕驱动展开的。这些影响因素可以分为三个层次。

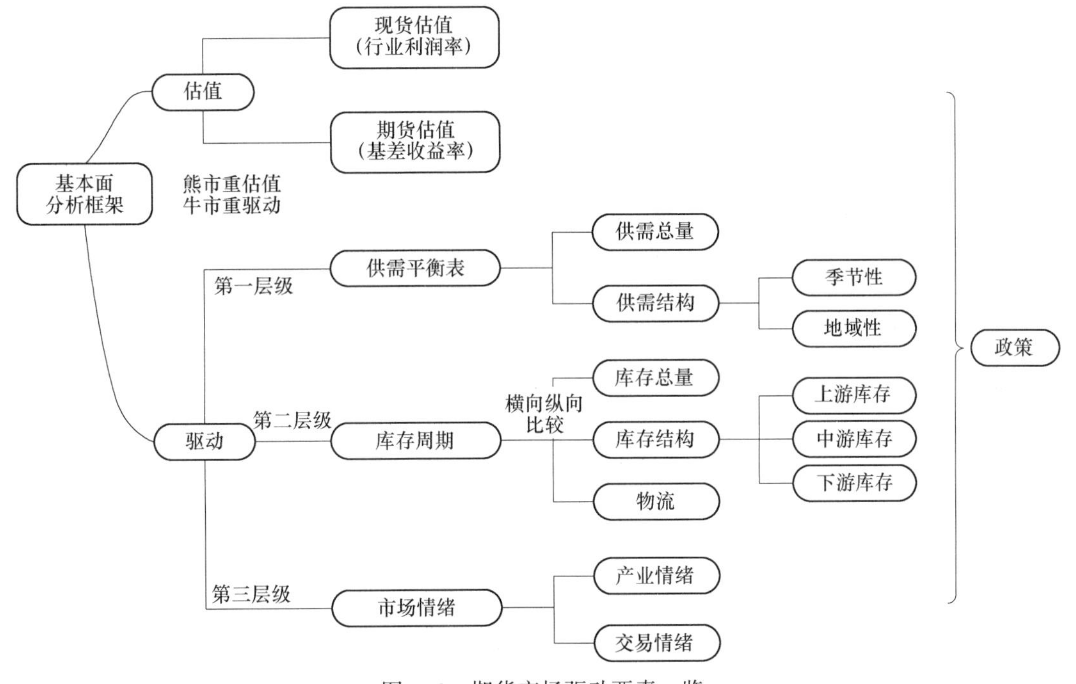

图 5-8　期货市场驱动要素一览

第一层次为供需平衡层次，即从供需总量上对比判断总体上的供需情况，判断单位时间内（通常以年度为单位）总体的供需情况，是存在供给缺口还是供给过剩。对于钢铁行业来讲，年度的粗钢产量大体可以衡量年度的钢材供给情况，而钢材的下游需求相对较为分散，从大类上来看，主要为基建、房地产和制造业等，细分来看，主要有建筑、机械、汽车、五金、造船等，其中建筑行业用钢占比下游消费超过 50%。其外，对于我国来讲，每年的钢材出口量也占了产量相当大的一部分，例如 2017 年我国出口钢材 7,541 万吨，

❶ 公式的系数等细节，企业可根据自己的理解有所调整，此处仅为举例、参考。

占比当年粗钢产量 9.1%，2016 年我国出口钢材 10,849 万吨，占比当年粗钢产量 13.4%。在供需总量判断的基础上，仍需考虑供需结构性的问题。有时候供需总量上并没有存在较大的矛盾，但是供需结构上却存在较大的矛盾，价格可能出现较大幅度的变动。例如，2016 年第四季度，铁矿石价格大涨，但从总量上来看，铁矿石并没有出现供不应求的现象，但是从结构上看，由于钢厂普遍偏好高品位矿石，导致高品位矿石稀缺，进而引发价格大涨。结构性因素通常包括时间上结构和地域上的结构，如果在时间上存在某些规律，则该结构则表现出一定的季节性，称为日后预测或判断的依据，而地域上的结构性通常由物流因素制约，当然若把钢材品种细分来看，还存在品种（品质）的结构性。

从数据上看，2017 年我国粗钢产量 8.3 亿吨，较 2016 年同比增加 2.99%。相较于往年，我国钢铁产量在经历了十几年的蓬勃增长后（增速最高达 30%），增速逐步下降，于 2015 年后进入平稳期，如图 5-9 所示。

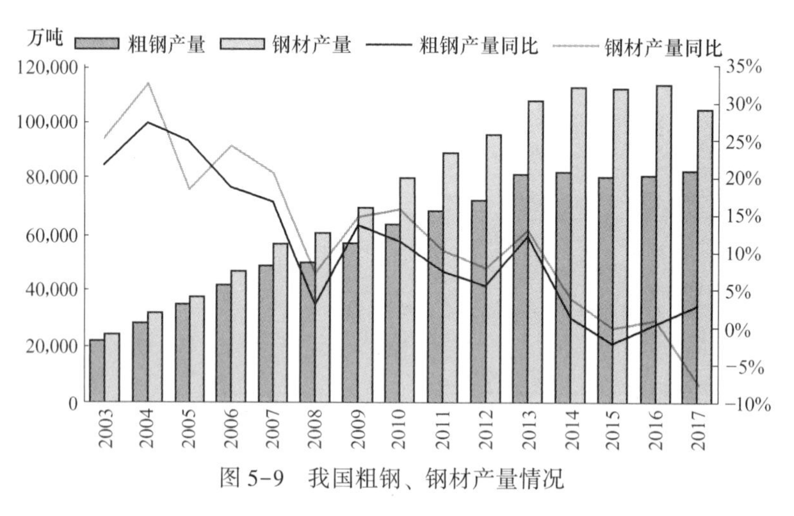

图 5-9　我国粗钢、钢材产量情况

从地域结构来看，我国钢铁生产主要集中在华北华东地区。以 2017 年粗钢产量为例，河北粗钢产量 1.9 亿吨，占比全国 23%，江苏占比全国 13%，山东占比全国 9%，辽宁占比全国 8%，山西占比全国 5%，河南、广东、湖北、安徽、江西则各占 3%~4%，如图 5-10 所示。

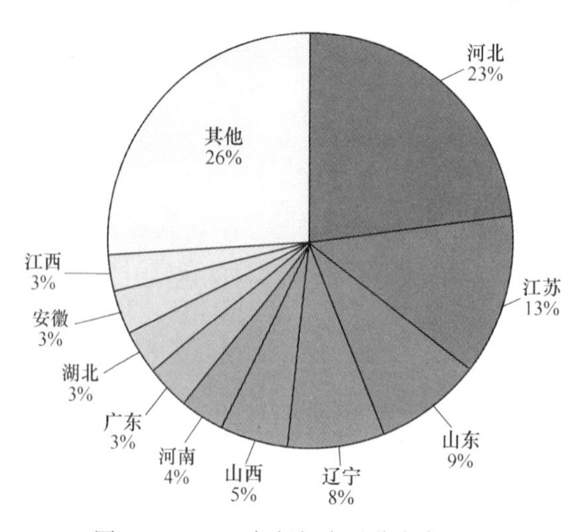

图 5-10　2017 年粗钢产量分省占比

从季节性上来看，由于春节假期及北方工地停工等因素，每年1月、2月粗钢及螺纹钢产量均较低。3月复产开始，产量增长。粗钢产量一般于5月、螺纹钢产量一般于6月达到高点，随后开始下降，如图5-11~图5-13所示。

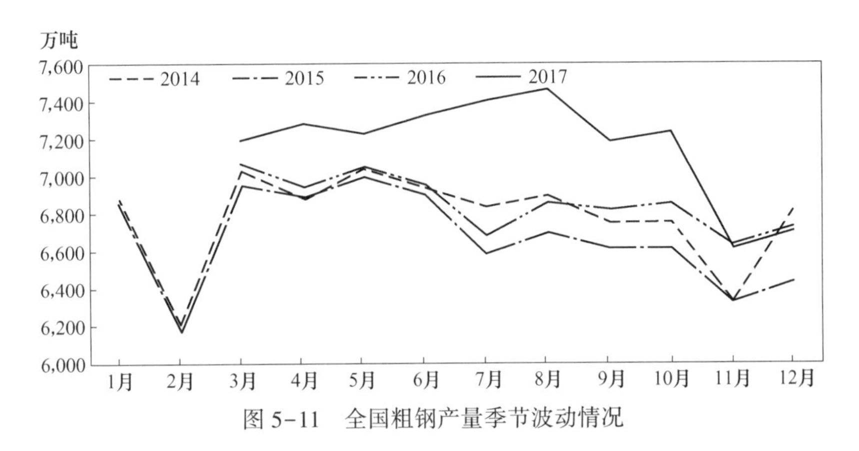

图5-11 全国粗钢产量季节波动情况

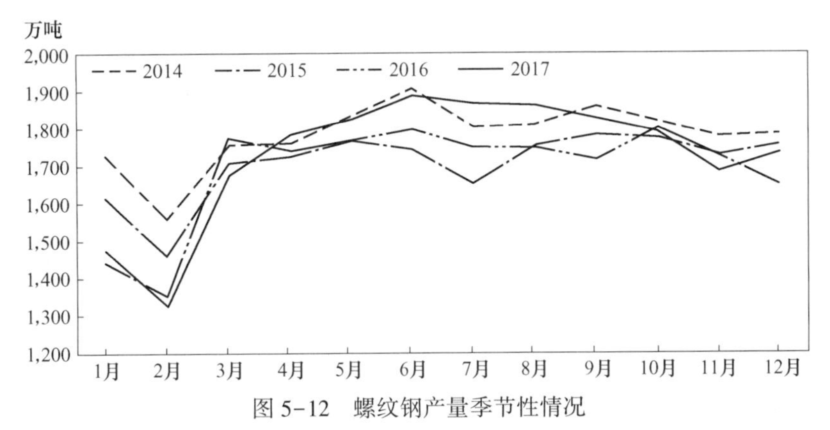

图5-12 螺纹钢产量季节性情况

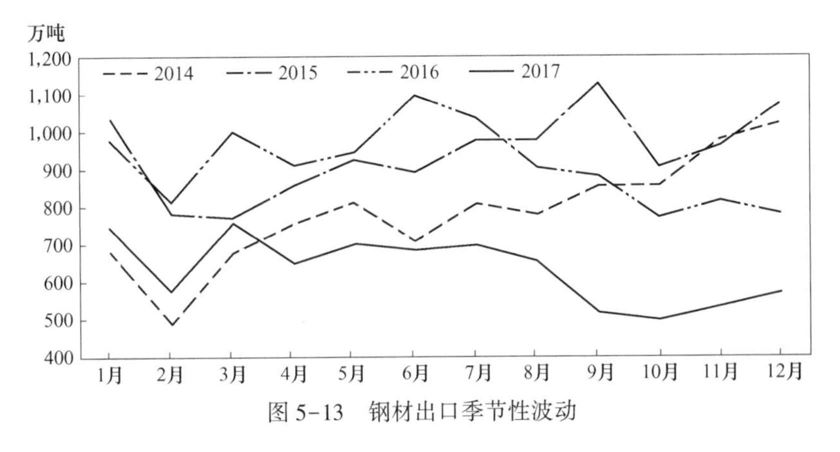

图5-13 钢材出口季节性波动

第二层次主要为库存周期层次，从库存的角度来考虑对价格影响。通常来讲，钢材价格的变动受库存的变动影响较大。当下游集中补库的时候，价格倾向于上涨；而下游去库存的时候，价格倾向于下跌。比较有意思的是，工业品（包括钢铁品种）的库存通常有一定的周期，从数据表现上来看，工业品的库存大约有32~40月之间的周期，补库和去库存周期交替往复，进而能从大的方向上协助判断整体的走势。要弄清楚什么时候去库存，就需要对库存进行分析，当然分析库存的时候不但需要考虑总量和结构的问题，还需要考虑物流的问题。库存总量在一定程度上表现出当前的供给压力，单纯的看库存是“大”还是“小”没有意义，需要对比，可以纵向对比，即从时间上对比以往的库存情况，也可以结合产出和消费情况进行对比，前者为库存产出比，后者即为库存消费比，这样对比后库存是“大”还是“小”才有意义。另外，库存结构对价格影响也较大（见图 5-14 和图 5-15），库存结构主要为上游库存、中游库存和下游库存，上游库存为钢厂库存，中游库存为贸易商库存，下游库存为终端需求库存，主要为建筑商、机械制造商等钢铁需求企业的库存，如图 5-16 所示。通常来讲，当各个环节的库存均较高的时候，表明供给压力较大，价格将很难连续大幅上涨，而当所有环节的库存均较低时，表明供给压力较小，价格将倾向于上涨；若总量上矛盾不突出，但结构上矛盾突出，例如，下游库存低急于买货，而中上游不急于卖货，价格同样倾向于上涨。季节性的研究方法同样适用于库存，而某些钢材库存同样有明显的季节性。

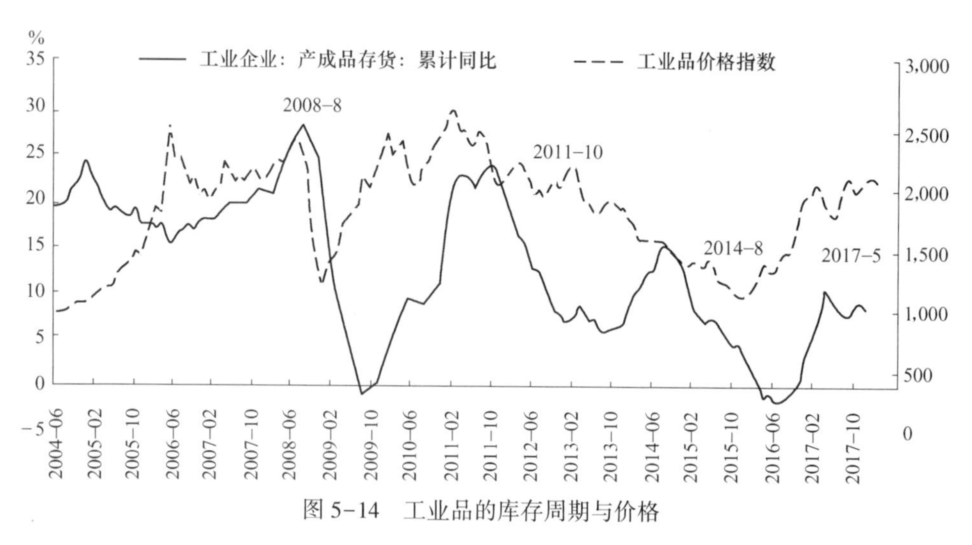

图 5-14　工业品的库存周期与价格

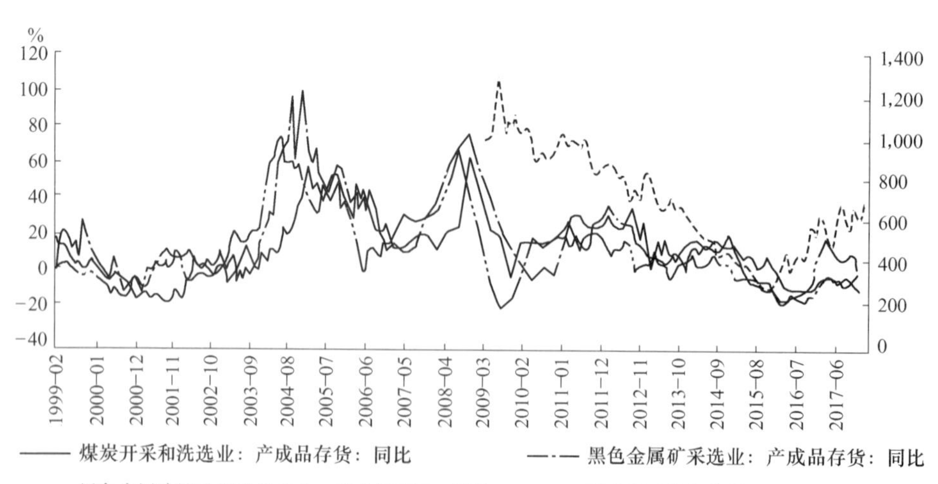

图 5-15　黑色品种的库存周期与价格

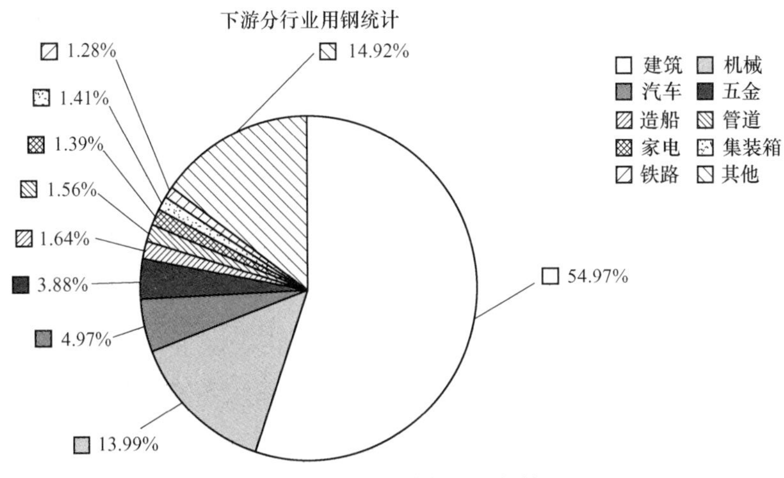

图 5-16　钢材下游行业用钢情况

例如，由于钢材消费（尤其是建筑钢材）的“金三银四”和“金九银十”，以及冬储，钢材库存有着明显的季节性，通常表现为春节前的屯库以及春节后的去库。钢材五大品种钢厂库存和社库如图 5-17 所示，螺纹钢厂、线材厂、热卷厂的库存和社库如图 5-18～图 5-20 所示。

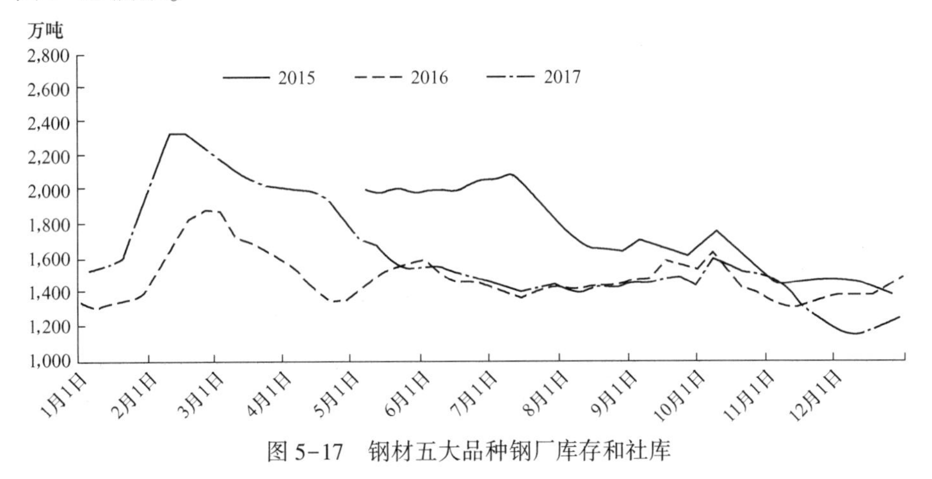

图 5-17　钢材五大品种钢厂库存和社库

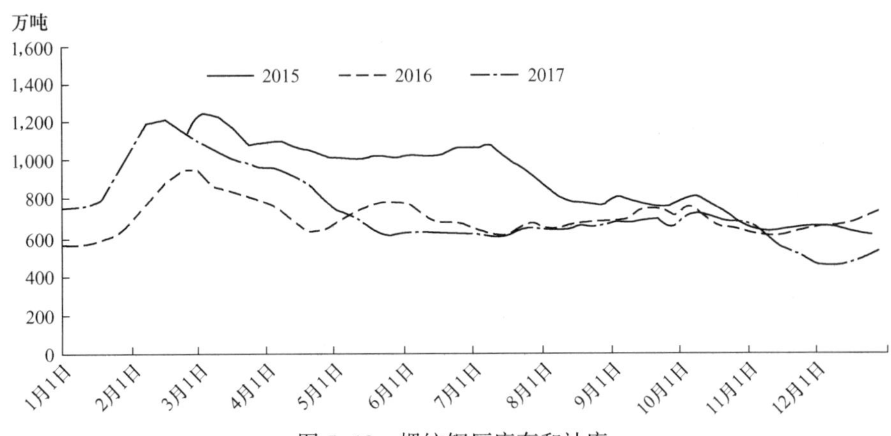

图 5-18　螺纹钢厂库存和社库

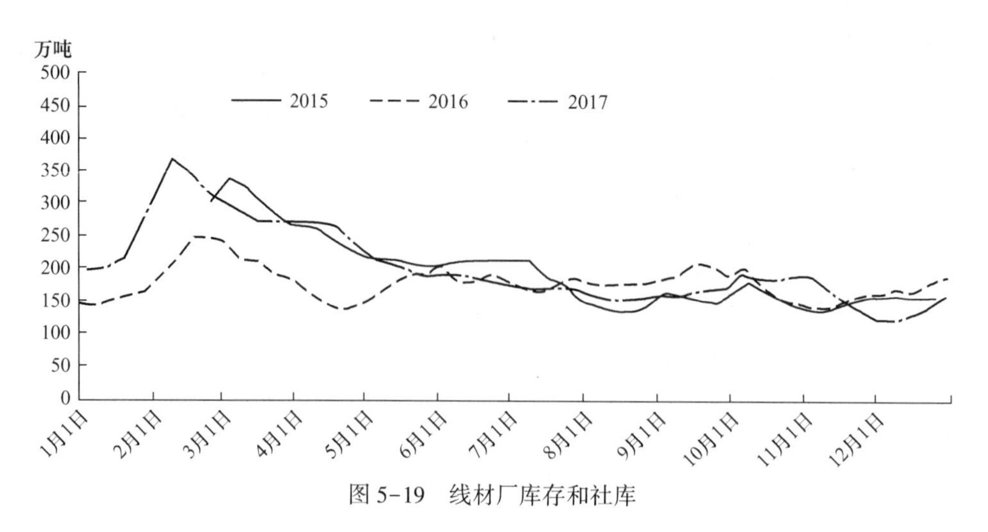

图 5-19　线材厂库存和社库

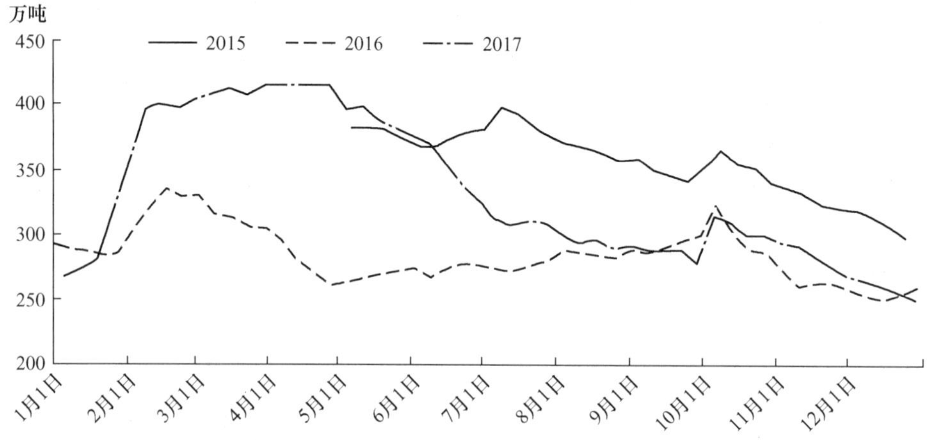

图 5-20　热卷厂库存和社库

第三个层次为市场情绪，虽然供需和库存构成了价格运行的骨架，但是有时市场情绪的力量也是巨大的，尤其是极端情况，将会使得价格明显偏离正常水平，出现暴涨（暴跌）的行情；当情绪退却之时，行情会出现回归，继而出现暴跌（暴涨）的行情。

第三节　基差点价的应用

一、基差及基差点价

（一）基差点价的概念

基差是连接期货市场和现货市场的纽带，是未来远期市场现货价格的重要组成部分，通过基差可以实现期货市场为现货市场定价。

基差等于现货价格减去期货价格。假定基差为 B，现货价为 P，期货价为 F，则：

$$B = P - F$$

也即：

$$P = F + B$$

所谓基差点价，就是“期货+基差”的定价模式，区别于传统的现货一口价模式，与铁矿石长协指数定价的模式有相似之处，只是用期货价格替代了指数，同时，为了更有利于买卖双方，定价的计算方法与指数定价略有不同。

从贸易的角度来看，基差点价与现货一口价的本质一致，都是买卖双方达成了一笔现货贸易，敲定了在未来某时间或时间段的钱货交换；只不过是将约定的固定价，或指数定价的某一段时期指数价平均值，改为期货价 F 与基差 B 之和。

之所以利用期货市场来定价，主要是利用期货市场发现价格的功能，来为买卖双方提供更公平、更透明也更灵活的定价机制，可以解决固定价格与市场价格不够吻合的问题，特别是在市场剧烈波动的时候。同时，期货市场发现的价格，比某一机构制定和发布指数价格又要更加公平和透明。

而之所以要采取期货+基差的定价模式，则是因为基差也有一定的波动，需要买卖双方在合同签订时予以约定。

因此，在实际运用中，基差并不完全等于（合同签订时）现货减去期货的值。一方面，基差的大小，主要受现货价格和期货价格影响，基差基本上就是现货价格与期货价格之差。另一方面，对于远期市场而言，不是缺乏权威性的现货价格就是没有现货价格，企业往往参考期货价格进行比较，既然没有现货价格，那么基差的值也就难以精确界定。

基差点价的贸易模式称为基差贸易，与传统贸易的差别是：基差贸易除了约定基差，还需约定一个点价期。所谓点价期，既是双方约定的未来一段时间，在这段时间内买方（或卖方）敲定期货价格形成点价操作。点价期可以是一周、一月甚至一年。

（二）基差点价应用源远流长

期货市场就是从服务美国中西部地区农产品贸易发展而来的，作者也专门到芝加哥地区调研了美国农产品产业链利用期货市场的情况。调研发现，在美国中西部地区，整个农产品产业链都是通过基差点价的方式来进行贸易的。

具体来说，农民可以根据贸易商的报价进行“点价”，即向贸易商提出以点价时的价格成交。需要说明的是，农民点价的时间并不受产品交付时间的限制，可以在交付农产品之前，比如 6~12 个月点价，也可以延期点价，最长可以延期 2 年。

延期点价时，农民可以先把粮食存储在收粮站，点价时间不受限制，但随着点价时间的延长，存储费用呈递增变化。以农产品贸易商 Andy Wold 为例，2018 年 10~11 月的存储费用为 12 美分/蒲式耳，12 月 1 日起存储费用每月增加 3 美分/蒲式耳。因此，考虑到存储成本，农民的点价时间一般不会拖延太长。

如果农民愿意，也可以与贸易商签订与一般贸易类似的定量、定价、定时间的固定价合同。

可以看到，对农民来说，农产品的生产和物流运输已经完全与贸易活动分离开来，日常的生产活动几乎不受市场价格波动左右。农民只需根据自己的生产成本，在贸易商给出满意报价时点价即可，由于美国信用体系非常完善，点价方式非常灵活，电话、邮件、传真等点价方式都可确认。

对贸易商而言，一方面，要运营若干仓储点来收储农民的粮食，包括前文提到的为农民提供仓储服务，以及利用美国发达的卡车、内河航运运输来管理物流；另一方面，在农民点价后，贸易商几乎总是会在期货市场进行对冲，并在之后择机通过基差点价的方式卖给四大粮商。据贸易商总结，农产品贸易实际上是“基差投机”，也就是说，将基差“卖”给农民，持有基差的风险敞口，再择机从下游大贸易商“买”一个基差。

相比农产品价格来说，农产品基差的波动要小得多，且据贸易商反应，基差的波动主要受天气、季节性等因素影响，比较有规律，他们“很少犯错”。美国贸易商的基差报价见表5-14。

表5-14　美国贸易商的基差报价

	Open（开盘价）	High（最高价）	Low（最低价）	last（最新价）	Change（换手率）/%		Open（开盘价）	High（最高价）	Low（最低价）	last（最新价）	change（换手率）/%
						SX18	8.9125	8.9125	8.7925	8.8175	9.75
CZ18	3.7725	3.7750	3.7750	3.7425	4.00	SF19	9.0525	9.0550	8.9350	8.9600	9.75
CH19	3.8900	3.8925	3.8575	3.8625	4.00	SH19	9.1725	9.1750	9.0625	9.0825	9.75
CK19	3.9600	3.9625	3.9927	3.9300	4.25	SK19	9.3000	9.3000	9.2950	9.2100	9.75

Gorn（玉米）

Contract（合约）	Basis（基差）	Price（价格）
2018年10月上半月	-0.3300	3.4125
2018年10月下半月	-0.3300	3.4125
2018年11月	-0.3300	3.4125
2018年12月	-0.2500	3.4925
2019年1月	-0.3600	3.5025
2019年2月	-0.3300	3.5325
2019年3月	-0.3000	3.5625
2019年4月	-0.3300	3.6000

Beans（大豆）

Contract（合约）	Basis（基差）	Price（价格）
2018年10月上半月	-0.7500	8.0675
2018年10月下半月	-0.7500	8.0675
2018年11月	-0.7500	8.0675
2018年12月	-0.7100	8.2500
2019年1月	-0.6900	8.2700
2019年2月	-0.7500	8.3325
2019年3月	-0.6900	8.5200
2019年4月	-0.6600	8.5500

总的来看，采用了基差贸易方式以后，整个农产品供应链非常稳定，生产活动与贸易活动分离后，一方面有利于农民组织生产，也利于贸易商组织仓储和物流，供应链效率大大提高；另一方面有利于供应链各方选择适合自己的风险偏好和风险承受能力的贸易方式，如农民可以在一个相当长的周期去点价，贸易商主要通过“基差投机”获取合理的利润。而且，在这种模式下，贸易商实际上为农民提供了风险管理服务，农民的风险大大降低了，双方这种良性的合作关系，也是钢铁企业与期货公司良性合作、共同管理好企业经营风险的发展方向。

二、基差点价流程

（一）影响买卖双方调整基差约定的因素

影响基差的因素有很多，分为两类。一类来自行业，如市场供需、期货价格走势等。当市场货源偏紧，供不应求，卖方倾向于上调基差；反之则卖方倾向于下调基差。供求关系是基差变化的核心因素。当期货价格快速变化时，由于基差等于现货减期货这一数学关系，卖

方也会顺应市场波动而调整基差报价。从历史经验来看，高库存对应相对低的基差，低库存则对应相对高的基差。另一类来自现货属性，主要是现货与期货标的物之间的品质差、地区差、市场接受度、品牌差等因素产生的价差。由于现货千差万别，而期货标的物规定了标准严格精细的现货特征，现货与期货标的物的品质差将是双方敲定基差的重要成分。当绝对价格变化时，因品质不同而带来的价差也会变动，进而影响基差值。不难理解，区域间价差、品牌差在影响现货定价时，也必然会影响基差值。此外，基差点价模式的市场接受度也会影响基差值。如果下游对基差点价热情不高，企业就会考虑适当调低基差，以促使更多基差点价的交易；如果下游对基差点价采购十分积极，企业就有可能适当上调基差。

（二）基差点价的流程

对于买家而言，通过五步操作基本上就能完成基差点价合同的采购：

第一步，卖家报基差，买家询基差；基差合同中约定基差值、点价期。

第二步，买卖双方签订现货基差点价采购合同。

第三步，买家按照合同约定缴纳履约保证金。

第四步，买方点价。对于未点价部分如果买家想先提货后点价，可以按照合同约定比例支付溢价货款，也就是先提货后点价。

第五步，对于先点价后提货的买家而言就是结清货款、提货，对于先提货后点价的买家而言，就是结清货款。

三、基差点价的优缺点

基差点价是原油、农产品和有色金属等国际大宗商品贸易中常用的定价模式。基差贸易的原理依据主要是：

（1）现货价格和期货价格在大趋势上波动方向一致。

（2）现货价格和期货价格在期货合约快到交割期的时候，因为交割因素会强制期货和现货价格收敛为一致。

尽管理论简单，不难看出，基差贸易与传统一口价贸易比起来略显复杂。那么基差贸易的优势是什么，缺点又是什么？

（一）基差贸易的优点

基差贸易的优点有：

（1）降低价格波动风险。基差贸易本质上是将绝对价格风险转化为相对价格风险，也即基差波动风险。从历史数据来看，螺纹钢现货的波动率往往超过 500 元/吨，现货波动率/现货在 20%以上，而基差波动率通常在 200 元/吨，基差波动率/现货仅为 5.5%左右，现货波动的风险往往是基差波动风险的 3 倍以上，如图 5-21 所示。对于企业而言，获得稳定的现金流和产业链分工利润，而不是追求绝对价格的涨跌带来的投机收益；而传统经营中现货规模越大，风险敞口也同步放大。企业通过期货保值与基差贸易的方式，可有效降低现货经营过程中承担的风险，提高企业经营的稳定性和可持续性。

（2）价格选择机会多样化。相比传统贸易方式，在不影响现货经营的情况下，基差贸易给予了买方足够的缓冲时间。一方面买方可选择多家卖方的基差报价，也可以敲定基差

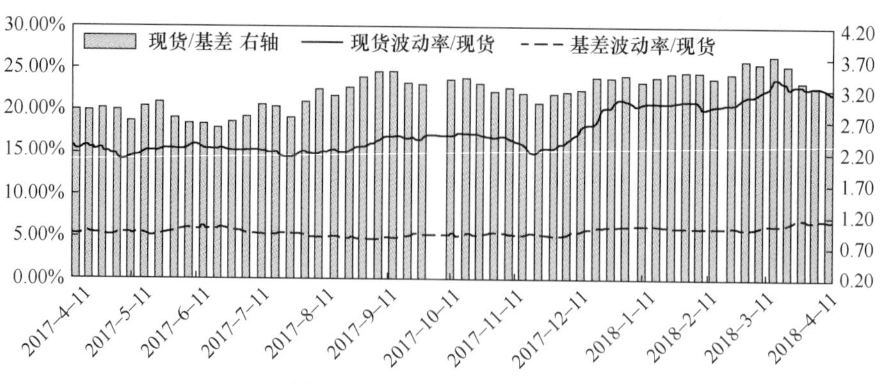

图 5-21　螺纹钢价格波动率

合同后，在点价期内灵活选择期货来点价，可以一日 n 次，也可以 n 日一次；点价期选择一周、两周甚至可以长达数月。如果结合期货套保功能，在买方还可以在期货买入保值方式锁定采购价格，当价格不利时主动期货平仓，在合适的价位再度进场，达到价格变化而货物锁定的效果，这在一口价贸易中体现为违约事件的风险将大大下降。

（3）提高现货流动性，扩大企业经营规模。基差贸易类似于现货市场中“锁量不锁价”的模式。合作双方现货物流、生产等正常运行，唯一不确定的是结算价格。在价格对某一方不利，或价格波动剧烈导致现货市场流动性有限的情况下，传统模式往往出现低价封库、高价出不动货等情况。通过基差贸易的锁量而不锁价方式，可以实现现货正常运转，资金正常流动，不影响企业经营。对于黑色产业链企业来说，基差贸易还是相对较新的模式，率先利用好基差贸易模式，为下游客户提供多样化定价服务，必然也会逐渐建立优势，有助于企业扩大经营规模。

（4）优化套期保值。新常态下，黑色产业链企业利用期货管理价格风险的意识越来越浓。在套期保值过程中，国内期货市场的某些特点加大了企业运用期货工具的难度。如黑色期货的主力合约较少、非标品种繁多、交割地不集中，使得套期保值经常面临时间、标的物、数量和地区等种种不匹配的问题。尽管采用相关性套保、敞口套保等方法，企业大幅降低了绝对价格风险，但随着期货合约临近交割，基差波动风险依然较大。采用基差贸易模式，将现货销售与期货价格关联起来，通过基差卖出的方式，那么企业锁定了销售价格（基差+期货卖出保值价），实际上也规避了基差波动来的风险。

（5）定价方式更公平。传统的现货报价具有一定的区域性以及市场信息的不对称性，也面临上下游定价能力不同带来的溢价或折价。即便是传统的指数定价也带有一定的不公平性，指数往往相对实际现货价格有一定的偏离，且存在被操纵的可能。而期货市场是一个集中撮合交易的市场，具有发现价格的功能，买卖双方把绝对价格的变动交给市场来判断，更加公开公平公正。

（二）基差贸易的缺点

基差贸易的缺点有：

（1）基差不易确定。在基差贸易中，基差如何确定一直是买卖双方面临的难点。与期货合约的标准化不同，基差合同来自于买卖双方的“个性化定制”，其现货交易标的、交

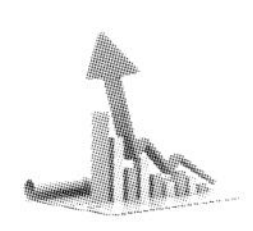

易时间、交易数量、交易地点及物流方式等客观因素都会对基差的确定产生直接的影响，使得基差贸易中很难形成一个统一的定价标准，进而影响到基差贸易的效率。

（2）基差波动的成因更为复杂。基差是某一特定商品于某一特定的时间和地点的现货价格与期货价格之差。基差的存在正是商品金融属性的体现，期货价格是在现货价格基础上加入了来自宏观、产业以及具体品种的基本面预期而形成的，影响因素的多元化导致了某些商品基差在某些时段会出现大幅的波动。举例来说，国家在当期出台了针对房地产的调控政策，虽然政策对当下的现货价格影响并不明显，但会导致远期的期货价格走弱，导致基差的扩大。所以对于企业而言，在进行基差贸易的同时，需要考虑的因素不光来源于自身的产品，还要综合考虑来自国际国内宏观到产业的种种影响，这也对企业提出了更高的要求。

四、基差点价案例分析

（一）背景

2013 年 7 月初，永安资本向某贸易商采购 1 万吨纽曼粉，湿基价格 665 元/吨，折算干基价格 707 元/吨（6%水）。同时，在 I1409 合约进行卖出套保，卖出价格 716 元/吨。此时基差为-9（707－716=-9）。

（二）询基差

7 月中旬，现货价格涨至 675 元/湿吨，折算干基价格 718 元/干吨，当日期货价格为 715 元/吨时，即基差为 3 元/吨，永安资本向某钢厂报价升水 2 元/吨。

（三）签订基差合同

双方签订基差合同，约定给予某钢厂 1 个月点价期，该批矿石最终结算价格参照大商所铁矿 1409 合约加升水 2 元/吨为最终干基结算价，即最终干基结算价为 I1409+2。

签订基差交易合同后两日内，某钢厂按照当时市场价给永安支付预付款，即 675 万（675 元/湿吨×1 万吨）。永安资本收到货款后一日内，将货物转移给某钢厂。

（四）买方点价

7 月 22 日，某钢厂以电话方式向永安点价，参照 I1409 合约即时价格 688 元/干吨点价，确定最终干基结算价 690（688+2），折算湿基价格 648 元/湿吨。

当日现货价格较合同签订时下跌 15 元至 660 元/湿吨，折算干基价格 702 元/干吨，基差为 14（702-688）。

永安资本在此价格即 688 元/干吨买入平仓（1×0. 94）万吨空头套保头寸。

随后，某钢厂将点价函盖章传至永安资本备案。

（五）结算开票

某钢厂提货后，按照实际提货吨数，永安资本按照 648 元/湿吨×实际提货吨数，结算货款，开具发票，并在之前预付货款 675 万的基础上多退少补基差点价执行效果见表 5-15。

表 5-15　基差点价执行效果一览

时间	现货干基	期货	基差	交　易	盈　亏
7 月初	707	716	-9	基差为-9	永安资本采购现货，选择有利的基差保值
7 月中旬	718	715	3	基差由-9 走强至 3。永安资本优惠 1 个点以 2 点基差卖给某钢厂	永安资本锁定 11 元/干吨的利润
7 月下旬	702	688	14	某钢厂点价相当于以 14 点基差了结头寸	除了延后点价的超额利润，某钢厂还锁定基差盈利 12 元/干吨

（六）总结

卖方盈亏与签合同时基差强弱有关，走强则盈利。

本案例中作为卖方的永安资本在 7 月初卖出保值时选择了较好的点位入场，较低的基差意味着后续走强的概率加大，同时为其在销售基差合同时争取了更多的让步空间。

买方某钢厂的买入价为点价时刻期货价格与基差之和（期货价格+2）。若与点价时的现货价格比较，则点价时的基差走强对其最为有利；若与合同签订时相比，则需要期货走弱来实现。

第四节　期权的应用

一、期权基础知识介绍

（一）期权的概念

期权又称为选择权，是指在未来一定时期可以买卖的权利，是买方向卖方支付一定数量的金额（权利金）后拥有的在未来一段时间内（美式）或未来某一特定日期（欧式）以事先规定好的价格（履约价格）向卖方购买或出售一定数量的特定标的物的权利。从本质上看，期权是一类衍生品合约：赋予卖方在将来某一确定时间以特定价格交易标的资产的权利。

（二）期权的分类

根据不同的分类标准，期权具有很多种不同的分类方式。

按标的资产，期权可以分为股票期权、股指期权、利率期权、外汇期权和商品期权等。

按行权方式，期权可以分为欧式期权（到期日行权）、美式期权（到期日或之前任意交易日行权）和百慕大期权（期权到期日之前规定的一系列时间行权）。

按标的资产价格与行权价格的关系，期权可以分为实值期权、平值期权和虚值期权。

实值期权，又称价内期权，指标的资产价格大于行权价格的看涨期权，或者标的资产

价格小于行权价格的看跌期权。

平值期权，又称价平期权，指标的资产价格等于行权价格的看涨期权或看跌期权。

虚值期权，又称价外期权，指标的资产价格小于行权价格的看涨期权，或者标的资产价格大于行权价格的看跌期权。

按交易场所的不同，期权可以分为场内期权和场外期权。

（三）理解期权头寸

按合约规定的交易方向分，期权可分为看涨期权（认购期权）和看跌期权（认沽期权），这也是最常用的分类方法。期权中包含买方和卖方，其权利和义务不对等，如图5-22所示。

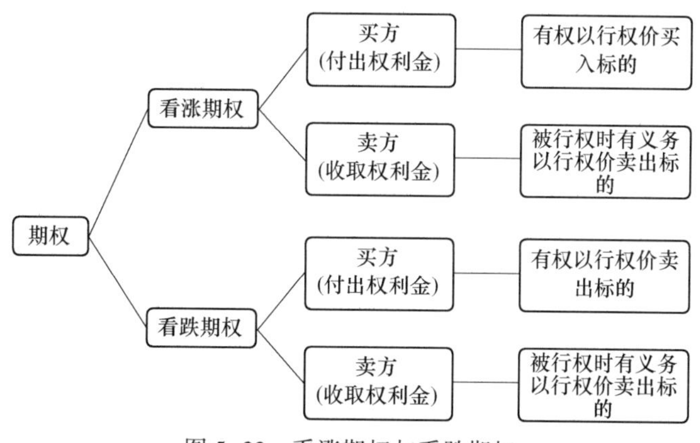

图5-22　看涨期权与看跌期权

买卖双方权利与义务的不对等决定了双方的损益情况也不尽相同。

买入看涨期权：当投资者预计标的资产价格将要上涨，但又不希望下跌带来的损失时，可以买入看涨期权。

买入看跌期权：当投资者预计标的资产价格将要下跌，但又不希望承担价格上涨带来的损失时，可以买入看跌期权。

卖出看涨期权：当投资者预计资产价格将要下跌，当标的资产价格低于期权合约的行权价时，买入看涨期权的权利方就会放弃行权，于是可以通过卖出认购期权而赚取权利金。

卖出看跌期权：当投资者预计资产价格将要上涨，当标的资产价格高于期权合约的行权价时，买入看跌期权的权利方就会放弃行权，于是可以通过卖出认购期权而赚取权利金。

从图5-23可以清楚地看出，作为期权的买方，其最大损失是有限的，即权利金，而最大收益是无限的；相反，作为期权的卖方，其最大收益是有限的，即权利金，而其最大损失却是无限的。期权的卖方为义务方，需要承担买入或卖出标的资产的义务；期权买方为权利方，不需要承担任何义务。

为平衡期权买卖双方权利义务的不对等，买方需要向卖方支付一定金额的权利金，获得期权合约所赋予的权利，卖方收取权利金必须要承担一定的义务。

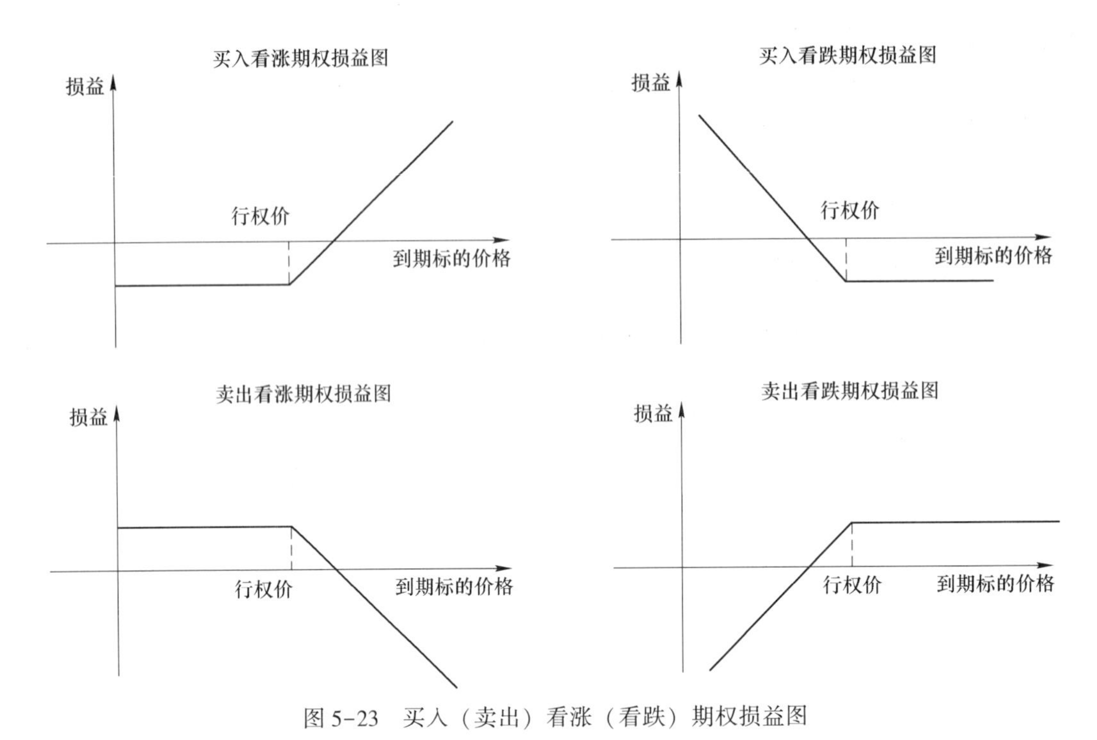

图 5-23　买入（卖出）看涨（看跌）期权损益图

权利金的多少取决于合约标的、到期月份及所选择合约的履约价格。场内期权的权利金一般通过市场交易形成，而场外期权的权利金一般由做市商报价，协商确定。

权利金从价值上来看包括内在价值和时间价值两个部分。内在价值，指的是立即旅行期权合约时可获取的总利润，反映了期权合约中预先规定的履约价值与相关标的资产市场价格之间的关系。时间价值是指期权合约的购买方为购买期权而支付的权利金超过期权内在价值的那部分价值。购买者之所以愿意支付时间价值，是因为他预期随着时间的推移和市场价格的变动，期权的内在价值会增加。

影响期权权利金的因素有很多，包括标的资产的价格、合约到期期限、标的资产价格波动率、履约价格和市场无风险利率等。

二、我国期权市场发展现状

在以美国、欧洲为主的发达资本市场上，期权早已成为其金融市场不可或缺的重要组成部分。期权是金融体系中重要的风险管理和套利投机的衍生工具，其标的涵盖了股票、债券、期货合约、各类指数等几乎所有金融工具。

世界上最早的期权交易起源于美国，20 世纪 20 年代开始，美国出现了期权的自营商进行期权的报价，随后经过近 50 年的发展，1973 年，芝加哥期权交易所（CBOE）的成立正式标志着期权交易进入了一个合约标准化、流程规范化的全新发展阶段。随后期权在全球发达的金融市场，例如美国、欧洲和日本，均经历了爆发式的增长。根据美国期货业协会（FIA）的最新统计，2017 年全球场内期权成交量达 103.5 亿手，回顾近十年的全球场内期权成交量一直表现得非常稳定，每年都在 80 亿手以上，这也体现了期权市场的成熟和不可或缺。相对于场内期权，场外期权的交易更加活跃，保守估计目前全球场外期权

的年交易额是场内期权的 1.5 倍以上。

期权最大的优势在于其高杠杆和多样性，可以在多样的投资策略中得到应用。期权能够分散风险，有助于强化金融市场整体抗风险的能力，增强金融体系的稳定性。我国的金融衍生品市场虽然起步较晚，但近年来国内期权市场的发展进入了快车道。2011 年，银行间市场开始参与外汇期权交易；2013 年，我国首只场外期权诞生；2015 年，黄金实物期权和上证 50ETF 期权相继推出，也都标志着我国期权市场的逐步成型。特别是上证 50ETF 期权，是国内首只场内期权品种，这不仅宣告了中国期权时代的到来，也意味着我国已拥有全套主流金融衍生品。2017 年 3 月、4 月豆粕期权、白糖期权分别在大商所、郑商所上市，填补了国内商品期货期权市场的空白，给期货市场服务实体经济也开辟了一条新的道路，提供了新的衍生工具。

在场内期权快速发展的同时，我国的场外期权从 2014 年以来也进入了快速发展阶段。场外期权是指在非集中性的交易场所进行的非标准化的金融期权合约，是根据场外双方的洽谈，或者中间商的撮合，按照双方需求自行制定交易的金融衍生品。故而，场外期权是根据客户需求设计的，极具个性化，且更加灵活，没有统一的挂牌和指令规则。场内场外期权对比见表 5-16。

表 5-16　场内场外期权对比

项　目	场内期权	场外期权
产品特征	标准化	个性化
灵活性	小	大
流动性	高	低
交易场所	集中交易（商品交易所）	期货公司风险管理子公司
主要风险	市场风险	市场风险、流动性风险、信用风险、结算风险
主要满足功能	投资、投机、避险	避险、投机、产品开发

目前我国的场外期权是以证券公司、期货公司和各类符合资质的投资公司为主体，往往在其中扮演做市商的角色，进行各类期权的报价、撮合和成交。值得一提的是，以商品期货为主要标的场外期权也从 2014 年开始进入了快速发展阶段。

2013 年 2 月 1 日，中国期货业协会颁布《期货公司设立子公司开展以风险管理服务为主的业务试点工作指引》，期货公司以风险管理子公司形式服务实体经济模式正式开闸。2014 年 8 月 26 日，中国期货业协会发布了修订后的《期货公司设立子公司开展以风险管理服务为主的业务试点工作指引（修订）》，进一步规范了期货风险管理子公司业务试点的备案与报告工作，为业务的顺利开展进一步厘清边界。

我国期货公司风险管理子公司从 2014 年开始快速发展，场外期权规模也在不断扩大，中国期货业协会的数据显示，截至 2018 年 6 月末国内共有 58 家期货风险管理子公司备案定价服务（场外衍生品业务），规模呈现爆发式增长，1~6 月场外期权新增名义金额 368 亿元，同比增长 339%。交易品种涉及面较广，各交易所活跃品种均有成交，其中黑色产业链各品种交易最为活跃，企业的套保需求占据主导。

三、期权应用案例分析

在期货套期保值交易中，买进期货以建立与现货部位相反的部位时，称为买入套保；卖出期货以对冲现货部位风险时，称为卖出套保。套期保值者在交易中要遵循方向相反的原则。期权交易中，不能简单地以期权的买卖方向来操作，还要考虑买卖的是看涨期权还是看跌期权。确定操作是买期保值或卖期保值，可以按所持有期权部位履约后转换的期货部位来决定。如买进看涨期权与卖出看跌期权，履约后的部位是期货多头，所以类似于买入套保；买入看跌期权与卖出看涨期权，履约后的部位是期货空头，所以类似于卖出套保。利用期权的套期保值交易策略见表 5-17，期权类型与套期保值策略如图 5-24 所示。

表 5-17　利用期权的套期保值交易策略

风　险	期　货	期　权	
		保护策略	抵补策略
规避价格上涨风险	买入期货	买入看涨期权	卖出看跌期权
规避价格下跌风险	卖出期货	买入看跌期权	卖出看涨期权

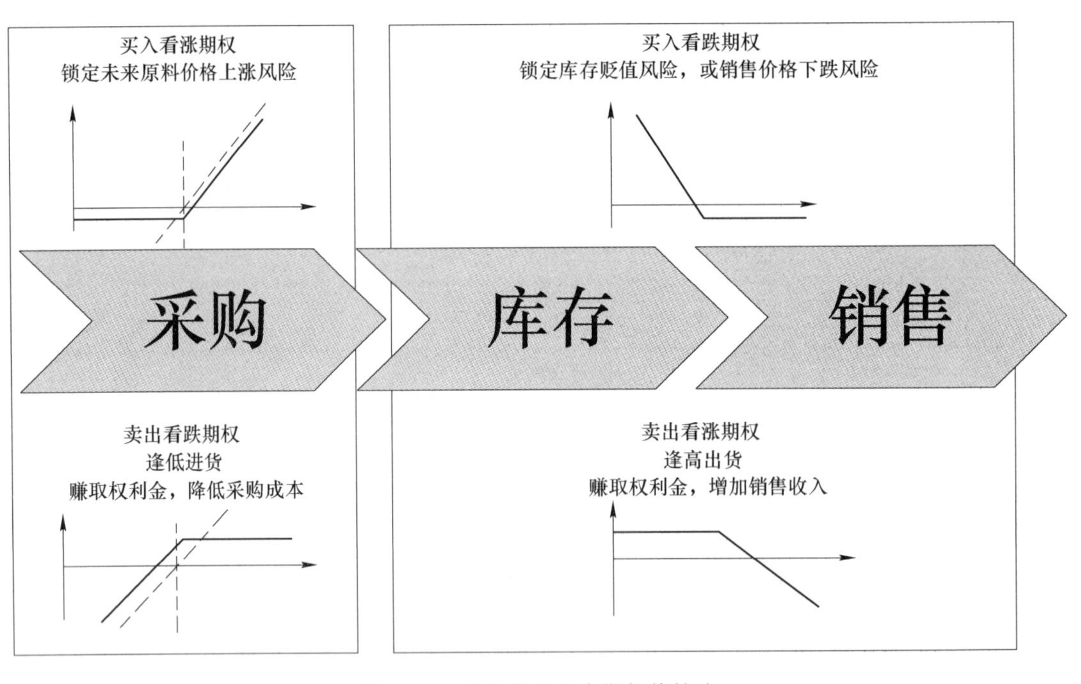

图 5-24　期权类型与套期保值策略

（一）原料套保

钢厂在预购原料时，为了防止远期原料价格上涨带来的成本上升的风险，一般可以采取两种期权策略：一种是买入看涨期权，一种是卖出看跌期权。

（1）买入看涨期权。类似期货的买入套保，在买入看涨期权后，如果未来原材料价格

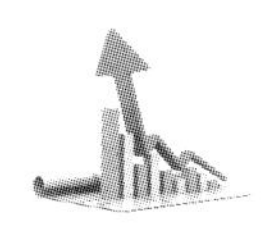

上涨，采购成本提高，则现货部位亏损，而此时看涨期权价格上涨，期权部位盈利。平仓了结后，可以用期权部位的盈利弥补现货端亏损。如果未来价格下跌，现货部位盈利（以更低的价格购入原料），买入的看涨期权亏损，投资者可以放弃行权或是平仓了结，最大亏损仅为权利金。

（2）卖出看跌期权。收取权利金，规避未来价格上涨的风险。如果未来原材料价格下跌，则现货部位盈利，期权部位亏损，如果期权买方提出执行，则需在期货盘面建立期货多头部位，完成对冲，并可获得权利金收入。如果未来价格上涨，现货部位亏损，期权部位盈利。但如果价格上涨超过权利金收入，看跌期权盈利不再增加，而此时现货部位亏损仍在继续增加，此时容易出现亏损。所以，在市场大幅上涨的情况下，通过卖出看跌期权无法完全对冲，卖出看跌期权主要用于认为后期市场不会出现大幅度波动，希望逐步逢低进货的厂商。

案例 5-11　利用卖出看跌期权逢低进货

背景：2017 年 2 月下旬开始，铁矿石转入下跌，钢厂及贸易商大规模去库存，至 5 月中旬价格已下跌 30%。某钢厂认为未来 1 个月内价格或将再度下跌，但幅度较为有限，若 1709 合约价格下跌至 440 元/吨以下，愿意在该价格进行补库。

操作：5 月 16 日该钢厂卖出 1 个月期 I1709 虚值看跌期权，标的价格为 461 元/吨，执行价格为 440 元/吨，赚取权利金 11.2 元/吨。

若该月期货价格未下跌至执行价格，则不发生行权，钢厂可到现货市场进行采购补库，11.2 元/吨的权利金收入可以用于补贴采购成本。

5 月 31 日 I1809 合约盘中跌破 440 元/吨，钢厂在期货端 425 元/吨价格建立多头头寸进行补库，同时到期即 6 月 16 日期权买方行权，期权端平仓后支付 2.3 元/吨，而实际上相对于之前 440 元/吨的心里补库价位，钢厂实际补库成本为 427.3 元/吨。

（二）成材套保

成材端无论是针对现有库存还是针对未来的销售，采用期权套保的思路基本相同，都是采取买入看跌期权或是卖出看涨期权来实现。

（1）买入看跌期权。类似于现货的卖出套保，买入看跌期权后，可以规避价格下跌的风险，同时保持价格上涨带来的盈利。生产商或贸易企业为了防止价格下跌所采取的保值策略，该策略需要向卖方支付权利金，但无需交纳保证金。

（2）卖出看涨期权。收取权利金，规避未来价格下跌的风险。如果未来成材价格上涨，则现货部位盈利，期权部位亏损，如果期权买方提出执行，则需在期货盘面建立期货空头部位，完成对冲，并可获得权利金收入。如果未来成材价格下跌，现货部位亏损，期权部位盈利。但如果下跌超过权利金收入，看涨期权盈利不再增加，而此时现货部位亏损仍在继续增加，此时容易出现亏损。所以，在市场大幅下跌的情况下，通过卖出看涨期权无法完全对冲，卖出看涨期权主要用于认为后期市场不会出现大幅度波动，希望逐步逢高出货的厂商。

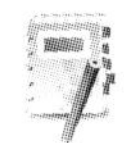

案例 5-12 利用卖出看跌期权实现库存增值

背景：某钢厂有螺纹钢现货库存，2017 年 2 月 10 日，RB1810 价格在 3,250 元/吨附近，钢厂认为价格短期内不会出现大幅上涨，若未来价格上涨超过 3,400 元/吨，愿意按照该价格进行出货。

操作：钢厂卖出 1 个月期的 RB1810 看涨期权，执行价格 3,400 元/吨，赚取权利金 75.3 元/吨。

至到期日，RB1810 价格为 3,200 元/吨附近，低于 3,400 元/吨不发生行权，对于厂内库存，可以选择继续持有，或是在合适时按市价销售，75.3 元/吨权利金可以增强收益。

（三）其他行业利用期权案例

吉林云天化和期货公司合作尝试“粮食银行+场外期权”试点。所谓粮食银行，是农业企业在提供粮食仓储和收购等传统经纪业务的基础上，依托企业信用，以农民存粮为载体，向农民提供延期点价收购、短期融资和存粮价格保险等一系列保值、增值服务的新型粮食经营模式。

吉林云天化在太平川的一个生产基地每年玉米贸易量在 50 万吨左右。合作社共计 1,050公顷土地，参与农户共计 211 户，800 余人。入股农民每年以 8,000 元/公顷的租金将土地租给合作社，租期为 15 年，租金随每年玉米价格上涨幅度同步调整，下跌时租金不变，以保证农民的利益。在种植过程中，吉林云天化提供种子、农药、化肥等生产资料，并且收购合作社生产的玉米。收购价格方面，采用随行就市的方式，并在吉林云天化市场收购价的基础上每斤上浮 1 分钱，销售时机选择合作社占据主动权，以保护农民利益。

但近两年来随着农产品尤其是玉米价格的波动加剧，合作社面临的风险也凸显出来。吉林云天化在常规的套期保值之外，创新引入了场外期权。吉林云天化作为场外期权的买方，只需支付少量的权利金，即享有到期要求卖方履行相应合约或放弃权利的权益。2014 年 2 月 17 日，吉林云天化合作社签订了场外看跌期权合同，最终从结果来看，现货方面，玉米现货价格从 2,200 元/吨上涨至 2,260 元/吨，吉林云天化合作社现货盈利 6 万，场外期货方面损失 2.7 万权利金，总盈利 3.2 万元，效果好于直接利用期货市场进行空头套保。

第六章　套期保值财务处理

第一节　我国商品期货业务会计核算法规发展历程

1990 年 10 月，郑州粮食批发市场经国务院批准正式成立，标志着中国商品期货市场的诞生。经过近 30 年的探索发展，我国期货市场由无序走向成熟，逐步进入了健康稳定发展、经济功能日益显现的良性轨道，市场交易量迅速增长，交易规模日益扩大。越来越多的企业在风险管理实务中，经常会运用商品期货交易来锁定价格风险，实现套期保值。为规范商品期货业务的会计核算，我国商品期货业务会计核算法规经历了以下几个阶段。

一、1997 年 10 月，商品期货业务会计处理的初步规范

1997 年 10 月，财政部颁布了《企业商品期货业务会计处理暂行规定》（财会字〔1997〕51 号），对以套期保值为目的的场内商品期货业务的会计处理予以初步规范。2000 年 11 月，针对财会字〔1997〕51 号实务执行中出现的问题，财政部颁布了《企业商品期货业务会计处理补充规定》（财会〔2000〕19 号）。

但由于《企业商品期货业务会计处理暂行规定》及其补充规定，是基于利润表观下的会计核算规范，对资产和负债本着“过去发生”的会计处理原则和历史成本计量属性为基础，期货持仓浮动盈亏只做披露，不纳入表内核算。因此，《企业商品期货交易业务会计处理暂行规定》及其补充规定，并不能切实解决套期保值业务的核算、披露等方面存在的问题。

二、2006 年 2 月，套期会计准则与国际会计准则趋同

为适合国际化发展需要，财政部对原企业会计准则和企业会计制度进行全面修订，并于 2006 年 2 月，颁布了新《企业会计准则》体系，包括 1 项基本准则和 38 项具体准则。新会计准则实现了与国际会计准则的趋同。

新会计准则实施后，企业商品期货业务按照《企业会计准则第 24 号—套期保值》（以下称“原 24 号准则”）《企业会计准则第 22 号—金融工具确认和计量》《企业会计准则第 37 号—金融工具列报》相关规定进行核算和列报。

原 24 号准则对于规范企业套期会计处理发挥了积极作用，但应用门槛较高，如要求企业在整个套期期间，必须确保套期工具的公允价值变动和被套期项目的公允价值变动或现金流量现值变动的实际抵销结果达到 80%~125%的高度有效套期，方可应用原 24 号准则核算。

随着近年来大宗商品价格波动日益剧烈，原 24 号准则应用门槛高、处理复杂，往往难以采用，从而造成期货损益不能与现货公允价值变动实现对冲，企业参与期货交易反而

加剧了损益波动性，与企业风险管理活动相脱节，企业开展商品期货套期业务的积极性受到一定影响。

三、2015 年 12 月，过渡性规定放宽套期会计应用条件

我国原 24 号准则与《国际会计准则第 39 号—金融工具：确认和计量》（IAS39）中的套期会计规定相趋同，其面临的问题同样也是国际会计准则面临的问题。国际会计准则理事会（IASB）对套期会计予以了大幅改进，并作为 2014 年 7 月最终发布的《国际财务报告准则第 9 号—金融工具》（IFRS 9）的组成部分。IFRS 9 降低了套期会计应用门槛，更加紧密地反映企业的风险管理活动。

如果要从根本上解决套期会计问题，需要根据 IFRS 9 全面修订我国 24 号准则。然而，这将牵涉金融项目，需要与《企业会计准则第 22 号—金融工具确认和计量》的修订与实施同步进行。在 2018 年 IFRS 9 强制生效以前，我国企业及金融机构难以做好几项金融工具新准则的实施准备。因此，财政部于 2015 年 12 月，颁布了《商品期货套期业务会计处理暂行规定》（财会〔2015〕18 号），作为 24 号准则修订前的过渡性文件，允许企业于 2016 年 1 月 1 日开始执行。

四、2017 年 3 月，修订金融工具相关会计准则

2017 年 3 月，财政部修订发布了《企业会计准则第 22 号—金融工具确认和计量》《企业会计准则第 23 号—金融资产转移》和《企业会计准则第 24 号—套期会计》（以下简称“新 24 号准则”）三项金融工具会计准则。随后，于 2017 年 5 月，财政部修订发布了《企业会计准则第 37 号—金融工具列报》（以下统称“新金融工具系列准则”），以反映上述新金融工具准则的变化在列示和披露方面的相应更新。

新修订的金融工具系列准则，在境内外同时上市的企业以及在境外上市并采用国际财务报告准则或企业会计准则编制财务报告的企业，自 2018 年 1 月 1 日起施行；其他境内上市企业自 2019 年 1 月 1 日起施行；执行企业会计准则的非上市企业自 2021 年 1 月 1 日起施行。同时，鼓励企业提前执行。

第二节　新旧套期会计准则主要变化

一、套期会计概念变化

新 24 号准则对套期会计的定义由规则导向转变为原则导向。新 24 号准则的套期会计方法，是指企业将套期工具和被套期项目产生的利得或损失在相同会计期间计入当期损益（或其他综合收益）以反映风险管理活动影响的方法，是原则导向的会计核算方法。而原 24 号准则的套期会计方法，是指在相同会计期间将套期工具和被套期项目公允价值变动的抵销结果计入当期损益的方法，是规则导向的会计核算方法。

二、套期会计适用条件变化

原 24 号准则对套期会计规定了严格的适用条件，导致实务中企业开展的大量套期业

务无法通过套期会计在财务报表中予以反映。新24号准则更加强调套期会计与企业风险管理活动的有机结合，主要变化有：

（1）扩宽了套期工具的范围。新24号准则允许将以公允价值计量且其变动计入当期损益的非衍生金融资产或非衍生金融负债指定为套期工具，但指定为以公允价值计量且其变动计入当期损益、且其自身信用风险变动引起的公允价值变动计入其他综合收益的金融负债除外。

（2）扩宽了被套期项目的范围。允许将风险敞口的某一层级、某一风险成分指定为被套期项目，也允许将风险总敞口、风险净敞口指定为被套期项目。可以指定的被套期项目范围的扩大能够更好地适应企业的风险管理策略和目标，提高企业成功应用套期会计的可能性。

（3）以定性的套期有效性要求取代原准则的定量要求。取消了80%～125%的套期高度有效性量化指标及回顾性评估要求，代之以定性的套期有效性要求，更加注重预期有效性评估。定性的套期有效性标准的重点是，要求被套期项目和套期工具之间应当具有经济关系，使得套期工具和被套期项目因被套期风险而产生的公允价值或现金流量预期随着相同基础变量或经济上相关的类似基础变量变动发生方向相反的变动。对套期高度有效性量化指标以及回顾性评估要求的撤销，降低了企业运用套期会计的门槛，减少了企业运用套期会计的成本和工作量，并有助于在财务报表中更加恰当地反映企业的风险管理活动。

三、信息披露变化

新24号准则要求企业充分披露套期业务风险管理活动有关的信息，披露得更加详细，帮助报表使用者从总体上理解企业套期业务风险管理目标、过程和预期效果。

四、其他变化

（一）引入灵活的套期关系“再平衡”机制

新24号准则要求当套期比率不再反映被套期项目和套期工具所含风险的平衡，但指定该套期关系的风险管理目标并没有改变时，企业应当通过调整套期比率来满足套期有效性要求（即“再平衡”），从而延续套期关系，而不必如原24号准则所要求先终止再重新指定套期关系。“再平衡”机制的引入更加适应企业风险管理活动的实务，简化了企业的会计处理，减轻了工作量。

（二）增加套期会计中信用风险敞口的公允价值选择权

原24号准则规定，符合一定条件时，企业可以在金融工具初始确认时、后续计量中或尚未确认时，将金融工具的信用风险敞口指定为以公允价值计量且其变动计入当期损益的金融工具；当条件不再符合时，应当撤销指定。新24号准则允许企业对金融工具的信用风险敞口选择以公允价值计量且其变动计入当期损益的方式来进行会计处理，以实现信用风险敞口和信用衍生工具公允价值变动在损益表中的自然对冲，而不需要采用套期会计，以此作为套期会计的一种替代，以更好地反映企业管理信用风险活动的结果，提高企业管理信用风险的积极性。

（三）增加套期会计中期权时间价值的会计处理方法

原24号准则规定，当企业仅指定期权的内在价值为被套期项目时，剩余的未指定部分即期权的时间价值部分作为衍生工具的一部分，应当以公允价值计量且其变动计入当期损益，造成了损益的潜在波动，不利于反映企业风险管理的成果。新24号准则引入了新的会计处理方法，期权时间价值的公允价值变动应当首先计入其他综合收益，后续的会计处理根据被套期项目的性质分别进行处理。这种处理方法有利于更好地反映企业交易的经济实质，提供了与其他领域相一致的会计处理方法，提高了会计结果的可比性，减少了企业损益的波动性。

第三节　钢铁企业期货业务会计核算

一、期货业务操作分类

企业期货操作一般划分为套期保值、投机、套利三种类型。

（一）套期保值业务

套期保值是指企业为管理外汇风险、利率风险、价格风险、信用风险等特定风险引起的风险敞口，指定金融工具为套期工具，以使套期工具的公允价值或现金流量变动，预期抵销被套期项目全部或部分公允价值或现金流量变动的风险管理活动。

商品期货套期保值一般是指以规避现货市场价格风险为目的的交易行为，核心原理是实现期货盈亏与现货盈亏的相互冲抵。

套期保值大致遵循“交易方向相反”“商品种类相同或相近”“商品数量相等”“月份相同或相近”四大操作原则。

（二）投机业务

投机业务指在期货市场上以获取价差收益为目的的期货交易行为。

投机业务与套期保值业务的区别表现如下：

（1）交易目的不同。套期保值是规避或转移现货价格涨跌带来风险的一种方式，目的是为了锁定利润和控制风险；而投机则是为了赚取风险利润。

（2）承受风险不同。套期保值者只承担基差变动带来的风险，风险相对较小；而投机者需要承担价格变动带来的风险，风险相对较大。

（3）操作方法不同。套期保值者的头寸需要根据现货头寸来制定，期货头寸与现货头寸操作方向相反，种类和数量相同或相似；而投机者则根据自己资金量、资金占用率、心理承受能力和对趋势的判断来进行交易，一般不做现货交易。

投机业务的期货盈亏无法实现与现货盈亏的风险对冲，以下为常见的投机交易无法实现风险对冲的例子：

1）期货头寸与现货头寸操作方向相同。

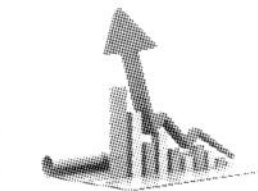

案例 6-1

A 公司现有螺纹钢库存 10,000 吨。2X18 年 3 月 26 日，A 公司在期货市场以 3,350 元/吨买入 RB1807 多头合约 1,000 手，计 10,000 吨。

本例中 A 公司持有的现货风险敞口为 10,000 吨，A 公司买入多头合约 10,000 吨，操作方向相同，将风险敞口继续放大一倍。如期货和现货价格同时下跌 200 元/吨，则期货和现货同时亏损 200 元/吨，无法实现风险对冲。

2）期货头寸超出现货头寸。

案例 6-2

A 公司现有螺纹钢库存 10,000 吨。2X18 年 4 月 25 日，A 公司以 3,800 元/吨买入 RB1807 空头合约 1,500 手，计 15,000 吨。

本例中 A 公司的现货风险敞口为 10,000 吨，买入空头合约 15,000 吨，超出的 5,000 吨由于没有对应的现货，无法实现风险对冲。

（三）套利业务

套利业务是指利用相关市场或者相关合约之间的价差变化，在相关市场或者相关合约上进行交易方向相反的交易，以期在价差发生有利变化而获利的交易行为。

套利业务通常在价差发生有利变化时，将持有头寸平仓获利，很少发生现货交易。

套利业务一般分为跨期套利、跨商品套利、跨市场套利和期现套利四种类型。跨期套利指利用不同交割月份的价差进行的套利行为；跨商品套利指利用不同商品期货的价差进行的套利行为；跨市场套利指利用不同期货市场的价差进行的套利行为；期现套利指利用期货市场与现货市场之间的价差进行的套利行为。

二、与会计核算相关的常用期货术语解析

（一）开仓

开仓（又称建仓）是指期货交易者新买入或新卖出一定数量的期货合约。在期货市场上买入或卖出一份期货合约相当于签署了一份远期交割合同。如果期货交易者将这份期货合约保留到最后交易日结束就必须通过实物交割或现金清算来了结这笔期货交易。

开仓分为买开仓和卖开仓。

买开仓：是指交易者开立多头持仓的交易，即以买入合约作为初始交易的行为。若市场价格上涨，多头持仓盈利；若市场价格下跌，多头持仓亏损。

卖开仓：是指交易者开立空头持仓的交易，即以卖出合约作为初始交易的行为。若市场价格上涨，空头持仓亏损；若市场价格下跌，空头持仓盈利。

（二）平仓

平仓是指期货交易者买入或卖出与其所持期货合约的品种代码、数量及交割月份相同

但交易方向相反的期货合约，以了结头寸的行为。

平仓分为买平仓和卖平仓。

买平仓：是指把持有的多单卖出。

卖平仓：是指把持有的空单卖出。

（三）结算价

我国商品期货当日结算价是某一期货合约当日成交价格按照成交量计算的加权平均价；当日无成交价格的，以上一交易日的结算价作为当日结算价。

（四）浮动盈亏

浮动盈亏（又称持仓盈亏）指按持仓合约的初始成交价与当日结算价计算的潜在盈亏。其计算公式为：

多单累计浮动盈亏 =（当日结算价 - 开仓价格）× 合约单位 × 持仓量

空单累计浮动盈亏 =（开仓价格 - 当日结算价）× 合约单位 × 持仓量

当日多单持仓浮动盈亏 =（当日结算价 - 上一交易日结算价）× 合约单位 × 持仓量

当日空单持仓浮动盈亏 =（上一交易日结算价 - 当日结算价）× 合约单位 × 持仓量

（五）平仓盈亏

平仓盈亏指按平仓合约的平仓成交价与初始建仓价计算的盈亏。其计算公式为：

多单平仓盈亏 =（平仓价格 - 开仓价格）× 合约单位 × 平仓量

空单平仓盈亏 =（开仓价格 - 平仓价格）× 合约单位 × 平仓量

（六）交割盈亏

交割盈亏指到期交割实物时，需要将持仓的期货合约按交割结算价平仓了结计算的盈亏。其计算公式为：

多单交割盈亏 =（交割结算价 - 开仓价格）× 合约单位 × 平仓量

空单交割盈亏 =（开仓价格 - 交割结算价）× 合约单位 × 平仓量

（七）履约保证金

履约保证金（又称持仓保证金、保证金占用）指因期货持仓被占用的保证金。履约保证金与持仓合约的数量、价格、合约到期时间存在联动关系，此保证金交易者不能随时提取。

（八）结算准备金

结算准备金（又称可用资金）是会员单位存入期货交易所未被期货合约占用的保证金，交易者可以随时提取。

三、期货会计核算分类

综上所述，2017 年 3 月，财政部颁布了新金融工具系列准则，2018 年 1 月 1 日，在

境内外同时上市的企业以及在境外上市并采用国际财务报告准则或企业会计准则编制财务报告的企业施行；2019 年 1 月 1 日，在其他境内上市企业施行；2021 年 1 月 1 日，在执行企业会计准则的非上市企业施行。同时，鼓励企业提前执行。

现阶段，企业从事期货业务，如不具备套期会计核算条件或不准备运用套期会计准则核算的，可以直接按《企业会计准则 22 号—金融工具确认和计量》（以下简称“22 号准则”）相关规定进行会计处理。如企业具备套期会计核算条件，可以自主选择使用原 24 号准则或新 24 号准则。

需要说明的是，企业如果执行新 24 号准则，需要同时执行其他新金融工具准则，而不能选择性使用新 24 号准则，具体如图 6-1 所示。

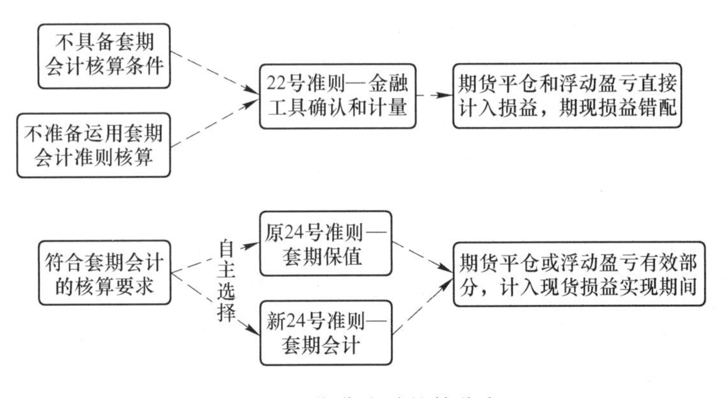

图 6-1　期货会计核算分类

通过公开披露的信息，抽查了 200 家非上市和 61 家上市钢铁行业相关企业的 2017 年年度报告，统计商品期货套期保值情况、期货业务选用会计政策和财务报告列报情况，查询结果如下：

（1）钢铁企业使用避险工具进行套期保值的积极性还有待提高。公开披露使用期货进行套期保值的有 10 家企业，仅占查询样本的 3. 83%。

（2）会计政策披露不完整或未披露相关会计政策。使用期货进行套期保值的 10 家企业中，仅有 2 家企业披露了套期会计政策。

（3）使用新套期会计规定的企业较少。2 家披露使用套期会计的企业，仅 1 家企业使用财政部于 2015 年 12 月颁布的《商品期货套期业务会计处理暂行规定》，另一家使用原 24 号准则进行套期会计核算。

（4）未按要求披露套期信息或披露信息不完整。

四、投机套利会计核算

投机和套利业务通常情况下以获利为目的，无法实现期货盈亏与现货盈亏的风险对冲，其核算应遵循 22 号准则的相关规定。

（一）会计科目设置

企业按 22 号准则核算期货业务，应设置以下会计科目。

1. “其他应收款”科目

本科目核算企业期货账户保证金的进出及手续费等业务。

本科目可按期货经纪公司等进行明细核算。

对期货保证金的会计核算有两种方法：一是通过“其他应收款”核算，视为押金性质的债权；二是通过“其他货币资金”核算，视为存出的可变现货币资金。现行会计准则及实务中多数企业采用第一种方法核算。

2. “衍生工具”科目

本科目核算期货合约的浮动盈亏形成的资产或负债。

本科目可按衍生工具类别进行明细核算。

本科目期末借方余额，反映企业衍生工具形成资产的公允价值；本科目期末贷方余额，反映企业衍生工具形成负债的公允价值。

3. “公允价值变动损益”科目

本科目核算期货合约的浮动盈亏形成的当期利得或损失。

本科目可按产生公允价值变动损益的来源进行明细核算。

期末，应当将本科目余额转入“本年利润”科目，结转后本科目无余额。

4. “投资收益”科目

本科目核算期货合约的平仓盈亏形成的当期利得或损失和交纳的交易手续费。

本科目可按产生投资收益的来源进行明细核算。

期末，应当将本科目余额转入“本年利润”科目，结转后本科目无余额。

（二）会计处理原则

1. 期货保证金进出的会计处理

划出期货保证金时，借记“其他应收款”科目，贷记“银行存款”科目。划回期货保证金时，做相反会计分录，借记“银行存款”科目，贷记“其他应收款”科目。

2. 交易手续费的会计处理

根据期货对账单的手续费金额，借记“投资收益”科目，贷记“其他应收款”科目。

3. 期货开仓的会计处理

期货开仓时，其公允价值为零，不做账务处理。

4. 期货平仓的会计处理

根据期货对账单的平仓盈亏，借记或贷记“其他应收款”科目，贷记或借记“投资收益”科目。

5. 资产负债表日的会计处理

根据期货对账单的持仓浮动盈亏金额，借记或贷记“衍生工具”科目，贷记或借记“公允价值变动损益”科目。同时将上期确认的持仓浮动盈亏余额冲回。

（三）会计核算示例

案例 6-3

A 公司通过 B 期货公司在上海期货交易所从事螺纹钢期货交易。2X18 年 3 月 25 日，存入 B 期货公司保证金专户保证金 800 万元。2X18 年 3 月 26 日，A 公司在期货市场以 3,350元/吨买入 RB1807 多头合约 1,000 手，计 10,000 吨，交易手续费 3,350 元。2X18 年 4 月 25 日，A 公司以 3,800 元/吨将 1,000 手 RB1807 多头合约全部平仓，交易手续费 3,800 元。2X18 年 4 月 26 日，A 公司划回保证金 900 万元。2X18 年 3 月 31 日，RB1807 结算价为 3,483 元/吨。

（1）2X18 年 3 月 25 日，划出期货保证金。

借：其他应收款—期货保证金—B 期货公司　　8,000,000
　　贷：银行存款　　8,000,000

（2）2X18 年 3 月 26 日，期货开仓。

1）开仓时点对期货合约的核算。开仓时点期货合约的公允价值为零，不做账务处理。

2）手续费的账务处理。

借：投资收益　　3,350
　　贷：其他应收款—期货保证金—B 期货公司　　3,350

（3）2X18 年 3 月 31 日，资产负债表日的会计处理。期货是一种衍生金融工具，根据企业会计准则规定，需要在资产负债表日（月末、季末、年末）对持仓期货合约按公允价值计量，即企业需要根据期货对账单确认期末持仓期货合约的浮动盈亏。

2X18 年 3 月 31 日持仓期货合约浮动盈亏＝(3,483－3,350)元/吨×10 吨/手×1,000 手＝1,330,000.00 元

借：衍生工具　　1,330,000
　　贷：公允价值变动损益　　1,330,000

（4）2X18 年 4 月 25 日，期货平仓。

1）期货平仓盈亏会计处理。

2X18 年 4 月 25 日平仓盈亏＝（3,800－3,350）元/吨×10 吨/手×1,000 手＝4,500,000.00元

借：其他应收款—期货保证金—B 期货公司　　4,500,000
　　贷：投资收益　　4,500,000

2）冲回前期确认的浮动盈亏。期货平仓时，浮动盈亏转为现实盈亏，应将前期确认的浮动盈亏冲回。

借：公允价值变动损益　　1,330,000
　　贷：衍生工具　　1,330,000

3）手续费的会计处理。

借：投资收益　　3,800

　　贷：其他应收款—期货保证金—B 期货公司　　3,800

（5）2X18 年 4 月 26 日，划回期货保证金。

借：银行存款　　9,000,000

　　贷：其他应收款—期货保证金—B 期货公司　　9,000,000

五、套期会计核算

本部分内容根据新 24 号准则及其应用指南相关规定撰写。

（一）套期会计主要概念

1. 套期

套期是指企业为管理外汇风险、利率风险、价格风险、信用风险等特定风险引起的风险敞口，指定金融工具为套期工具，以使套期工具的公允价值或现金流量变动，预期抵销被套期项目全部或部分公允价值或现金流量变动的风险管理活动。

2. 套期会计方法

套期会计方法是指企业将套期工具和被套期项目产生的利得或损失在相同会计期间计入当期损益（或其他综合收益）以反映风险管理活动影响的方法。

3. 套期关系

套期关系是指企业为套期会计处理需要而指定的套期工具和被套期项目在套期保值中的对应关系。

4. 套期工具

套期工具是指企业为进行套期而指定的，其公允价值或现金流量变动预期可抵销被套期项目的公允价值或现金流量变动的金融工具。实务中常见的套期工具包括期货合约、购入的期权等。

5. 被套期项目

被套期项目是指使企业面临公允价值或现金流量变动风险，且被指定为被套期对象的、能够可靠计量的项目。

实务中常见的被套期项目包括下列单个项目、项目组合或其组成部分：

（1）已确认资产或负债。指在资产负债表上已体现的项目，如存货、长期借款等。

（2）尚未确认的确定承诺。确定承诺，是指在未来某特定日期或期间，以约定价格交换特定数量资源、具有法律约束力的协议。该协议由于尚未履行，未在资产负债表上体现。

（3）极可能发生的预期交易。预期交易，是指尚未承诺但预期会发生的交易。预期交易既未在资产负债表上体现，也未签署相关协议，但预期会发生。

评估预期交易发生的可能性不能仅依靠企业管理人员的意图，而应当基于可观察的事实和相关因素。在评估预期交易发生的可能性时，企业应当考虑以下因素：

1）类似交易之前发生的频率。

2）企业在财务和经营上从事此项交易的能力。

3）企业有充分的资源（例如，在短期内仅能用于生产某一类型商品的设备）能够完成此项交易。

4）交易不发生时可能对经营带来的损失和破坏程度。

5）为达到相同的业务目标，企业可能会使用在实质上不同的交易的可能性（例如，计划筹集资金的企业可以通过获取银行贷款或者发行股票等方式筹集资金）。

6）企业的业务计划。

此外，企业还应当考虑预期交易发生时点距离当前的时间跨度和预期交易的数量或价值占企业相同性质交易的数量或价值的比例。在其他因素相同的情况下，预期交易发生的时间越远或预期交易的数量或价值占企业相同性质交易的数量或价值的比例越高，预期交易发生的可能性就越小，就越需要有更强有力的证据来支持“极可能发生”的判断。

6. 项目的组成部分

项目的组成部分，是指小于某一项目（指一项或一组存货、尚未确认的确定承诺以及很可能发生的预期交易，下同）整体公允价值变动或现金流量变动的部分，包括风险成分和名义金额的组成部分。

7. 风险成分

风险成分是指项目整体价格风险中特定的一个或多个风险组成部分（例如螺纹钢现货价格中不包括运输费等的螺纹钢基准价格）。

商品价格风险中可单独识别的成分包括在合同中明确约定和不明确约定但公司可以单独识别并可以可靠计量两种情况。合同中明确约定指以定价公式进行现货定价的合同，如期货价格+升水，因为定价公式是根据交易所买卖期货合约的价格而定，因此反映基准品种的价格风险为合同规定的风险成分。

8. 名义金额的组成部分

名义金额的组成部分是指项目整体金额或数量的特定部分，可以是项目整体的一定比例部分（例如1000吨螺纹钢存货中的30%），也可以是项目整体的某一层级部分（例如某月购入的前100吨焦炭）。

9. 套期有效性

套期有效性，是指套期工具的公允价值或现金流量变动能够抵销被套期风险引起的被套期项目公允价值或现金流量变动的程度。套期工具的公允价值或现金流量变动大于或小于被套期项目的公允价值或现金流量变动的部分为套期无效部分。

10. 套期比率

套期比率是指同一套期关系中被套期项目与套期工具在商品数量上的比率，即对一单位风险暴露资产进行风险管理所需的期货合约的数量。

套期比率不同于套期比例（即保值力度），套期比例通常指进行套期保值的现货资产数量占总的现货资产数量的比例。

案例 6-4

某钢铁企业计划对库存螺纹钢进行套期，根据历史数据测算螺纹钢期货与现货价格变动相关系数为1，在这种情况下套期比率为1∶1。如某钢铁企业计划对库存的另一产品进行套期，使用的套期工具为螺纹钢期货合约，根据历史数据测算螺纹钢期货与现货价格变动相关系数为1.25，则此时的套期比率为1.25∶1。

11. 风险管理策略

风险管理策略由企业风险管理最高决策机构制定，一般在企业有关纲领性文件中阐述，然后通过包含更具体的风险管理目标去执行。风险管理策略通常应当识别企业面临的各类风险并明确企业如何应对这些风险，风险管理策略一般适用于较长时期的风险管理活动，并且包含一定的灵活性以适应策略实施期间内环境的变化（例如，不同商品价格水平已达到不同程度的套期）。

12. 风险管理目标

风险管理目标是指企业在某一特定套期关系层面上，确定如何指定套期工具和被套期项目，以及如何运用指定的套期工具对指定为被套期项目的特定风险敞口进行套期。

（二）套期会计科目设置

企业按《企业会计准则24号—套期会计》核算套期保值业务，应设置以下会计科目。

1. “套期工具”科目

本科目核算企业开展套期业务的套期工具及其公允价值变动形成的资产或负债。

本科目可按套期工具类别或套期关系进行明细核算。

本科目期末借方余额，反映企业套期工具形成资产的公允价值；本科目期末贷方余额，反映企业套期工具形成负债的公允价值。

2. “被套期项目”科目

本科目核算公允价值套期下被套期项目及其在套期期间公允价值变动形成的资产或负债。

本科目可按被套期项目类别或套期关系进行明细核算。

本科目期末借方余额，反映企业被套期项目形成的资产；本科目期末贷方余额，反映企业被套期项目形成的负债。

3. “套期损益”科目

本科目核算套期工具和被套期项目价值变动形成的利得和损失。
本科目可按套期关系进行明细核算。
期末，应当将本科目余额转入“本年利润”科目，结转后本科目无余额。

4. “净敞口套期损益”科目

本科目核算净敞口套期下被套期项目累计公允价值变动转入当期损益的金额或现金流量套期储备转入当期损益的金额。
本科目可按套期关系进行明细核算。
期末，应当将本科目余额转入“本年利润”科目，结转后本科目无余额。

5. 在“其他综合收益”科目下设置“套期储备”明细科目

本明细科目核算现金流量套期下套期工具累计公允价值变动中的套期有效部分。
本明细科目可按套期关系进行明细核算。

（三）会计处理原则及示例

本节根据新24号准则相关规定，对钢铁企业开展商品期货或期权套期保值的会计问题进行探讨。

1. 套期会计的应用条件

企业开展商品期货或期权业务，在同时满足以下条件时，方可运用新24号准则进行会计处理。不能同时满足以下条件的，按22号准则进行会计处理，具体见本节“四、投机套利会计核算”。具体条件包括：
（1）指定符合条件的套期工具。符合条件的套期工具包括：
1）以公允价值计量且其变动计入当期损益的衍生工具，但签出期权除外。企业只有在对购入期权（包括嵌入在混合合同中的购入期权）进行套期时，签出期权才可以作为套期工具。嵌入在混合合同中但未分拆的衍生工具不能作为单独的套期工具。
衍生工具通常可以作为套期工具。衍生工具包括远期合同、期货合同、互换和期权，以及具有远期合同、期货合同、互换和期权中一种或一种以上特征的工具等。
衍生工具无法有效地对冲被套期项目风险的，不能作为套期工具。如企业的签出期权（除非该签出期权指定用于抵销购入期权）不能作为套期工具，因为该期权的潜在损失可能大大超过被套期项目的潜在利得，从而不能有效地对冲被套期项目的风险。而购入期权的一方可能承担的损失最多就是期权费，可能拥有的利得通常等于或大大超过被套期项目的潜在损失，可被用来有效对冲被套期项目的风险，因此购入期权的一方可以将购入的期权作为套期工具。
2）以公允价值计量且其变动计入当期损益的非衍生金融资产或非衍生金融负债，但指定为以公允价值计量且其变动计入当期损益、且其自身信用风险变动引起的公允价值变动计入其他综合收益的金融负债除外。

对于钢铁企业商品期货套期保值而言，企业可以将实际持有的一项或一组商品期货合约的整体或其一定比例，指定为套期工具，但不可以将套期工具剩余期限内某一时段的公允价值变动部分指定为套期工具。

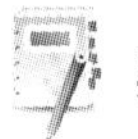

案例 6-5

A 公司系连续生产的钢材生产企业，对生产所需的燃料焦炭进行套期保值。计划 2018 年 1 季度套保数量为 10,000 吨，价格区间为 1,900~2,000 元/吨，当期货价格达到该区间时，A 公司择机买入多头期货合约。2018 年 1 季度，A 公司陆续完成建仓。本例中，A 公司在书面指定套期关系时，可以将每次下单买入的一批期货合约单独指定为一项套期工具；也可以将该段期间全部建仓合约，整体指定为套期工具；还可以将该段期间建仓合约的一定比例指定为套期工具。

案例 6-6

某企业 2X18 年 3 月建仓 J1809 套利合约 1,000 手，2X18 年 4 月 5 日将其指定为套期保值合约，企业可以将 J1809 整段剩余期限内的公允价值变动指定为套期工具，但不可以将剩余期限内的某一时段（5~6 月）的公允价值变动指定为套期工具。

（2）指定符合条件的被套期项目。企业可以将已确认资产或负债、尚未确认的确定承诺以及极可能发生的预期交易，或者上述项目的组成部分，指定为被套期项目。

被套期项目的指定应当与企业的风险管理目标一致，必须可以单独识别和可追踪，其公允价值或现金流量能够可靠计量。对层级（例如某月购入的前 100 吨焦炭）进行指定的，所在的整体项目组合中的所有项目均面临相同的被套期风险。

对一组项目进行组合管理且组合中的每一个项目（包括其组成部分）都属于符合条件的被套期项目时，可以将该项目组合指定为被套期项目。一组风险相互抵销的项目形成风险净敞口，一组风险不存在相互抵销的项目形成风险总敞口。

企业仅可以将符合条件的外汇风险净敞口指定为被套期项目，除此之外，不得将其他风险净敞口指定为现金流量套期的被套期项目。

案例 6-7　被套期项目为已确认资产或其组成部分

A 公司现有螺纹钢库存 30,000 吨，存放于 A、B 两个仓库，其中 A 仓库存放 18,000 吨，B 仓库存放 12,000 吨。A 公司对其中的 18,000 吨进行套期保值。企业根据自己的风险管理目标可以指定的被套期项目包括但不限于：

1）将 30,000 吨库存中最先销售的 18,000 吨螺纹钢指定为被套期项目；

2）将存放于 A 仓库的 18,000 吨螺纹钢指定为被套期项目；

3）将 30,000 吨整体库存的 60%指定为被套期项目。

案例 6-8　被套期项目为尚未确认的确定承诺或其组成部分

A 公司 2X18 年 3 月签订了一份 10,000 吨的焦炭固定价格采购合同，合同约定交货期为 2X18 年 4 月。企业预计用该批焦炭生产出的螺纹钢预计销售时间为 2X18 年 9 月。此固定价格合同形成了企业面临的风险敞口，企业可以按其预计生产的螺纹钢数量对其进行套期保值，将其指定为被套期项目。

案例 6-9　被套期项目为极可能发生的预期交易

A 公司根据销售计划，预计下一季度销售螺纹钢 50,000 吨。A 公司评估了各种内外部因素，预计该销售发生的概率在 75%以上。此时可以将 50,000 吨的预期销售指定为被套期项目。

案例 6-10　被套期项目为汇总风险敞口

A 公司现有库存螺纹钢 10,000 吨，另有一份以固定价格采购 10,000 吨铁矿石的购买合同，企业将库存螺纹钢和此合同项下拟生产的螺纹钢统一进行风险管理，由于风险不能相互抵销，此时构成一组汇总风险敞口，企业可以将该汇总风险敞口指定为被套期项目。

案例 6-11　被套期项目为净风险敞口

A 公司现有库存螺纹钢 10,000 吨，另有一份以固定价格销售 3,000 吨螺纹钢的销售合同，企业将库存螺纹钢和此销售合同统一进行风险管理，由于风险可以相互抵销，构成一组净风险敞口，企业可以将该净风险敞口 7,000 吨螺纹钢指定为被套期项目。

（3）套期关系符合套期有效性要求。新 24 号准则无需再执行 80%~125%为界限的回顾性有效性评价，但仍需于套期开始时和每个报告期，以及相关情形发生重大变化时，以书面形式对套期有效性进行评估，尤其应当分析在套期剩余期限内预期将影响套期关系的套期无效部分产生的原因。

套期无效部分的形成源于多方面的因素。这些因素通常包括：

1）套期工具和被套期项目以不同的货币表示；

2）套期工具和被套期项目有不同的到期期限；

3）套期工具和被套期项目内含不同的利率或权益指数变量；

4）套期工具和被套期项目使用不同市场的商品价格标价；

5）套期工具和被套期项目对应不同的交易对手；

6）套期工具在套期开始时的公允价值不等于零等。

需要说明的是，企业的套期保值存在套期无效部分，并不意味着企业的套期保值活动不能运用套期会计核算，在符合套期会计其他核算条件的情况下，需对套期无效部分计入当期损益，套期有效部分仍应计入被套期项目影响损益的期间。

套期同时满足下列条件的，套期关系符合套期有效性要求：

1）被套期项目和套期工具之间存在经济关系。经济关系指套期工具和被套期项目的价值因面临相同的被套期风险而发生方向相反的变动。

经济关系的评估有定性和定量两种方法。具体评估方法由企业自行选择，会计准则未做强制要求。

定性评估法，也称主要条款比较法，是通过比较套期工具和被套期项目的主要条款，以确定套期是否有效的方法。如果套期工具和被套期项目的所有主要条款均能准确地匹配，可认定因被套期风险引起的套期工具和被套期项目公允价值或现金流量变动可以相互抵销，存在经济关系。套期工具和被套期项目的“主要条款”包括名义金额或本金、到期期限、内含变量、定价日期、商品数量、货币单位等。

定量评估法，主要有比率分析法和回归分析法两种。如果套期工具和被套期项目的主要条款并非基本匹配，企业需要进行定量评估两者之间是否存在经济关系。

2）被套期项目和套期工具经济关系产生的价值变动中，信用风险的影响不占主导地位。信用风险是指交易对手未能履约而造成经济损失的风险。

3）套期关系的套期比率，应当等于企业实际套期的被套期项目数量与对其进行套期的套期工具实际数量之比，但不应当反映被套期项目和套期工具相对权重的失衡，这种失衡会导致套期无效，并可能产生与套期会计目标不一致的会计结果。如案例6-4中某钢铁企业计划对库存的另一产品进行套期，使用的套期工具为螺纹钢期货合约，根据历史数据测算螺纹钢期货与现货价格变动相关系数为1.25，则此时的套期比率为1.25：1。

（4）书面指定套期关系。企业应当在套期关系开始时以书面形式对套期关系进行指定，书面文件至少应当载明下列事项：

1）风险管理目标以及套期策略；

2）套期工具和被套期项目；

3）被套期风险性质；

4）对套期有效性的评估，包括被套期项目与套期工具的经济关系、套期比率、套期无效性来源的分析；

5）开始指定套期关系的日期。

套期关系的指定是套期会计核算的核心，直接影响会计核算结果。

（5）套期关系不得随意终止。套期关系同时满足下列条件的，企业不得撤销套期关系的指定并由此终止套期关系：

1）套期关系仍然满足风险管理目标；

2）套期关系仍然满足本准则运用套期会计方法的其他条件。

2. 套期会计的终止原则

套期工具展期或被另一项套期工具替换，而且该展期或替换是企业书面文件所载明的风险管理目标的组成部分，不属于套期关系终止。

如果套期关系在套期比率方面，不再满足套期有效性的要求，但是企业的风险管理目标保持不变，企业应该首先调整套期关系中的套期比率，使套期再次满足符合套期会计的标准。在考虑所有重新平衡套期关系之后，套期关系（或套期关系的一部分）不再满足套

期会计的标准时，企业应当采用未来适用法停止运用套期会计，即以前按套期会计核算的结果不需追溯调整。

终止套期会计可能影响到套期关系的整体或一部分，对未受影响的剩余部分仍适用套期会计。

例如，当对套期关系作出再平衡时，对套期比率进行的调整可能使得部分被套期项目的数量不再构成套期关系的一部分。因此，仅针对不再构成套期关系一部分的被套期项目的数量终止运用套期会计；或者当作为被套期项目的预期交易的部分数量不再极可能发生时，仅对不再极可能发生的被套期项目的数量终止运用套期会计。然而，如果企业曾将预期交易指定为被套期项目，并在后续期间确定该预期交易预计不再会发生，则企业在预测类似的预期交易时，其准确预测预期交易的能力将受到质疑，这将影响对于类似的预期交易是否极可能发生的评估，并进而影响到这些类似的预期交易是否符合被套期项目的评估。终止原则见表6-1。

表6-1　情景及终止原则汇总表

情　　景	终止原则
风险管理目标发生了变化	全部
套期工具和被套期项目的经济关系不复存在	全部
信用风险主导套期关系的价值变动	全部
通过再平衡，套期工具或被套期项目的数量减少	减少的部分
套期工具到期或平仓（全部或部分）	全部或部分
被套期项目（全部或部分）不复存在或预计不再发生	全部或部分

3. 套期会计的核算类型

为运用套期会计方法，套期保值按套期关系（即套期工具和被套期项目之间的关系）划分为公允价值套期和现金流量套期，并采用不同的方法核算。

（1）公允价值套期。公允价值套期是指对已确认资产或负债、尚未确认的确定承诺，或上述项目组成部分的公允价值变动风险敞口进行的套期。如将库存现货、已签署但尚未执行的现货采购或销售协议指定为被套期项目，为公允价值套期。

（2）现金流量套期。现金流量套期是指对现金流量变动风险敞口进行的套期。该现金流量变动源于与已确认资产或负债、极可能发生的预期交易，或与上述项目组成部分有关的特定风险，且将影响企业的损益。如将无现货或协议但预期极可能发生的预期交易指定为被套期项目，为现金流量套期。

4. 公允价值套期的确认和计量

（1）公允价值套期会计处理原则：

1）期货保证金进出的会计处理。划出期货保证金，借记“其他应收款”科目，贷记“银行存款”科目。划回期货保证金，做相反会计分录，借记“银行存款”科目，贷记“其他应收款”科目。

2）指定套期关系的会计处理。企业将已确认的资产、负债或其组成部分指定为被套期项目的，应当按照其账面价值，借记或贷记“被套期项目”，贷记或借记“原材料”、“库存商品”等科目。已计提跌价准备或减值准备的，还应当同时结转跌价准备或减值准备。

企业将已持有的商品期货合约指定为套期工具的，应当将其账面价值借记或贷记“套期工具”科目，贷记或借记“衍生工具”“交易性金融资产”等科目。

3）资产负债表日的会计处理。资产负债表日，企业应当按套期工具产生的利得或损失，借记或贷记“套期工具”科目，贷记或借记“套期损益”科目。应当按被套期项目公允价值变动，借记或贷记“被套期项目”科目，贷记或借记“套期损益”科目。

4）套期关系终止的会计处理。

①套期工具的会计处理。原套期工具平仓或到期交割的，企业应当按结算金额，借记或贷记“其他应收款”等科目，贷记或借记“套期工具”科目。

套期关系终止后原套期工具存续的，企业应当将其账面价值从“套期工具”科目转入“衍生工具”科目。

②被套期项目的会计处理。套期关系终止后原被套期的采购商品的确定承诺存续的，企业应当保留“被套期项目”科目中累计公允价值变动额，在确认相关存货时，将“被套期项目”科目中累计公允价值变动额转入“原材料”等科目。

套期关系终止后原被套期的销售商品的确定承诺存续的，企业应当保留“被套期项目”科目中累计公允价值变动额，直至企业在相关销售实现时，将“被套期项目”科目中累计公允价值变动额转入“主营业务收入”等科目。

套期关系终止后原被套期的存货存续的，企业应当按被套期存货的账面价值，借记“原材料”“库存商品”等科目，按套期期间累计存货跌价准备，借记“存货跌价准备”科目，按被套期存货的账面余额，贷记“被套期项目”科目。

5）公允价值套期的后续会计处理。被套期项目为存货的，企业应当在该存货实现销售时，将“被套期项目”科目相关账面价值转入“主营业务成本”等科目。

被套期项目为采购商品的确定承诺的，企业应当在确认相关存货时，将“被套期项目”科目中累计公允价值变动额转入“原材料”“库存商品”等科目。

被套期项目为销售商品的确定承诺的，企业应当在该销售实现时，将“被套期项目”科目中累计公允价值变动额转入“主营业务收入”等科目。

被套期项目为风险净敞口的，当被套期项目形成的存货以及作为被套期项目的存货或销售商品的确定承诺结转损益时，企业应当将“被套期项目”科目以及被套期项目形成的“原材料”等科目中累计公允价值变动额转入“净敞口套期损益”科目。

（2）公允价值套期会计处理案例。

案例 6-12

A 公司现有螺纹钢 10,000 吨，库存成本价为 3,000 元/吨。为规避库存螺纹钢公允价值变动风险，A 公司套期保值部门编制了套期保值方案，拟通过 B 期货经纪公司在上海期货交易所对该批存货进行套期保值。2X18 年 3 月 10 日，公司根据管理权限批准了该套期保值方案。同日，划至 B 期货经纪公司期货保证金 700 万元。

2X18 年 3 月 26 日，期货交易员根据开仓指令在期货市场以 3,350 元/吨买入 RB1807 空头合约 1,000 手，计 10,000 吨。当日收市后，套保部门编制套期关系指定单，并经授权批准人员确认。2X18 年 3 月 26 日，现货公允价值为 3,450 元/吨。

2X18 年 3 月 31 日，RB1807 的结算价为 3,483 元/吨，现货螺纹钢价格为 3,580 元/吨。

2X18 年 4 月 30 日，RB1807 的结算价为 3,770 元/吨，现货螺纹钢价格为 3,890 元/吨。

2X18 年 5 月 31 日，对外签署 3,000 吨螺纹钢销售合同，销售价格为 4,100 元/吨；RB1807 的结算价为 3,950 元/吨。

2X18 年 6 月 6 日，RB1807 全部平仓，平仓价格 4,000 元/吨。现货螺纹钢价格为 4,120 元/吨。

2X18 年 6 月 20 日，对外签署 7,000 吨螺纹钢销售合同，销售价格 4,200 元/吨。同日，将 10,000 吨螺纹钢全部发出，并取得对方单位的签收证明。

1）A 公司与套期会计核算相关的关键书面文件如下：

① 2X18 年 3 月 10 日，套期保值方案主要内容见表 6-2。

表 6-2　A 公司套保方案

方案编号	LWG 套保 001 号
市场分析	略
套期策略及风险管理目标	公司现有库存螺纹钢 10,000 吨，库存成本 3,000 元/吨，预计在 5~8 月销售，在未实现销售前存在风险敞口。因近期市场价格波动较大，为确保公司含税毛利 300 元/吨的经营目标，计划通过上海期货交易所在期货市场择机对该批存货进行 100%保值
被套期风险性质	市场价格波动风险
被套期项目	10,000 吨库存螺纹钢
套期工具	上期所 RB1807，1,000 手　卖出期货合约
建仓时机	3,300 元/吨及以上
建仓期间	3~4 月
拟投入保证金	700 万元
平仓预案	（1）签订现货销售合同一周内平仓； （2）超出市场风险值限额，调整仓位
套期比率	根据近一年上期所螺纹钢期货价格与现货价格的相关性分析，两者价格相关性接近 100%，故套期比率确认为 1∶1
套期有效性评估	套期开始时采用主要条款比较法评估套期有效性； 财务报告日及相关情形发生重大变化时采用比率分析法评估
套期无效性来源的分析	基差波动、现货销售时间与预期不一致等

② 2X18 年 3 月 26 日，套期关系指定单见表 6-3。

表 6-3　套期关系指定单

套保方案编号	套期工具					被套期项目	
	合约代码	开仓时间	开仓方向	开仓手数	开仓价格	项目	数量（吨）
LWG 套保 001 号	RB1807	3 月 26 日	卖	1,000	3,350	库存螺纹钢	10,000

③ 2X18 年 3 月 26 日，套期有效性评估文件主要内容：公司 LWG 套保 001 号套保方案项下的套期工具 RB1807 合约 1,000 手（折 10,000 吨）与被套期库存螺纹钢 10,000 吨，数量、品质一致，预计销售时间、地点临近，主要条款基本匹配。公司判断该套期预期有效。

④ 2X18 年 3 月 31 日，套期有效性评价表单见表 6-4。

表 6-4　2X18 年 3 月 31 日套期有效性评价表单

评估日：2X18 年 3 月 31 日						套保方案编号：LWG 套保 001 号
套期工具	合约代码	方向	手数	开仓价格	结算价格	公允价值变动
	RB1807	卖	1,000	3,350	3,483	-1,330,000
被套期项目	项目名称		数量（吨）	指定日公允价格	评估日公允价格	公允价值变动
	库存螺纹钢		10,000	3,450	3,580	1,300,000
套期无效金额	-30,000					

⑤ 2X18 年 4 月 30 日，套期有效性评价表单见表 6-5。

表 6-5　2X18 年 4 月 30 日套期有效性评价表单

评估日：2X18 年 4 月 30 日						套保方案编号：LWG 套保 001 号
套期工具	合约代码	方向	手数	上次评估日结算价格	本次评估日结算价格	公允价值变动
	RB1807	卖	1,000	3,483	3,770	-2,870,000
被套期项目	项目名称		数量（吨）	上次评估日公允价格	本次评估日公允价格	公允价值变动
	库存螺纹钢		10,000	3,580	3,890	3,100,000
套期无效金额	230,000					

⑥ 2X18 年 5 月 31 日，套期有效性评价表单见表 6-6。

表 6-6　2X18 年 5 月 31 日套期有效性评价表单

评估日：2X18 年 5 月 31 日						套保方案编号：LWG 套保 001 号
套期工具	合约代码	方向	手数	上次评估日结算价格	本次评估日结算价格	公允价值变动
	RB1807	卖	1,000	3,770	3,950	-1,800,000
被套期项目	项目名称		数量（吨）	上次评估日公允价格	本次评估日公允价格	公允价值变动
	库存螺纹钢		10,000	3,890	4,100	2,100,000
套期无效金额	300,000					

2）A 公司相关会计处理。此例中被套期项目为存货，属于公允价值套期。假设不考虑手续费及相关税费等因素，A 公司的账务处理如下：

① 2X18 年 3 月 10 日，划出期货保证金。

借：其他应收款—B 期货公司　　7,000,000

　　贷：银行存款　　7,000,000

② 2X18 年 3 月 26 日，套期关系指定日。

套期工具的会计处理：期货开仓时点公允价值为零，不需进行会计处理。

被套期项目的会计处理：

借：被套期项目—螺纹钢（10,000 吨）　　30,000,000

　　贷：库存商品—螺纹钢（10,000 吨）　　30,000,000

假设企业已持有 RB1807 空头套利合约 1,000 手，开仓价格 3,500 元。2X18 年 3 月 26 日，企业管理层决定不再开新仓，将该批套利合约全部指定为对库存 10,000 吨螺纹钢的套期工具，该日 RB1807 的结算价为 3353 元/吨。以前尚未对套利合约进行公允价值变动计量。

A 公司的会计处理如下：

套期关系指定日套利合约价值 = (3,500 − 3,353) × 10 × 1,000 = 1,470,000.00

借：衍生工具　　1,470,000

　　贷：公允价值变动损益　　1,470,000

借：套期工具　　1,470,000

　　贷：衍生工具　　1,470,000

③ 2X18 年 3 月 31 日，资产负债表日。

确认套期工具产生的利得或损失：

期货合约持仓浮动盈亏 = (3,350 − 3,483) × 10 × 1,000 = −1,330,000

借：套期损益　　1,330,000

　　贷：套期工具　　1,330,000

确定被套期项目的公允价值变动：

库存螺纹钢的公允价值变动 = (3,580 − 3,450) × 10,000 = 1,300,000

借：被套期项目　　1,300,000

　　贷：套期损益　　1,300,000

④ 2X18 年 4 月 30 日，资产负债表日。

确认套期工具产生的利得或损失：

期货合约持仓浮动盈亏 = (3,483 - 3,770) × 10 × 1,000 = -2,870,000

借：套期损益　　2,870,000

　　贷：套期工具　　2,870,000

确定被套期项目的公允价值变动：

库存螺纹钢的公允价值变动 = (3,890 - 3,580) × 10,000 = 3,100,000

借：被套期项目　　3,100,000

　　贷：套期损益　　3,100,000

⑤ 2X18 年 5 月 31 日，资产负债表日。

确认套期工具产生的利得或损失：

期货合约持仓浮动盈亏 = (3,770 - 3,950) × 10 × 1,000 = - 1,800,000

借：套期损益　　1,800,000

　　贷：套期工具　　1,800,000

确定被套期项目的公允价值变动：

库存螺纹钢的公允价值变动 = (4,100 - 3,890) × 10,000 = 2,100,000

借：被套期项目　　2,100,000

　　贷：套期损益　　2,100,000

由于 2X18 年 5 月 31 日签署了 3,000 吨现货螺纹钢销售合同，该部分被套期项目风险敞口不复存在，应将该部分套期关系终止。

套期工具部分终止的会计处理：

套期工具终止金额 = 3,950 × 10 × 300 = 11,850,000

借：衍生工具　　11,850,000

　　贷：套期工具　　11,850,000

被套期项目部分终止的会计处理：

应转出终止的 3,000 吨被套期项目螺纹钢账面余额 = (30,000,000 + 1,300,000 + 3,100,000 + 2,100,000)/10,000 × 3,000 = 10,950,000

借：库存商品—螺纹钢（3,000 吨）　　10,950,000

　　贷：被套期项目—螺纹钢（3,000 吨）　　10,950,000

⑥ 2X18 年 6 月 6 日，期货平仓的会计处理。

期货对账单显示的期货合约平仓收益 = (3,350[开仓价] - 4,000[平仓价]) × 10 × 1,000 = - 6,500,000

其中：

套期工具(6 月 1 日 ~ 6 月 6 日) 本期损益 = (3,950[上次结算价] - 4,000[平仓价]) × 10 × 700 = - 350,000

计入衍生工具后(6 月 1 日 ~ 6 月 6 日) 的期货合约平仓收益 = (3,950[衍生工具结转价] - 4,000[平仓价]) × 10 × 300 = - 150,000

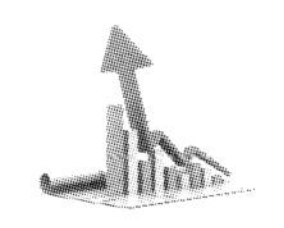

套期工具前期确认损益 =- 1,330,000 - 2,870,000 - 1,800,000 =- 6,000,000.00

确认套期工具产生的利得或损失：

借：套期损益　　350,000

　贷：套期工具　　350,000

确定被套期项目的公允价值变动：

剩余 7,000 被套期项目库存螺纹钢的公允价值变动 = (4,120 - 4,100) × 7,000 = 140,000

借：被套期项目　　140,000

　贷：套期损益　　140,000

确认衍生工具产生的利得或损失：

借：投资收益　　150,000

　贷：衍生工具　　150,000

根据期货对账单，期货平仓损失冲减期货保证金：

借：衍生工具　　150,000

　套期工具　　6,350,000

　贷：其他应收款—B 期货公司　　6,500,000

由于 6 月 6 日将全部期货合约平仓，套期工具风险敞口不复存在，套期关系全部终止。将被套期项目转入库存商品：

被套期项目账面余额 = 30,000,000 + 1,300,000 + 3,100,000 + 2,100,000 - 10,950,000 + 140,000 = 25,690,000

借：库存商品—螺纹钢（7,000 吨）　　25,690,000

　贷：被套期项目—螺纹钢（7,000 吨）　　25,690,000

⑦ 2X18 年 6 月 20 日，库存商品确认销售收入并结转成本。

销售收入 = 3,000 × 4,100 + 7,000 × 4,200 = 41,700,000

销售成本 = 10,950,000 + 25,690,000 = 36,640,000

借：应收账款　　41,700,000

　贷：主营业务收入　　41,700,000

借：主营业务成本　　36,640,000

　贷：库存商品　　36,640,000

5. 现金流量套期的确认和计量

（1）现金流量套期会计处理原则。现金流量套期的目的是将套期工具产生的利得或损失递延至被套期的预期未来现金流量影响损益的同一期间或多个期间。现金流量套期满足运用套期会计方法条件的，应当按照下列原则处理：

1）期货保证金进出的会计处理。与公允价值套期会计处理原则一致。

2）指定套期关系的会计处理。对被套期项目的指定，不需要进行会计处理。对套期工具的指定，与公允价值套期会计处理原则一致。

3）资产负债表日的会计处理。资产负债表日，企业应当按套期工具产生的利得或损失，借记或贷记“套期工具”科目，按套期工具累计产生的利得或损失与被套期项目累计预计现金流量现值的变动两者绝对值中较低者的金额（套期有效部分）与套期储备账面余额的差额，贷记或借记“其他综合收益—套期储备”科目，按照套期工具产生的利得和套期有效部分变动额的差额，贷记或借记“套期损益”科目。

被套期项目累计预计现金流量现值的变动超出套期工具累计产生的利得或损失的部分，不进行会计处理。

4）套期关系终止的会计处理。预期交易预期不再发生时，企业应当将“其他综合收益—套期储备”科目中已确认的套期工具利得或损失转入“套期损益”等科目。

如果预期交易不再很可能发生但预期仍可能发生，企业应当保留“其他综合收益—套期储备”科目中已确认的套期工具利得或损失，直至未来预期交易发生。当未来预期交易发生时，按常规现金流量套期会计处理。

5）现金流量套期的后续会计处理。被套期项目为预期商品采购的，企业应当在确认相关存货时，将“其他综合收益—套期储备”科目中确认的套期工具利得或损失转入“原材料”“库存商品”等科目。

被套期项目为预期商品销售的，企业应当在该销售实现时，将“其他综合收益—套期储备”科目中确认的套期工具利得或损失转入“主营业务收入”等科目。

在预期交易成为确定承诺并被指定为公允价值套期被套期项目时，企业应当将“其他综合收益—套期储备”科目中确认的套期工具利得或损失转入“被套期项目”科目。

如果在其他综合收益中确认的现金流量套期储备金额是一项损失，且该损失全部或部分预计在未来会计期间不能弥补的，企业应当将预计不能弥补的部分从其他综合收益中转出，计入当期损益。

（2）现金流量套期会计处理案例。

案例 6-13

A 公司根据销售计划，预期 2X18 年 5 月销售热轧卷板 10,000 吨。为规避该预期销售中与商品价格有关的现金流变动风险，A 公司套期保值部门编制了套期保值方案，拟通过 B 期货经纪公司在大连商品交易所对该预期销售的 80%进行套期保值。2X18 年 3 月 1 日，公司根据管理权限批准了该套期保值方案。

2X18 年 3 月 2 日，期货交易员根据开仓指令在期货市场陆续建仓 HC1805 空头合约 800 手，计 8,000 吨，平均建仓价格 4,100 元/吨。2X18 年 3 月 2 日，热轧卷板 2X18 年 5 月的现货预期销售价格为 4,150 元/吨。

2X18 年 3 月 31 日，HC1805 结算价为 3,660 元/吨，此时点，预期 2X18 年 5 月的现货预期销售价格为 3,720 元/吨。

2X18 年 4 月 23 日，A 公司生产热轧卷板 5,000 吨，生产成本 3,000 元/吨，同时将该 5,000 吨热轧卷板对外销售，销售价格 4,080 元/吨。该日，A 公司将 HC1805 期货合约 800 手（折 8,000 吨）全部平仓，平仓价为 4,000 元/吨。

2X18 年 5 月 3 日，A 公司生产热轧卷板 3,000 吨，生产成本 3,000 元/吨，同时将该 3,000 吨热轧卷板对外销售，销售价格 4,300 元/吨。

1）A 公司与套期会计核算相关的关键书面文件如下：

① 2X18 年 3 月 2 日，套期保值方案主要内容见表 6-7。

表 6-7　A 公司套期保值方案

方案编号	RZJB 套保 001 号
市场分析	略
套期策略及风险管理目标	根据公司经营计划，预期 2X18 年 5 月销售热轧卷板 10,000 吨，预计完全成本 3,000/吨。因近期市场价格波动较大，为提前锁定含税毛利 1,000 元/吨的经营目标，计划通过大连商品交易所在期货市场择机保值 80%
被套期风险性质	市场价格相关的预计现金流波动风险
被套期项目	8,000 吨热轧卷板
套期工具	大商所 HC1805 合约 800 手，卖出期货合约
建仓时机	4,000 元/吨及以上
建仓期间	3~4 月
拟投入保证金	800 万元
平仓预案	（1）签订现货销售合同一周内平仓； （2）超出市场风险值限额，调整仓位
套期比率	根据近一年大商所热轧卷板期货价格与现货价格的相关性分析，两者价格相关性接近 100%，故套期比率确认为 1：1
套期有效性评估	套期开始时采用主要条款比较法评估套期有效性； 财务报告日及相关情形发生重大变化时采用比率分析法评估
套期无效性来源的分析	基差波动、现货销售时间与预期不一致等

② 2X18 年 3 月 2 日，套期关系指定单见表 6-8。

表 6-8　套期关系指定单

套保方案编号	套期工具					被套期项目
	合约代码	开仓时间	开仓方向	开仓手数	开仓价格	
RZJB 套保 001 号	HC1805	3 月 2 日	卖	800	4,100	5 月份预期最先销售的 8,000 吨热轧卷板

③ 2X18 年 3 月 2 日，套期有效性评估文件主要内容：公司 RZJB 套保 001 号套保方案项下的套期工具 HC1805 合约 800 手（折 8,000 吨）与被套期项目 2X18 年 5 月预期最先销售的 8,000 吨热轧卷板，在数量、质次、价格变动和产地等方面相同，并且商品期货合约的结算日和预期商品销售日均为 2X18 年 5 月，主要条款基本匹配。公司判断该套期预期有效。

④ 2X18 年 3 月 31 日，套期有效性评价表单见表 6-9。

表 6-9　2X18 年 3 月 31 日套期关系有效性评价表单

评估日：2X18 年 3 月 31 日						套保方案编号：RZJB 套保 001 号
套期工具	合约代码	方向	手数	开仓价格	结算价格	公允价值变动
	RB1807	卖	8,000	4,100	3,660	3,520,000
被套期项目	项目名称		数量（吨）	指定日预期销售价格	评估日预期销售价格	现金流量现值变动
	5 月份预期最先销售的热轧卷板		8,000	4,150	3,720	-3,440,000
套期无效计入损益的金额（绝对值 1 大于 2 时计入）				80,000		

⑤ 2X18 年 4 月 23 日，套期有效性评价表单见表 6-10。

表 6-10　2X18 年 4 月 23 日套期关系有效性评价表单

评估日：2X18 年 4 月 23 日						套保方案编号：RZJB 套保 001 号
套期工具	合约代码	方向	手数	上次评估日结算价格	本次评估日结算价格	公允价值变动
	RB1807	卖	8,000	3,660	4,000	-2,720,000
被套期项目	项目名称		数量（吨）	上次评估日预期价格	实际销售价格	现金流量现值变动
	5 月份预期最先销售的热轧卷板		8,000	3,720	4,080	2,880,000
套期无效计入损益的金额（绝对值 1 大于 2 时计入）				0		

2）A 公司相关会计处理。此例中被套期项目为 2X18 年 5 月最先的 8,000 吨预期销售，属于现金流量套期。假设不考虑手续费及相关税费等因素，A 公司的账务处理如下：

① 2X18 年 3 月 2 日，套期关系指定日。期货开仓时点，期货合约的公允价值为零，不做账务处理。

被套期项目为预期销售，不做账务处理。

② 2X18 年 3 月 31 日，资产负债表日。

套期工具浮动盈亏 = (4,100 − 3,660) × 10 × 800 = 3,520,000

被套期项目现金流量变动(不考虑折现) = (3,720 − 4,150) × 8,000 =− 3,440,000

计入其他综合收益的金额 = 3,440,000

计入套期损益的金额 = 3,520,000 − 3,440,000 = 80,000

借：套期工具　　3,520,000

　　贷：其他综合收益—套期储备　　3,440,000

　　　　套期损益　　80,000

假设套期工具浮动盈利3,200,000.00元，被套期项目现金流量变动仍为-3,440,000.00，则会计分录为：

借：套期工具　　3,200,000

　　贷：其他综合收益—套期储备　　3,200,000

③ 2X18年4月23日，终止套期关系。由于期货合约全部平仓，套期工具风险敞口不复存在，套期关系全部终止。

期货对账单显示的期货合约平仓盈亏＝(4,100［开仓价］－4,000［平仓价］)×10×800＝800,000

其中：

套期工具(4月1日～4月23日)本期盈亏＝(3,660［上次结算价］－4,000［平仓价］)×10×800＝－2,720,000

套期工具前期盈亏＝3,520,000

借：其他综合收益—套期储备　　2,720,000

　　贷：套期工具　　2,720,000

套期储备余额＝3,440,000－2,720,000＝720,000

本次现货销售应从套期储备转出的金额＝720,000×5,000/8,000＝450,000

借：其他综合收益—套期储备　　450,000

　　贷：主营业务收入　　450,000

确认现货销售收入并结转成本：

销售收入＝4,080×5,000＝20,400,000

销售成本＝3,000×5,000＝15,000,000

借：应收账款　　20,400,000

　　贷：主营业务收入　　20,400,000

借：主营业务成本　　15,000,000

　　贷：库存商品　　15,000,000

④ 2X18年5月3日，销售产品。

销售收入＝4,300×3,000＝12,900,000

销售成本＝3,000×3,000＝9,000,000

借：应收账款　　12,900,000

　　贷：主营业务收入　　12,900,000

借：主营业务成本　　9,000,000

　　贷：库存商品　　9,000,000

同时结转剩余套期储备余额270,000(720,000-450,000)：

借：其他综合收益—套期储备　　270,000

　　贷：主营业务收入　　270,000

案例6-14

假设案例6-13中指定的被套期项目为预期销售数量的80%，即比例套期，则套期储备转出的金额变更为：

2X18 年 4 月 23 日，现货销售 5,000 吨应从套期储备转出的金额 = 720,000 × (5,000 × 80%)/8,000 = 360,000

2X18 年 5 月 3 日，现货销售 3,000 吨应从套期储备转出的金额 = 720,000 × (3,000 × 80%)/8,000 = 216,000

截至 2X18 年 5 月 3 日，套期储备余额 144,000 元在剩余 2,000 吨现货销售时按比例转出。

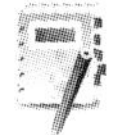

案例 6-15

假设案例 6-13 中指定的被套期项目为预期最后销售的 8,000 吨热轧卷板，则套期储备转出的金额变更为：

2X18 年 4 月 23 日，现货销售 5,000 吨应从套期储备转出的金额 = 720,000 × (5,000 - 2,000)/8,000 = 270,000

2X18 年 5 月 3 日，现货销售 3,000 吨应从套期储备转出的金额 = 720,000 × 3,000/8,000 = 270,000

截至 2X18 年 5 月 3 日，套期储备余额 180,000 元在剩余 2,000 吨现货销售时按比例转出。

从以上案例可以看出，不同的套期关系指定将使会计核算产生不同的结果。

案例 6-16

假设案例 6-13 中 2X18 年 4 月 23 日现货销售 5,000 吨后，因市场变化，A 公司剩余的 5,000 吨销售计划不再执行。则套期储备余额转入当期损益。

借：其他综合收益—套期储备　　270,000
　　贷：套期损益　　270,000

案例 6-17

假设案例 6-13 中 2X18 年 4 月 23 日现货销售 5,000 吨后，因市场变化，如果预期交易不再很可能发生但预期仍可能发生，企业应当保留“其他综合收益—套期储备”科目余额 270,000元，直至未来预期交易发生时，根据销售进度按比例结转至主营业务收入科目。

6. 套期关系再平衡

对套期关系作出再平衡的，应当在调整套期关系之前确定套期关系的套期无效部分，并将相关利得或损失计入“套期损益”科目。

套期关系再平衡可能会导致企业增加或减少指定套期关系中被套期项目或套期工具的

数量。企业增加了指定的被套期项目或套期工具的，增加部分自指定增加之日起作为套期关系的一部分进行处理；企业减少了指定的被套期项目或套期工具的，减少部分自指定减少之日起不再作为套期关系的一部分，作为套期关系终止处理。

案例 6-18

2X18 年 1 月 1 日，A 公司预计在未来 3 个月内极可能采购 95,000 吨中厚板。A 公司经过历史数据分析，螺纹钢和中厚板的相关系数为 1：0.95，2X18 年 1 月 5 日，在上海期货交易所建仓 RB1803 多头期货合约 10,000 手，建仓价格 3,950 元/吨，对预计采购的 95,000吨中厚板进行套期保值。

2X18 年 1 月 31 日，螺纹钢结算价为 3,905 元/吨，套期工具公允价值变动金额为 -4,500,000元，被套期项目公允价值变动金额为 4,275,000 元。假设此时 A 公司通过分析发现，螺纹钢与中厚板的相关系数大约为 1：1，与预期不同。A 公司决定减少套期工具数量 50 手，对套期关系进行再平衡。

假设不考虑其他税费影响，并且 A 公司符合套期会计的核算条件，相关会计处理如下：

（1）2X18 年 1 月 1 日，不做账务处理。

（2）2X18 年 1 月 31 日，确认套期储备金额：

借：其他综合收益—套期储备　　4,275,000

　　套期损益　　225,000

　　贷：套期工具　　4,500,000

再平衡，减少套期工具数量 50 手，并更新书面套期文件：

减少的套期工具账面余额 =- 45 × 50 × 10 =- 22,500

借：套期工具　　22,500

　　贷：衍生工具　　22,500

7. 组合套期的处理原则

（1）总敞口套期。对于被套期项目为一组项目的公允价值套期，企业在套期关系存续期间，应当针对被套期项目组合中各组成项目，分别确认公允价值变动所引起的相关利得或损失，计入当期损益或其他综合收益。涉及调整被套期各组成项目账面价值的，企业应当对各项资产和负债的账面价值做相应调整。

对于被套期项目为一组项目的现金流量套期，企业在将其他综合收益中确认的相关现金流量套期储备转出时，应当按照系统、合理的方法将转出金额在被套期各组成项目中分摊。

案例 6-19

A 公司现有 10,000 吨库存螺纹钢，成本为 3,000 元/吨；另有一份以固定价格采购 16,000 吨铁矿石的购买合同，预计可生产 10,000 吨螺纹钢。该批库存螺纹钢和拟生产的螺纹钢共 20,000 吨，预计 2X18 年 7 月销售。

为了规避螺纹钢价格下跌风险，企业通过 B 期货经纪公司在上海期货交易所进行套期保值。2X18 年 3 月 1 日，在期货市场以 3,980 元/吨买入 RB1807 空头合约 2,000 手，计 20,000 吨。A 公司将 RB1807 空头合约 2,000 手指定为套期工具，将 10,000 吨库存螺纹钢和固定价格采购 16,000 吨铁矿石的购买合同形成的汇总风险敞口指定为被套期项目。

2X18 年 3 月 1 日，螺纹钢现货公允价值为 4,200 元/吨，铁矿石现货公允价值为 550 元/吨。

2X18 年 3 月 31 日，RB1807 的结算价为 3,483 元/吨，现货螺纹钢价格为 3,580 元/吨，铁矿石现货公允价值为 450 元/吨。

假设不考虑税费影响，符合套期会计核算的各项条件。此例中被套期项目为存货和确定的承诺，属于公允价值套期。A 公司账务处理如下：

1）2X18 年 3 月 1 日，套期关系指定日。

套期工具的会计处理：套期开仓时点公允价值为零，不需进行会计处理。

被套期项目的会计处理：

借：被套期项目—螺纹钢（10,000 吨）　　30,000,000

　　贷：库存商品—螺纹钢（10,000 吨）　　30,000,000

2）2X18 年 3 月 31 日，资产负债表日。

确认套期工具产生的利得或损失：

期货合约持仓浮动盈亏 =（3,980 − 3,483）× 10 × 2,000 = 9,940,000

借：套期工具　　9,940,000

　　贷：套期损益　　9,940,000

确定被套期项目的公允价值变动：

库存螺纹钢的公允价值变动 =（3,580 − 4,200）× 10,000 =− 6,200,000

铁矿石采购合同的公允价值变动 =（450 − 550）× 16,000 =− 1,600,000

借：套期损益　　7,800,000

　　贷：被套期项目—螺纹钢（10,000 吨）　　6,200,000

　　　　被套期项目—铁矿石采购合同（16,000 吨）　　1,600,000

（2）净敞口套期。对于被套期项目为风险净敞口的公允价值套期，涉及调整被套期各组成项目账面价值的，企业应当对各项资产和负债的账面价值做相应调整。

对于被套期项目为风险净敞口的套期，被套期风险影响利润表不同列示项目的，企业应当将相关套期利得或损失单独列示，不应当影响利润表中与被套期项目相关的损益列示项目金额（如营业收入或营业成本）。

案例 6-20

假设 A 公司现有 10,000 吨库存螺纹钢，库存成本为 3,000 元/吨。另有一份以固定价格在 2X18 年 4 月销售 8,000 吨螺纹钢的销售合同。企业预计剩余 2,000 吨也在 2X18 年 4 月销售。

为了规避螺纹钢价格下跌风险，企业通过 B 期货经纪公司在上海期货交易所进行套期保值。2X18 年 3 月 1 日，在期货市场以 4,050 元/吨买入 RB1805 空头合约 200 手，计 2,000吨。A 公司将 RB1805 空头合约 200 手指定为套期工具，将 10,000 吨库存螺纹钢和

8,000吨螺纹钢的销售合同形成的风险净敞口指定为被套期项目。风险净敞口数量为2,000吨，系10,000吨库存螺纹钢和8,000吨螺纹钢销售合同的抵销结果。

2X18年3月1日，螺纹钢现货公允价值为4,200元/吨。

2X18年3月31日，RB1805的结算价为3,518元/吨，现货螺纹钢价格为3,580元/吨。

2X18年4月26日，A公司将期货合约全部平仓，平仓价格3,900元/吨，同时将现货10,000吨全部销售，销售价格4,050元/吨。

假设不考虑税费影响，符合套期会计核算的各项条件。此例中被套期项目为存货和确定的承诺，属于公允价值套期。A公司账务处理如下：

1）2X18年3月1日，套期关系指定日。

套期工具的会计处理：套期开仓时点公允价值为零，不需进行会计处理。

被套期项目的会计处理：

借：被套期项目—螺纹钢（10,000吨）　　30,000,000

　　贷：库存商品—螺纹钢（10,000吨）　　30,000,000

2）2X18年3月31日，资产负债表日。

确认套期工具产生的利得或损失：

期货合约持仓浮动盈亏 =（4,050 - 3,518）× 10 × 200 = 1,064,000

借：套期工具　　1,064,000

　　贷：套期损益　　1,064,000

确定被套期项目的公允价值变动：

库存螺纹钢的公允价值变动 =（3,580 - 4,200）× 10,000 =- 6,200,000

螺纹钢销售合同的公允价值变动 =（4,200 - 3,580）× 8,000 = 4,960,000

借：套期损益　　1,240,000

　　被套期项目—螺纹钢销售合同（8,000吨）　　4,960,000

　　贷：被套期项目—库存螺纹钢（10,000吨）　　6,200,000

3）2X18年4月26日，套期关系终止。

确认套期工具产生的利得或损失：

期货合约本期盈亏 =（3,518 - 3,900）× 10 × 200 =- 764,000

借：套期损益　　764,000

　　贷：套期工具　　764,000

确定被套期项目的公允价值变动：

库存螺纹钢的公允价值变动 =（4,050 - 3,580）× 10,000 = 4,700,000

螺纹钢销售合同的公允价值变动 =（3,580 - 4,050）× 8,000 =- 3,760,000

借：被套期项目—库存螺纹钢（10,000吨）　　4,700,000

　　贷：套期损益　　940,000

被套期项目 — 螺纹钢销售合同(8,000吨)　　3,760,000

确认现货销售收入及成本：

现货销售收入 = 4,050 × 10,000 = 40,500,000

现货销售成本 = 3,000 × 10,000 = 30,000,000

借：应收账款　　40,500,000

贷：主营业务收入		40,500,000
借：主营业务成本	30,000,000	
贷：被套期项目—螺纹钢（10,000吨）		30,000,000

将被套期项目公允价值变动转入净敞口套期损益科目：

借：被套期项目—库存螺纹钢（10,000吨）	1,500,000	
贷：被套期项目—螺纹钢销售合同（8,000吨）		1,200,000
净敞口套期损益		300,000

期货平仓，将套期工具转入其他应收款：

借：其他应收款	300,000	
贷：套期工具		300,000

8. 集团内跨主体套期的处理原则

集团内跨主体套期是指集团出于整体风险管理需要，通过集团公司或设立专业化的套期保值公司，对全集团的风险敞口进行套期保值，此时，现货经营单位与套期保值单位不属于一个法律主体。会计处理原则如下：在一个法律主体内无对应的套期关系，但在集团合并层面符合套期会计应用条件的，集团内套期保值单位按22号准则进行会计处理，具体见本节“四、投机套利会计核算”。集团在编制合并报表时，再按照重新指定的套期关系运用套期会计，通过编制合并调整分录，在合并报表层面进行会计处理。

9. 终止后再次建立套期关系的处理原则

实务中，企业可能会根据风险管理指标终止原有套期关系，在合适的时机，再重新建立套期关系。例如，某一套期工具出现严重信用恶化，企业以新的套期工具将其取代，这意味着原套期关系未能实现风险管理目标，因此被整体终止。

当部分或整体终止运用套期会计时，企业可以对原套期关系中套期工具或被套期项目指定新的套期关系，这种情况并不构成套期关系的延续，而是重新开始一项套期关系。

新的套期工具被指定为对先前被套期的相同风险敞口进行的套期，并形成新的套期关系。在这种情况下，被套期项目的公允价值或现金流量变动的计量起始日应当是新套期关系的指定日，而非原套期关系的指定日。

套期关系的终止及重新指定，与前述公允价值套期或现金流量套期会计处理原则一致。

10. 期权业务的会计处理原则

目前我国各交易所尚未开展钢铁行业相关的场内期权品种，本节参考其他商品的场内期权品种，探讨场内期权的会计处理。

如前文所述，企业开展期权业务，在同时满足新24号准则规定的各项条件时，方可按套期会计处理原则进行会计处理。不能同时满足条件或不准备运用套期会计处理原则进行会计处理的，按22号准则进行会计处理。

（1）期权业务按22号准则进行会计处理的原则。

1）期权购买方。

①支付期权费的会计处理。支付期权费，借记“衍生工具—期权”科目，贷记“银行存款”等科目。

②资产负债表日的会计处理。资产负债表日，企业应当按期权公允价值与期权账面价值的差额，借记或贷记“公允价值变动损益”科目，贷记或借记“衍生工具—期权”科目。

③期权行权的会计处理。期权行权转为期货时，企业应当按期货当日结算价与行权价的差额，借记或贷记“衍生工具—期货”科目，按期权账面价值，贷记“衍生工具—期权”科目，按其差额，贷记或借记“公允价值变动损益”科目。

④期权未行权的会计处理。期权到期未行权，按期权账面价值，借记“投资收益”科目，贷记“衍生工具—期权”科目。同时，将前期确认的“公允价值变动损益”金额，转入“投资收益”科目。

⑤期权对外转让的会计处理。期权对外转让时，企业应当按收到的银行存款等，借记“银行存款”等科目，按期权账面价值，贷记或借记“衍生工具—期权”科目，按其差额，贷记或借记“投资收益”科目。同时，将前期确认的“公允价值变动损益”金额，转入“投资收益”科目。

2）期权卖出方。

①收到期权费的会计处理。收到期权费，借记“银行存款”等科目，贷记“衍生工具—期权”科目。

②资产负债表日的会计处理。资产负债表日，企业应当按期权公允价值与期权账面价值的差额，借记或贷记“衍生工具—期权”科目，贷记或借记“公允价值变动损益”科目。

③期权被行权的会计处理。期权被行权转为期货时，企业应当按期权账面价值，借记“衍生工具—期权”科目，按期货当日结算价与行权价的差额，贷记或借记“衍生工具—期货”科目，按其差额，借记或贷记“公允价值变动损益”科目。

④期权未行权的会计处理。期权到期未行权，按期权账面价值，借记“衍生工具—期权”科目，贷记“投资收益”科目。同时，将前期确认的“公允价值变动损益”金额，转入“投资收益”科目。

⑤期权对外转让的会计处理。期权对外转让时，企业应当按收到的银行存款等，借记“银行存款”等科目，按期权账面价值，贷记或借记“衍生工具—期权”科目，按其差额，贷记或借记“投资收益”科目。同时，将前期确认的“公允价值变动损益”金额，转入“投资收益”科目。

（2）期权业务按新 24 号准则进行会计处理的原则。如前文所述，企业的签出期权（除非该签出期权指定用于抵销购入期权）不能作为套期工具，即签出期权不能按新 24 号准则进行会计处理。

对于购入的期权按 24 号准则进行会计处理时，企业可以选择将内在价值和时间价值分开，仅将内在价值指定为套期工具，也可以选择将期权价值整体指定为套期工具。

企业将期权价值整体指定为套期工具时，支付的期权费用记入“套期工具”科目，其余处理原则与前述的商品期货套期会计处理原则相同。

企业将期权合同的内在价值和时间价值分开，只将期权的内在价值变动指定为套期工具时，期权的内在价值会计处理原则，与前述的商品期货套期会计处理原则相同。期权的时间价值的公允价值变动，首先计入“其他综合收益”科目，后续处理应当区分被套期项目的性质是与交易相关还是与时间段相关：

1）被套期项目与交易相关的（一般指对预期交易或确定承诺涉及的商品价格风险进行套期），对商品采购进行的套期，在企业确认存货时，将期权的时间价值自“其他综合收益”科目，转入“库存商品”等科目；对商品销售进行的套期，在套期的销售确认为收入时，将期权的时间价值自“其他综合收益”科目，转入“主营业务成本”等科目。

2）被套期项目与时间段相关的，其他综合收益中所累计的期权时间价值金额应按系统、合理的方法进行摊销计入损益，摊销期限为期权内在价值的套期调整能够影响损益的期间。例如，使用期限为6个月的期权对企业的存货在该6个月中的价格风险进行套期，期权的时间价值应在这6个月期间内，采用系统、合理的方法（如直线法等）进行摊销计入损益。

11. 其他套期保值业务的处理原则

（1）质押保证金的会计处理。企业向期货交易所或期货公司提交质押品，获取保证金额度，实质是质押融资。企业根据对方给予的保证金额度，借记“其他应收款”科目，贷记“其他应付款”科目。解押减少额度时，做相反分录。用银行存款补足保证金，收回质押品时，借记“其他应付款”科目，贷记“银行存款”科目。

（2）实物交割升贴水的会计处理。实物交割升贴水包括实物交割中替代交割物与标准交割物间的价格差异、交割地之间的价格差异等。采购方收取或支付的实物交割升贴水，计入“原材料”“库存商品”等科目；销售方收取或支付的实物交割升贴水，计入“主营业务收入”等科目。

六、套期业务报表列报

（一）套期业务在会计报表中的列报

1. 资产负债表

企业应当将“套期工具”科目所属明细科目期末借方余额合计数在“以公允价值计量且其变动计入当期损益的金融资产”中列示，贷方余额合计数在“以公允价值计量且其变动计入当期损益的金融负债”中列示；企业在资产负债表中设有“衍生金融资产”和“衍生金融负债”项目的，则应当分别在该两项目中列示。

企业应当将“被套期项目”科目中归属于存货的余额减去相关“存货跌价准备”科目余额后的金额在“存货”项目中列示；将归属于确定承诺的“被套期项目”科目所属明细科目期末借方余额合计数在“其他流动资产”或“其他非流动资产”项目中列示，贷方余额合计数在“其他流动负债”或“其他非流动负债”项目中列示。

2. 利润表

企业应当将“套期损益”科目当期发生额在“公允价值变动损益”项目中列示。

企业应当将“其他综合收益—套期储备”科目当期发生额在“以后将重分类进损益的其他综合收益”项目所属的“现金流量套期损益的有效部分”项目中列示。

对构成风险净敞口的一组项目进行套期的，企业应当在利润表中“公允价值变动损益”项目和“投资收益”项目之间增设“净敞口套期损益”项目，以单独反映构成风险净敞口的被套期项目在影响损益时结转的累计公允价值变动额。该项目应当根据“净敞口套期损益”科目当期发生额填列。

（二）套期业务在会计报表附注中的披露

（1）企业应当披露与套期会计有关的下列信息：

1）企业的风险管理策略以及如何应用该策略来管理风险；

2）企业的套期活动可能对其未来现金流量金额、时间和不确定性的影响；

3）套期会计对企业的资产负债表、利润表及所有者权益变动表的影响。

企业在披露套期会计相关信息时，应当合理确定披露的详细程度、披露的重点、恰当的汇总或分解水平，以及财务报表使用者是否需要额外的说明以评估企业披露的定量信息。

案例 6-21　针对商品价格风险管理策略的披露示例

本公司从事螺纹钢产品的生产业务，持有的螺纹钢产品面临价格变动风险，因此本公司采用上海期货交易所的螺纹钢期货合约管理持有的全部螺纹钢产品所面临的商品价格风险。本公司生产的螺纹钢产品与螺纹钢期货合同的标准品相同，套期工具（螺纹钢期货合同）与被套期项目（本公司所持有的螺纹钢产品）的基础变量均为标准螺纹钢价格。套期无效部分主要来自基差风险、现货或期货市场供求变动风险以及其他现货或期货市场的不确定性风险等。本年度和上年度确认的套期无效的金额并不重大。本公司针对此类套期采用公允价值套期。

（2）企业应当披露其进行套期和运用套期会计的各类风险的风险敞口的风险管理策略相关信息：

1）企业指定的套期工具；

2）企业如何运用套期工具对被套期项目的特定风险敞口进行套期；

3）企业如何确定被套期项目与套期工具的经济关系以评估套期有效性；

4）套期比率的确定方法；

5）套期无效部分的来源。

披露风险管理策略相关信息，有助于财务报表使用者评价：每类风险是如何产生的，企业是如何管理各类风险的（包括企业是对某一项目整体的所有风险进行套期还是对某一项目的单个或多个风险成分进行套期及其理由），以及企业管理风险敞口的程度。

（3）企业将某一特定的风险成分指定为被套期项目的，还应当披露下列定性或定量信息：

1）企业如何确定该风险成分，包括风险成分与项目整体之间关系性质的说明；

2）风险成分与项目整体的关联程度（例如被指定的风险成分以往平均涵盖项目整体公允价值变动的百分比）。

（4）企业应当按照风险类型披露相关定量信息：

1）套期工具名义金额的时间分布；

2）套期工具的平均价格或利率（如适用）。

按照风险类型披露相关定量信息，有助于财务报表使用者评价套期工具的条款和条件及这些条款和条件如何影响企业未来现金流量的金额、时间和不确定性。

（5）在因套期工具和被套期项目频繁变更而导致企业频繁地重设（即终止及重新开始）套期关系的情况下，企业无需披露本节六、第（二）点第（4）条的信息，但应当披露下列信息：

1）企业基本风险管理策略与该套期关系相关的信息；

2）企业如何通过运用套期会计以及指定特定的套期关系来反映其风险管理策略；

3）企业重设套期关系的频率。

在因套期工具和被套期项目频繁变更而导致企业频繁地重设套期关系的情况下，如果资产负债表日的套期关系数量并不代表本期内的正常数量，企业应当披露这一情况以及该数量不具代表性的原因。

（6）企业应当按照风险类型披露在套期关系存续期内预期将影响套期关系的套期无效部分的来源，如果在套期关系中出现导致套期无效部分的其他来源，也应当按照风险类型披露相关来源及导致套期无效的原因。

（7）企业应当披露已运用套期会计但预计不再发生的预期交易的现金流量套期。

（8）企业应当以表格形式、按风险类型分别披露与被套期项目相关的下列金额：

1）公允价值套期在资产负债表中确认的被套期项目的账面价值，其中资产和负债应当分别单独列示；

2）公允价值套期资产负债表中已确认的被套期项目的账面价值、针对被套期项目的公允价值套期调整的累计金额，其中资产和负债应当分别单独列示；

3）公允价值套期包含被套期项目的资产负债表列示项目；

4）公允价值套期和现金流量套期本期用作确认套期无效部分基础的被套期项目价值变动；

5）现金流量套期继续按照套期会计处理的现金流量套期储备的余额；

6）套期会计不再适用的套期关系所导致的现金流量套期储备中计入其他综合收益的利得和损失的余额。

披露格式见表6-11。

表6-11　披露格式参考表

项　目	被套期项目所属的资产负债表项目	已确认的被套期项目账面价值		已确认的被套期项目账面价值中包含的被套期项目累计公允价值套期调整		本期用作确认套期无效部分基础的被套期项目价值变动	现金流量套期储备
		资产	负债	资产	负债		
现金流量套期							
商品价格风险 ——预期交易 ——终止的套期							

续表 6-11

项　目	被套期项目所属的资产负债表项目	已确认的被套期项目账面价值		已确认的被套期项目账面价值中包含的被套期项目累计公允价值套期调整		本期用作确认套期无效部分基础的被套期项目价值变动	现金流量套期储备
		资产	负债	资产	负债		
公允价值套期							
商品价格风险 ——存货 ——确认承诺 ——终止的套期							

（9）对于每类套期类型，企业应当以表格形式、按风险类型分别披露与套期工具相关的下列金额：

1）套期工具的账面价值，其中金融资产和金融负债应当分别单独列示；

2）包含套期工具的资产负债表列示项目；

3）本期用作确认套期无效部分基础的套期工具的公允价值变动；

4）套期工具的名义金额或数量。

披露格式见表 6-12。

表 6-12　披露格式参考表

项　目	套期工具所属的资产负债表项目	套期工具的账面价值		本期用作确认套期无效部分基础的套期工具的公允价值变动	套期工具的名义金额（或数量）
		资产	负债		
现金流量套期					
商品价格风险 ——预期交易					
公允价值套期					
商品价格风险 ——存货 ——确认承诺					

（10）对于公允价值套期，企业应当以表格形式、按风险类型分别披露与套期工具相关的下列金额：

1）计入当期损益的套期无效部分；

2）计入其他综合收益的套期无效部分；

3）包含已确认的套期无效部分的利润表列示项目。

披露格式见表 6-13。

表 6-13　披露格式参考表

公允价值套期	计入当期损益的利润表列示项目（包括套期无效部分）	计入当期损益的套期无效部分	计入其他综合收益的套期无效部分
商品价格风险 ——存货 ——确认承诺			

（11）对于现金流量套期，企业应当以表格形式、按风险类型分别披露与套期工具相关的下列金额：

1）当期计入其他综合收益的套期利得或损失；

2）计入当期损益的套期无效部分；

3）包含已确认的套期无效部分的利润表列示项目；

4）从现金流量套期储备计入其他综合收益的利得和损失重分类至当期损益的金额，并应区分之前已运用套期会计但因被套期项目的未来现金流量预计不再发生而转出的金额和因被套期项目影响当期损益而转出的金额；

5）包含重分类调整的利润表列示项目；

6）对于风险净敞口套期，计入利润表中单列项目的套期利得或损失。

披露格式见表 6-14。

表 6-14　披露格式参考表

现金流量套期	已确认的套期无效部分的利润表列示项目	重分类调整的利润表列示项目	当期计入其他综合收益的套期利得或损失	计入当期损益的套期无效部分	从现金流量套期储备重分类至当期损益的金额	
					已运用套期会计但因被套期项目的未来现金流量预计不再发生而转出的金额	因被套期项目影响当期损益而转出的金额
商品价格风险 ——预期交易						

（12）企业按照《企业会计准则第 30 号—财务报表列报》的规定在提供所有者权益各组成部分的调节情况以及其他综合收益的分析时，应当按照风险类型披露下列信息：

1）分别披露按照本节第六部分第（11）条中 1）和 4）的规定披露的金额；

2）分别披露将原在其他综合收益中确认的现金流量套期储备金额转出，计入该资产或负债的初始确认金额；现金流量套期预计不能弥补的损失从其他综合收益中转出，计入当期损益的金额。

第四节　钢铁企业从事期货业务涉及的主要税种

一、流转税

（一）期货平仓盈亏增值税

对于货物期货是否征收增值税，目前有两种观点：一种观点认为，应按财政部、国家税

务总局《关于全面推开营业税改征增值税试点的通知》（财税〔2016〕36号）规定的金融商品转让征收增值税；另一种观点认为，财税〔2016〕36号只是针对非货物期货征收增值税，货物期货应根据国家税务总局《关于下发〈货物期货征收增值税具体办法〉的通知》（国税发〔1994〕244号）规定，发生实物交割的，在实物交割环节对交割的商品征收增值税。

福建国税局《关于资管产品增值税热点问题解答》第十四条：根据财税〔2016〕36号，货物期货不属于金融商品，对于商品期货（货物期货）的征税仍按原有规定在交割环节按销售货物征收增值税。因此，商品期货不管是到期交割，还是未到期买卖或平仓都不按金融商品转让征收增值税。

（二）升贴水增值税

国家税务总局《关于增值税一般纳税人期货交易有关增值税问题的通知》（国税函〔2005〕1060号）规定，增值税一般纳税人在商品交易所通过期货交易销售货物的，无论发生升水或贴水，均可按照标准仓单持有凭证所注明货物的数量和交割结算价开具增值税专用发票。

对于期货交易中仓单注册人注册货物时发生升水的，该仓单注销（即提取货物退出期货流通）时，注册人应当就升水部分款项向注销人开具增值税专用发票，同时计提销项税额，注销人凭取得的专用发票计算抵扣进项税额。

发生贴水的，该仓单注销时，注册人应当就贴水部分款项向注销人开具负数增值税专用发票，同时冲减销项税额，注销人凭取得的专用发票调减进项税额，不得由仓单注销人向仓单注册人开具增值税专用发票。注册人开具负数专用发票时，应当取得商品交易所出具的《标准仓单注册升贴水单》或《标准仓单注销升贴水单》，按照所注明的升贴水金额向注销人开具，并将升贴水单留存以备主管税务机关检查。

（三）增值税优惠政策

根据《财政部、国家税务总局关于上海期货交易所开展期货保税交割业务有关增值税问题的通知》（财税〔2010〕108号）规定，上海期货交易所的会员和客户通过上海期货交易所交易的期货保税交割标的物，仍按保税货物暂免征收增值税。

根据《财政部、国家税务总局关于原油和铁矿石期货保税交割业务增值税政策的通知》（财税〔2015〕35号）规定，大连商品交易所的会员和客户通过大连商品交易所交易的铁矿石期货保税交割业务，暂免征收增值税。

二、企业所得税

根据财政部、国家税务总局《关于执行〈企业会计准则〉有关企业所得税政策问题的通知》（财税〔2007〕80号）第三条，企业以公允价值计量的金融资产、金融负债以及投资性房地产等，持有期间公允价值的变动不计入应纳税所得额，在实际处置或结算时，处置取得的价款扣除其历史成本后的差额应计入处置或结算期间的应纳税所得额。

期货属于以公允价值计量的金融资产或金融负债，平仓盈亏应计入应纳税所得额，与企业正常经营盈亏合并后缴纳所得税；浮动盈亏无论企业计入哪个会计科目，均暂不计入应纳税所得额，在企业所得税纳税申报时，计入利润表的浮动盈利需要调减应纳税所得额，计入利润表的浮动亏损需要调增应纳税所得额。

第七章　套期保值取得成功的关键要素

利用衍生工具进行套期保值是钢铁企业管理价格风险的有效手段，但是，由于衍生工具本身高杠杆的特性，开展套期保值过程中本身也会面临新的风险。企业套期保值要取得成功，管理好这些风险至关重要。从钢铁企业套期保值实践来看，套期保值要取得成功，必须重视合规、坚守套保理念、管控体系打造、套保过程风险控制、人才队伍建设以及套期会计处理6个方面。

第一节　重视合规

对国有企业来说，金融衍生品投资（包括套期保值）一直是国资监管部门比较关注的领域，近年来，个别国有企业开展期货等金融衍生品投资时因违反监管规定而受到监管处罚；对于上市公司或拟上市公司，套期保值业务也是证监会重点关注的问题。

企业开展套期保值业务首先应遵从监管规定，控制合规风险，并熟悉以下监管规定。

一、国务院国资委的相关监管规定

（一）新开展金融衍生业务需事前向国资委备案

2010年12月，国务院国资委发布了《关于建立中央企业金融衍生业务临时监管机制的通知》（国资发评价〔2010〕187号），通知规定，存在套期保值需求的中央企业在新开展金融衍生业务前应当向国资委备案，提交集团董事会（或相关决策机构，下同）审批决议、可行性研究报告、风险管理手册、年度或中长期操作计划等材料；需要开展境外商品衍生业务的中央企业应当在业务开展前向国资委提交评议核准申请。2015年4月21日，国务院国资委《关于取消中央企业境外商品衍生业务核准事项的通知》（国资发评价〔2015〕42号），取消了国资委对中央企业境外商品衍生业务的事前核准事项，由中央企业董事会或有关决策机构负责对本企业金融衍生业务进行决策核准。

（二）合规经营

2009年2月3日，国务院国资委发布了《关于进一步加强中央企业金融衍生业务监管的通知》（国资发评价〔2009〕19号），其主要内容如下：

（1）严格执行审批程序。企业开展金融衍生业务，应当报企业董事会或类似决策机构批准同意，企业董事会或类似决策机构要对选择的金融衍生工具、确定的套期保值额度、交易品种、止损限额以及不同级别人员的业务权限等内容进行认真审核。对于国家规定必须经有关部门批准许可的业务，应得到有关部门批准。集团总部应当指定专门机构对从事的金融衍生业务进行集中统一管理，并向国资委报备，内容包括开展业务的需求分析、产

品的风险评估和专项风险管理制度等，并附董事会或类似决策机构的审核批准文件和国家有关部门批准文件。资产负债率高、经营严重亏损、现金流紧张的企业不得开展金融衍生业务。

（2）严守套期保值原则。

1）要严格坚持套期保值原则，与现货的品种、规模、方向、期限相匹配，禁止任何形式的投机交易。

2）应当选择与主业经营密切相关、符合套期会计处理要求的简单衍生产品，不得超越规定经营范围，不得从事风险及定价难以认知的复杂业务。

3）持仓规模应当与现货及资金实力相适应，持仓规模不得超过同期保值范围现货的90%；以前年度金融衍生业务出现过严重亏损或新开展的企业，两年内持仓规模不得超过同期保值范围现货的50%。

4）企业持仓时间一般不得超过12个月或现货合同规定的时间，不得盲目从事长期业务或展期。

5）不得以个人名义（或个人账户）开展金融衍生业务。

（3）切实有效管控风险。企业应当针对所从事的金融衍生业务的风险特性制定专项风险管理制度或手册：

1）明确规定相关管理部门和人员的职责、业务种类、交易品种、业务规模、止损限额、独立的风险报告路径、应急处理预案等，覆盖事前防范、事中监控和事后处理的各个关键环节。

2）要建立规范的授权审批制度，明确授权程序及授权额度，在人员职责发生变更时应及时中止授权或重新授权。

3）对于场外期权及其他柜台业务等，必须由独立的第三方对交易品种、对手信用进行风险评估，审慎选择交易对手。

4）对于单笔大额交易或期限较长交易必须要由第三方进行风险评估。

5）要加强对银行账户和资金的管理，严格资金划拨和使用的审批程序。

6）企业应当选择恰当的风险评估模型和监控系统，持续监控和报告各类风险，在市场波动剧烈或风险增大情况下，增加报告频度，并及时制订应对预案。

7）要建立金融衍生业务审计监督体系，定期对企业金融衍生业务套期保值的规范性、内控机制的有效性、信息披露的真实性等方面进行监督检查。

（4）规范业务操作流程。企业应当设置专门机构，配备专业人员，制订完善的业务流程和操作规范，实行专业化操作；要严格执行前、中、后台职责和人员分离原则，风险管理人员与交易人员、财务审计人员不得相互兼任；应当选择结构简单、流动性强、风险可控的金融衍生工具开展保值业务；从事境外金融衍生业务时，应当慎重选择代理机构和交易人员；企业内部估值结果要及时与交易对手核对，如出现重大差异要立即查明原因并采取有效措施；当市场发生重大变化或出现重大浮亏时要成立专门工作小组，及时建立应急机制，积极应对，妥善处理。

（5）建立定期报告制度。从事金融衍生业务的企业应当于每季度终了10个工作日内向国资委报告业务持仓规模、资金使用、盈亏情况、套值保值效果、风险敞口评价、未来价格趋势、敏感性分析等情况；年度终了应当就全年业务开展情况和风险管理制度执行情况等形成专门报告，经中介机构出具专项审计意见后，随同企业年度财务决算报告一并报送国资委；对于发生重大亏损、浮亏超过止损限额、被强行平仓或发生法律纠纷等事项，企业应当在事项发生后3个工作日内向国资委报告相关情况，并对采取的应急处理措施及处理情况建立周报制度。对于持仓规模超过同期保值范围现货规模规定比例、持仓时间超过12个月等应当及时向国资委报备。集团总部应当就金融衍生业务明确分管领导和管理机构，与国资委有关厅局建立日常工作联系，年终上报年度工作总结报告，并由集团分管领导和主要负责人签字。

（6）依法追究损失责任。国资监管的中央企业应当根据《中央企业资产损失责任追究暂行办法》（国资委令第20号）等有关规定，建立和完善损失责任追究制度，明确相关人员的责任，并加强对违规事项和重大资产损失的责任追究和处理力度。

2018年7月13日，国务院国资委发布的《中央企业违规经营投资责任追究实施办法（试行）》（国资委令第37号）进一步明确了违规开展商品期货、期权等衍生业务的责任追究办法，同时废止了国资委令第20号文件。

二、证券监管机构的相关监管规定

上海证券交易所和深圳证券交易所均要求其管理范围的上市公司从事金融衍生品交易需建立有效的风险控制制度，及时对外披露衍生品交易的相关信息。其中《深圳证券交易所主板上市公司规范运作指引（2015年修订）》对衍生品交易管理及披露进行了详细规定，主要内容包括：

（1）事前管理。建立开展衍生品交易前，应当建立有效的衍生品交易风险控制及信息披露制度；合理配备投资决策、业务操作、风险控制等专业人员；应当在多个市场与多种产品之间进行比较、询价；必要时可聘请专业机构对待选的衍生品进行分析比较；应当制定相应会计政策，确定衍生品交易业务的计量及核算方法。

不鼓励公司超出经营实际需要从事复杂衍生品交易，不鼓励公司以套期保值为借口从事衍生品投机。对于超出董事会权限范围且不以套期保值为目的的衍生品交易，经上市公司董事会审议通过、独立董事发表专项意见后，还需提交股东大会审议通过后方可执行。

（2）事中管理。上市公司的相关部门应当跟踪衍生品公开市场价格或者公允价值的变化，及时评估已交易衍生品的风险敞口变化情况，并向董事会专门委员会报告。

对于不属于证券交易所场内集中交收清算的衍生品交易，上市公司应当密切关注交易对手信用风险的变动情况，定期对交易对手的信用状况、履约能力进行跟踪评估，并相应调整交易对手履约担保品的头寸。

应当根据已交易衍生品的特点，针对各类衍生品或者不同交易对手设定适当的止损限额，明确止损处理业务流程，并严格执行止损规定。

上市公司相关部门应当及时向管理层和董事会提交风险分析报告。

应当针对已交易的衍生品特点，制定切实可行的应急处理预案，以及时应对衍生品交易过程中可能发生的重大突发事件。

已交易衍生品的公允价值减值与用于风险对冲的资产（如有）价值变动加总，导致合计亏损或者浮动亏损金额每达到公司最近一期经审计净资产的10%且绝对金额超过人民币1,000万元时，公司应当以临时公告及时披露。

（3）信息披露：

1）应当及时通过指定媒体披露衍生品初始交易相关信息。

2）应当在定期报告中对已经开展的衍生品交易相关信息予以披露。

第二节　坚守套保

一方面，企业要坚持参与套期保值，不能因噎废食。很多企业一旦套期保值失败，就不敢或不愿参与期货市场。其实，不参与套期保值是一种危险性更高的投机。由于现货市场价格存在极端性波动的可能，将企业暴露在现货市场价格波动的风险之中，“赌”未来时间现货价格对企业有利，可能会给企业带来灾难性的后果。国务院发展研究中心主任李伟，在任国务院国有资产监督管理委员会副主任时，曾专门指出：“如果不让企业从事金融衍生产品交易，就相当于把它们的手脚捆起来……一个好的企业，一个有国际竞争力的企业，必须努力规避自己无法控制的风险。”

另一方面，企业参与期货市场要坚持保值，防范投机。钢铁企业应用期货工具本意是规避价格风险，但是期货工具本身也孕育着风险，这种风险主要来源于投机。忽视期货市场高杠杆、价格波动频繁等特点，有意或无意地把套期保值演变为投机，是非常危险的做法。1997 年的株冶锌期货事件、2004 年中航油新加坡事件、2005 年刘其兵国储铜事件，一系列金融衍生产品业务巨额亏损事件，都是因为追逐高额利润套利投机而忽视其风险。

还有一些情况，也是企业套保中需要关注的。比如有的企业本应持有期货市场空单锁定销售价格下跌风险，却因为建立了与企业风险管理目标相反的多单，后续市场价格开始持续下跌，转移风险的目的未能达到，反而会遭受大幅亏损；有的企业对投资进行保值，却签下风险收益完全不对称的期权合约；有的公司为对进口物资进行保值，却采取与保值目标直接关联性不强的操作工具，主要是因为没有很好地防范小概率事件；等等。无论期保值者的愿望如何，事实上少数企业确实因为具体操作策略与保值目标产生背离而存在“被动投机”之嫌，这是很危险的。

因此，要特别重视以下方面：

（1）防止套期保值的初衷随着市场变化演变成投机，对动态保值的操作，需要完善相应的流程，建立完备的手续和台账。

（2）不允许超量保值，如果保值数量超出了实体的需求和交割能力，就不再是严格意义上的保值。

（3）在操作中一定要把保值头寸与投机头寸严格区分，分开管理，分开评价，无论是套期保值还是投机交易都应该做到可追溯、可测定。

第三节　健全体系

研究开展套期保值比较成功的企业会发现，从组织架构搭建到企业文化建设，从风险管理的理念到套期保值的实践，在企业经营的几乎所有方面，成功企业与不进行套期保值或者套期保值开展较差的企业有很大的差别。成功的套期保值者，都打造了一个健全的套期保值体系。本节将通过一个案例展示，利用套期保值手段进行风险管理的企业，经营模式会发生怎样的变化。

 案例 7-1　路易达孚开展风险管理的实践

160 多年以来，路易达孚始终把风险管理作为企业的核心竞争力，建立了以风险控制为基础的经营方式。路易达孚善于利用期货市场的信息，对现货和期货业务进行流程化监控和管理，建立完善的企业风险控制体系，以保证公司经营的平稳运行。

(1) 完善的风险约束机制。为了将全面风险管理思想贯彻于所有业务活动中，路易达孚建立风险约束机制，以避免业务部门盲目追求利润导致重大经济损失。路易达孚设立清晰的风险问责制度，即以公司资本金为基础，明确定义公司整体风险的上限，然后将风险分摊到公司的各业务部门，并要求各个部门在各自规定的风险范围内开展业务；各业务部门设有专门的岗位明确负责对该部门业务风险的检测、记录和报告。路易达孚成立独立的风险管理委员会和风险管理部门，每日审查和监控各类风险，确保风险在可控范围之内；一旦风险溢出，相关的业务部门要配合风险管理部门调整交易仓位和对冲风险。

(2) 以风险控制为导向的信息管理体系。路易达孚设有专门收集市场信息的研究机构，对全球商品市场走势和供求关系进行全方位分析和预测。由风险管理部门负责整理、收集市场信息，建立标准化的历史数据库和 IT 系统，使风险监控做到自动化和流程化。

(3) 前瞻性的风险监控预警机制。路易达孚强调风险管理是一种主动的事前行为，通过分析既有的期货市场历史数据来预测和规避未来的风险，形成前瞻性的风险预警机制。

路易达孚的风险管理部门建立全自动化的风险监控平台，使风险定量和汇报做到自动化和流程化，达到及时发现风险和规避风险的目的。风险监控平台每日定时装载外部数据，包括期货市场历史价格和波动率、实时交易仓位、风险阈值等。监控平台自动整理和分析数据、计算风险值、生成每日风险报告发送到风险管理委员会和各业务部门。风险管理部门通过风险报告发现可疑的风险点，就应与业务部门负责人沟通并提出风险对冲策略，以确保风险水平在公司规定范围之内。

(4) 科学严密的风险对冲计划。路易达孚风险对冲计划的对象不仅仅是各个“孤岛式”业务部门的风险，也考虑存在于整个企业的集合风险。各个业务部门专注于控制自己的风险，不会考虑其他部门的风险和对冲活动。而独立的风险管理部门则要确保各部门的风险对冲活动不会增加企业的整体风险。整体风险溢出时，风险管理部门要提出和实施企业层面的风险对冲策略。

在交易之前，路易达孚会使用期货历史数据对风险对冲策略进行后验测试，确保对冲策略能在历史市场环境中，尤其是震荡市场环境中达到预期目的。在测试中要考虑对冲策略是否会引发其他风险，例如在极端市场条件下期货保证金的要求可能带来流动性风险。只有在对冲策略通过测试后，才可以开展交易和实施对冲计划。对冲交易执行完成后，严密监控现货和期货交易的盈亏并随市场变化及时调整交易仓位，以保证最佳的风险对冲效率。

仔细研究会发现，要开展套期保值，钢铁企业会遇到许多挑战，主要体现在以下

方面：

（1）套期保值工作牵涉部门多，对于钢铁企业来说，开展套期保值绝不是期货一个部门的事，在整个过程中，除了期货部门以外，还会牵涉到采购、销售、生产调度等经营部门，及相应的企业管理（考核）、财务（资金调拨、会计处理）、内控（风控）、审计等职能部门，需要各部门密切协调配合。

（2）套期保值决策时间窗口短，传统的现货生产经营，决策窗口往往较长，螺纹钢等产品定价周期较短，但也有不少原料、产品采取月度、季度定价。而套期保值是在期货市场进行交易，市场价格变动要快得多，套期保值决策窗口期往往很短。

（3）资源、信息整合要求高，钢铁企业进行套期保值，简单地应用“四大原则”一套了之显然不可行，必须要对市场有深入的研究和判断，而市场研判，钢铁企业最大的优势就是现货信息，这些信息往往沉淀在各个部门的一线人员脑中，如何能系统、快速地整合市场信息，也对企业能力提出了要求。

（4）风险管理的意识要求高。套期保值要长期取得成功，最重要的就是建立全过程风险管理的制度、树立风险管理的文化。以路易达孚为例，设立风险问责制度、年初制定风险预算并分解到各个经营部门，各经营部门设置独立的风险岗位、公司设置专门的风险部门来监控风险等一系列的组织和制度设计，都是为了管理好套期保值过程中的风险，对于缺少经验的钢铁企业来说这也是一大挑战。

不难发现，要应对好以上挑战，靠个别部门是无法推动的，套期保值要取得成功，必须要健全套保体系，把套期保值当做系统工程来做。

第四节　严格风控

从企业套期保值实践来看，由于衍生工具高杠杆、价格频繁波动的特点，套期保值执行过程中一旦发生问题，后果往往比较严重。因此，套期保值过程的风险控制也是套期保值取得成功的关键之一，必须要建立一个严格有效的风险管理体系来切实防范风险。只有通过体制的约束、制度的约束和有效的手段才能克服人性的弱点，才能避免由于体制落后、制度缺失、手段缺乏和人性弱点等方面可能造成的巨大风险。

分析国内企业参与金融衍生品交易出现重大损失的案例，不难发现其一个共同原因，就是企业的风险管理存在重大缺陷，未能发挥应有的控制及管理作用。据国资委 2009 年的调查，从事金融衍生产品业务的中央企业，大部分没有设立专门的风险管控机构。有些甚至将产品的买卖、资金的清算和交易的管理等本该分离的职能放在一起，失去制衡和监督。

要提升企业风险管理水平，核心是做到风险可测、风险可控、风险可承受。风险管理体系是否有效，可以关注以下方面：

（1）必须设立独立于操作部门之外的风险管控部门。

（2）风险管控必须是一个具有高度权威的部门。

（3）建立风险管理分级制度，界定一般风险、重要风险、重大风险和特别重大风险的范畴，对不同等级的风险采用不同的管理措施。

（4）风险管控部门必须实时监控期货运作及其风险变化情况。

（5）明确风控部门有权根据企业相关规定，对期货运作中出现违规情况或根据风险分级管理的原则，向业务部门发出风险警示函，或直接向套期保值决策委员会和总经理报告，以避免重大风险事故的发生。

（6）有效的风险管理绝不是一个风控部门的事，应该体现在整个风险管理体系建设中，在规章制度、部门及岗位职责、业务流程设计等各个方面都应该融入风险管理内容。特别需要强调一点的是，业务/操作部门是风险管理的第一责任人，是风险管控的第一环节。

（7）保持清晰统一的公司战略和风控标准。期货的核心能力是风险管控能力，但风控标准与公司的整体战略和经营策略有关，也与企业领导人的风险偏好有关。因为岗位职责不同，考核激励不同，业务和风控之间实质上处于一种博弈状态，二者关于风险的判断不太可能完全一致，矛盾主要集中在对风险判断标准上，一般情况下，风控标准肯定会高于业务标准，在这种情况下，需要有持续的非常清晰和统一的公司战略口径，否则容易在操作过程中出现混乱。

因此，钢铁企业从事金融衍生品业务，必须高度重视风险的防范和控制。一是要树立正确的风险管理理念，真正理解金融衍生产品高收益、高杠杆、高风险的固有特性。要有正确的投资动机、良好的投资心态，消除赌徒心理，审慎投资，理性操作。二是切实执行风险管理制度和内控制度。要建立有效防范和监控市场风险、信用风险、流动性风险、操作风险、法律风险等管理制度。要建立风险的识别、预警、评估和应对止损机制。一旦出现风险要尽快采取措施果断止损，切忌翻盘心理。要建立完整的内部控制程序，规范业务流程，前中后台一定要严格分开，相互制约。要建立投资决策与授权机制，按照公司治理结构的要求进行投资决策和执行事项授权并权责明确，确保企业管理人员和业务人员在规定的权限内尽职尽责开展业务。要实行风险监控部门独立报告制度，并定期进行审计。要定期对制度执行情况进行自查自检，对发现的问题及时纠正。要建立风险防范的法律救助体系，使企业的风险管控有切实的法律保障。三是要重视人才、技术的保障作用。加强高素质专业人才的培养、引进和使用，提高管理人员的业务技能，挖掘风险管控中“人”的首要因素。还要注重运用信息化等技术手段，提高管控水平和效率。

第五节　珍惜人才

套期保值是一项专业性很强的工作，复杂程度很高，需要多种专业知识的汇聚，是专业化的复合型人才。据大连商品交易所与冶金工业经济发展研究中心共同开展的调研显示，人才问题是钢铁企业开展套期保值过程中最大的挑战之一。确实，钢铁从业人员中几乎没有金融人才积累，了解衍生工具的就更少。而且，作为传统制造行业，钢铁行业的薪酬水平，要吸引、留住金融人才也很困难。

一、重视专业化人才

期货套期保值需要的是专业化的复合型人才，既要懂得钢铁现货市场规律，了解一般的钢铁生产工艺知识；又要懂经济、懂金融，对宏观经济运行规律、对衍生品市场有深刻的理解；更重要的是，还要对风险管理有深刻理解，熟悉本企业生产经营，真正了解本企

业的风险敞口，才有可能真正做到用好期货、现货两个市场，有效管理企业价格风险。

适合企业的人才难得，需要很长时间的培养，企业对专业人才也要重视、爱护，给予合理的待遇，支持他们的工作，使人才的能力得以有效发挥。

二、做好人才队伍建设

企业管理层要重视、学习套期保值理念。套期保值是一项系统工程，重要决策必须由套期保值委员会作出，企业管理层通过培训、学习树立套期保值理念必不可少。

从自身出发，培养优秀人才。期货专业人员是有效执行套保和管控风险的核心力量，套保团队要由熟悉现货市场及期货交易规则的业务人员组成。因此，企业必须加强人才培养，成立专业的期货部门负责套保业务，并制定完善的绩效考核制度，企业应重视期货业务和风险管理专业人才的培养，不断提高期货从业人员队伍的专业化水平。需要指出的是，钢铁企业凝聚力普遍较强，员工忠诚度也非常高，培养人才，宜从自身做起，从熟悉现货的年轻人中挖掘。套期保值固然需要金融知识、金融技能和金融理念，但归根结底是管理企业现货风险，而不是从事金融投机交易，具有一定学习能力的年轻人，要培养成才并不困难。同时，企业也要着力引进外部的优秀人才，从市场专业人才中选取适合企业的人才，给予适当的待遇，使他们能融入企业，成为企业价值的创造者。

全员普及套期保值基础知识。套期保值需要多个部门的协调配合，因此，对相关部门的领导和职工，也要进行适当、合理的培训，提升经营及管理部门人员的风险管理意识，套期保值工作才能顺利推行。同时，普及培训也为套期保值工作培养了后备人才。

用好外部平台做好培训。人才培养要充分利用外部平台，既要走出去，也要引进来，钢铁协会、期货交易所、期货经纪机构以及其他行业机构都开展了大量的培训活动。中国钢铁工业协会、冶金工业经济发展研究中心每年组织相关培训、研讨活动，大连商品交易所还专门针对国有钢铁企业开展了“龙头企业培训”系列活动，企业可以积极关注、充分利用这些平台来培养人才。

三、建立合理的激励机制

首先，要给人才以合理的待遇。钢铁相关期货品种，是商品期货市场的明星品种，懂钢铁现货、又懂期货的复合型专业人才价值很大。相比之下，钢铁企业作为传统制造业企业，薪酬水平偏低。对此，企业还应充分尊重市场规律，尊重人才价值，积极改革薪酬体系，以合理的待遇留住人才。一些企业已经认识到这个问题，并在金融等领域尝试通过市场化选聘等方式，引进了一批市场化待遇的优秀人才，这是好的趋势。

其次，还要建立岗位职责相匹配的考核机制。待遇水平之外，考核机制的激励，对人才能力的发挥至关重要。对套期保值来说，考核评价的核心就是期现结合，绝不应把期货账户盈利多少或亏损多少简单作为考核这些相关部门和人员期货套保业务的标准，也不应把考核期局限于短期盈亏，而是应该结合企业风险管理特点、保值项目特点以及外部市场环境变化特点，形成一个大体符合实际的考核办法。应侧重看套期保值对整个企业风险管理的长期效果，看是否因为套期保值使企业能够在外部环境波动不定的形势下完成保值目标，辅助企业自身实现稳健运行和稳定发展。

第六节　业财融合

企业参与套期保值的效果最终会在财务报表中体现，如果财务报告未能合理反映企业规避风险的管理活动及其业绩，会碰到许多问题。即使业务实质是套期保值，但如果在财务核算时，将期货损益按《企业会计准则第 22 号—金融工具确认和计量》处理，套期工具的持仓浮动盈亏和平仓盈亏直接计入当期损益，与现货盈亏实现的期间不匹配，期现货盈亏错配，就不能合理反映企业的业务实质。

对于国有企业而言，有时套期保值活动会被监管部门认定为投机交易，套期保值的合规性受到国资监管部门的询问。

对于上市公司而言，套期保值业务涉及的财务活动必须按规定予以披露，如果未能按套期会计准则进行会计处理，受到监管机构的问询或不了解公司业务的信息炒作者的炒作，个别上市公司甚至由于信息炒作对公司的股价造成一定的波动。

此外，套期保值对企业盈余也会产生很大影响，涉及上市公司业绩波动、企业税务处理等相关问题。

因此，管理层应高度重视套期业务过程中的财务工作，企业以业财融合为抓手，打造一体化管控体系。企业从事套期保值，建议应打造以策略为导向、以流程为对象、以制度为平台、以财务为支撑、以信息化为保障的五位一体业务财务融合管控体系。

财务人员应了解管理层的风险管理目标，熟悉套期保值业务操作逻辑和操作流程，融入事前决策支撑、事中控制、事后评价的全过程管理中来。事前决策支撑，财务应至少参与审核套期比率的确定、套期保值财务定价模型、保证金资金使用额度等；事中控制，财务应监督资金的使用，审核套期保值实际操作是否按方案执行；事后评价，财务应以套期保值方案为基础，评价实际套期效果，为管理层后续套期保值操作提供财务方面的建议。

同时，套期保值业务不同于传统业务，业务部门和财务部门的融合非常重要，业务人员也应熟悉财务规定，了解不同的操作模式对经营业绩的影响，实务操作中的书面文件应满足套期会计的核算和信息披露要求。

当然，也要重视套期保值财务人员的培训。新的套期会计准则已从规则导向转变为原则导向，对财务人员提出了更高的要求，套期业务如何处理更多地取决于财务人员基于会计准则规定框架下的判断。

企业应加强套期保值财务方面人员的培养，使之了解金融衍生产品及相关市场规则，熟悉企业套期保值交易策略，精通相关监管法规、套期会计核算和披露要求，为企业控制套期保值财务风险的同时，并提出更多有价值的决策参考建议。

第三部分

钢铁套期保值实践

第八章　钢铁企业套期保值案例

案例一　钢铁央企的风险管理之路
——鞍钢集团套期保值案例

一、企业开展套期保值的基本情况

（一）企业简介

鞍钢是新中国第一个恢复建设的大型钢铁联合企业和最早建成的钢铁生产基地，被誉为“中国钢铁工业的摇篮”“共和国钢铁工业的长子”；攀钢是我国钒钛资源综合利用、国防军工配套服务的重要基地和最大的三线企业。重组后的鞍钢集团公司已形成跨区域、多基地、国际化的发展格局，成为国内布局完善、最具有资源优势的钢铁企业。在东北地区，形成了鞍山本部、鲅鱼圈新区、朝阳新区三大基地；在西南地区，拥有攀枝花、成都、江油、西昌、重庆生产基地；在华北地区，天津天铁冷轧项目已建成投产；在东南地区，福建莆田项目于2018年建成投产。2017年，鞍钢集团公司铁、钢产量双超3,000万吨，营业收入超过1,500亿元。

在经济全球化和资源国际化的形势下，推进国际化经营已成为鞍钢集团公司调整结构、转变发展方式的战略取向。两次收购澳大利亚金达必公司共36.28%的股份，成为第一大股东，并合资开发卡拉拉铁矿项目，建立了第一个海外原料生产和供应基地。收购意大利维加诺公司60%的股权，建立了第一个海外钢材加工基地。与全球最大的钢铁贸易商英国斯坦科集团在西班牙组建合资公司，建立了第一个海外销售合资公司。与美国钢发展公司签订协议，成为中国第一家在美国投资建厂的钢铁企业。

加强与国外顶级企业的合资合作，通过与“巨人一起登山”，提升了多角化产业发展水平。与英国维苏威公司合资建设耐火材料项目，与科德控股（欧洲）有限公司合资建设冷轧工作辊镀铬项目，与比利时贝卡尔特公司合资建设重庆钢帘线项目，与德国贝克吉利尼公司合资建设水处理项目，与韩国斯多博格三一公司合资建设保护渣项目，与美国铁姆肯公司合资建设的轴承修复项目。这一系列合资合作项目的成功实施，使鞍钢集团公司多角化产业的核心竞争力得到显著提升，成为新的效益增长点。

（二）产销基本情况及风险敞口简析

1. 产销情况

鞍钢集团旗下子公司鞍钢股份有限公司2017年生产铁2,207万吨，比上年增长

1.11%；钢2,259万吨，比上年增长3.57%；钢材2,068万吨，比上年增长4.14%；销售钢材2,077万吨，比上年增长4.19%。实现钢材产销率100.48%，全年营业收入843.16亿元，利润总额54.86亿元。

2. 风险敞口简析

风险敞口是暴露在外未加保护的头寸，风险是一种不确定性，企业不能预知事件什么时候发生，也不能确定影响有多大。企业保留一定的风险敞口，使得企业盈亏同源，既可能使企业在未来市场获得利润，也可能使企业产生一定亏损。一般而言，企业的风险敞口有两种类型，即单向敞口与双向敞口。单向敞口是企业原料或者产成品中，一边的价格相对确定，而另外一边价格波动大。双向敞口是原材料和产成品均面临较大的价格波动风险。

鞍钢集团有许多不同的业务板块，风险敞口各有不同："鞍钢国贸"是一个贸易型企业，具有双向敞口风险，既担心涨价，又害怕降价，在采购前担心涨价，造成采购成本增加，在销售时害怕降价，造成库存减值；"鞍钢矿业"是生产型企业，主要负责铁矿石的生产，其生产物资价格相对稳定，主要风险在于矿价下跌；"鞍钢股份"是加工型企业，具体风险表现在：

（1）原燃料采购敞口风险。2017年鞍钢股份有限公司的营业成本727.4亿元，其中原燃料成本585亿元，占营业成本73%，全年采购铁矿石1,200万吨，焦煤1,450万吨，焦炭70万吨，原燃料需求敞口较大，需要规避原燃料价格上涨风险。

铁矿石是全球规模第二大的商品，中国是第一大进口国，其定价模式几经更迭，经20世纪末的年度长协，演化到2008年金融危机后的季度协议。近几年来，月度定价已逐渐成为趋势，加上兴起的具有中国特色的港口现货销售模式，使得铁矿石定价逐步形成了区域化、指数化的特点，在定价模式多样化的同时价格波动也异常频繁。2011年以来波动率上升非常明显，如图8-1所示，年化波动率由2011年的27%，上升到2017年35%，其中2016年甚至达到了44%，频繁而剧烈的价格波动给企业采购带来较大的敞口风险。铁矿石价格上涨时，由于企业需要长期采购原料进行加工生产，增加了企业的生产成本；铁矿石价格下降时，企业的库存又面临着原料减值的库存风险。

图8-1　铁矿石成本与波动率

（2）产成品销售敞口风险。鞍钢作为大型生产加工企业，其生产周期较长，从原料采

购到产品销售时间需要40天左右，期间钢材价格波动给企业带来较大的敞口风险。一方面，钢材价格上涨时，由于生产周期长，产品无法迅速在市场销售实现丰厚的利润；另一方面，钢材价格大幅下降时，由于先期采购的原料价格较高，企业面临亏损的风险。目前，鞍钢销售主要有3种模式，各有利弊，敞口风险各有不同：

1）现货期货订货模式，即客户月初订货，月末结算。优点是能提前锁定销售量，实现以销定产，在行情稳定时确保公司能赚取一定利润；缺点是当行情出现剧烈波动时，价格调整滞后，企业仍有的敞口风险较大。当价格上涨，月初的订货价无法覆盖当月涨幅，企业损失一部分利润，如2016年3~4月热轧价格单边上行，以上海地区为例，价格从3月1日的2,080元/吨暴涨到4月21日的3,270元/吨，上涨1,190元，涨幅达57%，而此时企业订货价在2,400元/吨左右，由于订货价低，调整滞后，企业没有获得价格上涨的超额收益。当价格下跌时，企业需要在月末结算给予客户一定追补，企业由此承担了贸易商的经营风险，如2017年2~4月热轧价格单边下行，从2月21日的3,890元/吨暴跌至4月20日的2,910元/吨，下跌980元，跌幅达25%，企业在月末结算时给贸易商进行大量追补，其中4月追补达到940元/吨，当月因价格下跌造成的企业追补损失达数亿元。

2）投标锁价模式。公司与下游终端用户签订远期钢材销售合同，约定材质、价格、数量、交货期。优点是可锁定即期利润，稳定销售渠道。缺点是由于价格在合同签订时被锁定，当价格上涨，原料跟随成材上涨，将挤压企业利润。

3）现货销售模式。鞍钢每年通过各子公司销售钢材现货在500万吨左右。此销售模式的优点是价格灵活，紧跟市场，公司可以按照市场行情及时调整报价，控制销售数量和节奏。缺点是当价格出现大幅下跌时，面临库存减值、产品滞销、资金占用的风险，由于现货销售是零散的销售模式，速度缓慢，营销成本相对较高。

（3）库存敞口风险。库存风险是由价格不确定性造成的，主要体现在3个方面：

1）价格上涨所带来的无库存导致生产成本增加；

2）价格下跌所带来的库存商品减值；

3）价格不涨不跌所带来的库存资金占用成本。

鞍钢的库存敞口风险来自于两方面：一方面，公司为便于钢材现货销售，保证规格和材质的齐全，会常备一定的成品库存；另一方面，公司为保证生产的连续性和稳定性，需要储备30天左右的原燃料，特殊情况如冬季生产或外部运输困难，以及对后市看涨等情况下，原燃料库存储备可能达到60天左右，由此而产生较大的库存敞口风险。

以铁矿石为例，正常情况下鞍钢厂内库存在50万吨左右，按照2018年2月普氏指数均价77.24美元计算，库存价值约为3,862万美元（不考虑品种结构），通过采用历史模拟法得到541天以普氏指数为标价的铁矿石波动率为2.3%，在消耗期30天、5%的概率下，库存的风险价值VaR为802.7万美元。

二、鞍钢套期保值历程

2014年9月，鞍山钢铁集团有限公司向集团公司申请批准，同时向中央国资委报备，正式开展期货套期保值业务。9月25日，成立期货领导小组和期货交易部，以鞍钢集团身份申请并获得上海期货交易所自营席位。

2015年，公司根据当时市场情况和自身现货部门需求，制定了13个套期保值方案，保值品种主要集中在原料端，其中铁矿石交易量66万吨，焦煤55万吨，其中实物交割焦煤6.6万吨。同时，集团申请并获得大连商品交易所自营席位；同年完成上海期货交易所“鞍钢牌”热轧卷板品牌注册。

2016年，公司共制定40多个套期保值方案，保值品种有所扩大，对钢材品种进行小规模的尝试，其中热轧卷板交易量29万吨、螺纹钢交易量15万吨。全年总交易量336万吨，实物交割热轧卷板3.6万吨、铁矿石9万吨。另外，大连商品交易所正式批复大连港为鞍钢股份公司的铁矿石指定交割库。

2017年，公司共制定了50多个套期保值方案，保值品种由黑色向有色延伸，保值品种新增了沪镍和沪铜，全年交易量超过330万吨。本年度公司套期保值业务有所拓展，在大连商品交易所的推动下，与新湖期货公司合作，参与了大连商品交易所的场外期权试点项目，公司根据现货不同的市场风险状况，采用灵活的期权策略对冲现货风险，进行铁矿石期权交易6万吨。

除此之外，在大连商品交易所倡导下，公司尝试了新的采购定价模式，与中建材进行基差点价采购铁矿石5万吨。通过该项目拓展了公司的采购模式，可提前锁定资源，利用期货+基差的定价模式，规避了价格波动风险。同时积累了经验，培养了人才，完善了内部制度，提升了鞍钢知名度和市场影响力。

三、套期保值的战略意义

从某种意义上理解，期货等衍生品对于企业经营的最大战略价值。首先在于提供现货无法比拟的巨大流动性以及自由的多空交易机制，使得企业可以灵活地对冲管理在经营过程中遇到的不同类型价格波动风险，这为企业开展套期保值业务，管理企业价格风险，提供了工具上的支持。

其次，期货等衍生品的本质是当前市场对未来价格的预期，将未来不确定性价格在当下以确定的价格表示出来，根据这一特性，方便企业管理远期经营目标，达到提前稳定未来经营的效果。

最后，期货等衍生品对于企业经营而言，原则打破了原有经营模式中现货“物流”与“价格”必须结合的传统时空属性，实现“物流”与“价格”分离，物流按照物流模式运行，而价格则可通过期货等衍生品进行控制，达成现货的时空分离，极大解除了对企业的经营约束。

四、鞍钢套期保值的策略分析

（一）鞍钢套期保值的逻辑思路

鞍钢作为大型钢铁生产企业，同样面临着上下游价格波动风险，正因为期货等衍生品的便利性，在充分掌握其功能的基础上，必须加以约束，除在企业内控制度上杜绝投机等行为，更应在理念认识、逻辑原理上强化正确的风险管理观念。鞍钢风险管理逻辑树如图8-2所示。

公司通过充分调研分析，认识到通过市场机制，运用现代金融工具（期货、期权等金融衍生品）和技术，可以解决上述问题。因此，公司将套期保值业务作为实现企业稳健发

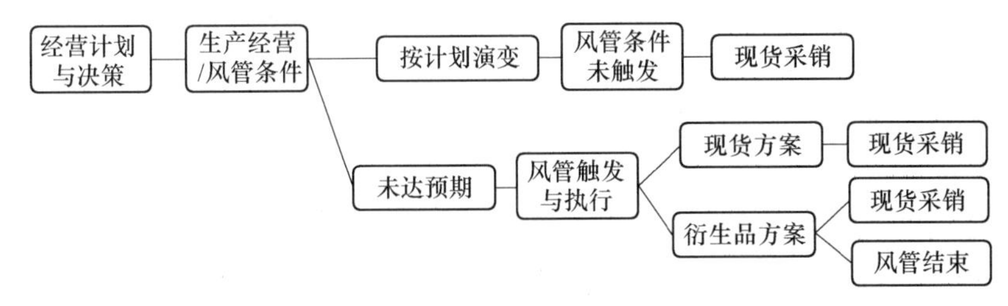

图 8-2　鞍钢风险管理逻辑树

展的重要风险管理策略和管理模式，使企业在不断发展创新自身产品和服务的同时，加强风险管理，提升企业核心竞争力。在开展套期保值业务中，公司树立科学的保值理念，注重全面风险管理，始终坚持对冲和防范现货价格波动风险，杜绝任何投机交易。

（二）鞍钢套期保值的策略

企业根据对市场和宏观经济形势分析判断，针对现货经营中可能出现的风险点和风险程度，研究保值的方向、数量、价位以及时间周期等，设计合理的风险管理触发条件，并严格监控、执行风险管理方案，原则上从以下几个方面制定不同的保值策略。

1. 买入套期保值

当公司未来有原燃料采购需求，担心市场价格上涨增加采购成本，在期货市场上买入相应的合约，以建立虚拟库存，其作用：一是可以减少资金占用；二是节省企业库存；三是便于企业灵活调整库存水平；四是可以规避现货低库存下的原料价格上涨风险。但需要注意几方面问题：一是选择的期货合约标的物要与现货相近（若相差较大，则价格变动相关性要强），同时还要遵从时间相近、数量均等的原则，不能盲目赌后市而放大风险；二是运用期货市场建立虚拟库存要对当前经济形势以及商品价格走势有清晰明确的判断；三是要有相应的止损退出机制，不能盲目进行展期操作。

当公司对现有的长协矿等“定量不定价”的原燃料有锁定采购成本需求时，同样可以采取买入套期保值达到效果，管理可能因价格上涨带来的风险。

2. 卖出套期保值

卖出套期保值策略主要是规避两类风险：

（1）采购原燃料价格已锁定且到货时间较长或者厂内库存较高，担心价格下跌造成库存减值。

（2）厂内钢材现货库存较大，或未来与下游签订的合同结算价有下跌风险。因此，在期货市场上卖出与现货商品数量同等的、交割日期相近的商品期货合约，以规避未来因价格下跌而造成的亏损风险。

3. 加工利润保值

钢厂属于生产加工型企业，其加工利润是其主营收入，但因原料及产品在时间上的采销不同步、定价方式的差异，以及产业政策等因素影响实际供应，造成了企业加工利润大幅波动以及企业钢材供给量变化的风险，因此，对加工利润的风险管理，是针对钢厂更为合理和有效的风险管理策略。

利用期货虚拟钢厂利润与现货利润具有同趋势变化的特点，对钢厂的加工利润进行保值，或反向套保。

（1）做空加工利润。为了防止原料价格突然上涨，或钢材价格突然下跌，以及两种产品同方向变动的幅度不一致，导致钢厂利润减小的风险，企业在期货市场上买入原料合约，同时卖出钢材合约。

（2）做多加工利润。当原料价格受某些因素影响，出现大幅上涨，钢材价格下跌，企业出现严重亏损，而厂内原料库存较高时，可进行反向套保操作，在期货市场上卖出原料，买入钢材，同时企业安排检修，减少钢材供应。虚拟钢厂利润保值策略见表8-1。

表8-1 虚拟钢厂利润保值策略

策　略	操作前提要素	期货操作
做空钢厂利润	虚拟钢厂利润大于企业目标利润	买入原料、卖出钢材
做空钢厂利润	产能利用率上升，淡季来临，预判后期钢厂盈利能力下降	买入原料、卖出钢材
做空钢厂利润	下游原料企业供给出现减量，而钢厂产能利率不变	买入原料、卖出钢材
做空钢厂利润	受突发事件影响（如环保或会议等政策性限产），盘面利润出现极大值时	买入原料、卖出钢材
做多钢厂利润	原料价格大幅上涨，钢材下跌或涨幅远小于原料，企业出现亏损	卖出原料、买入钢材
做多钢厂利润	钢厂停产检修增多，开工率持续下滑，原料供应正常	卖出原料、买入钢材

（三）套期保值策略实例

1. 买入保值策略案例

（1）背景描述。

1）2016年6月签出口订单，10月交货，订单毛利：310元/吨。

2）签单时现货原料成本：铁矿石430元/吨，焦炭1,640元/吨。

3）担心原料市场价格上涨，影响订单利润，于6月20日建仓虚拟库存，连铁1701合约多单（426元/吨），焦炭1701合约多单（1,528元/吨）。数量完全按照实际生产比例。

（2）后续操作见表8-2。

表8-2 买入保值操作明细

排　产	日　期	现货市场		期货市场	
		焦炭现货	铁矿现货	期货焦炭	期货铁矿
订单	2017年6月20日	1,640	430	1,528建多	426建多
第一次生产	2017年7月10日	1,740	475	1,748平仓	465平仓
第二次生产	2017年8月10日	1,920	603	2,161平仓	564平仓
第三次生产	2017年9月11日	2,200	572	2,415平仓	534平仓
结果	减利	-353.1		获利	428.9

（3）套保效果评估。如不做套保建立虚拟库存锁定原燃料成本，该订单将减利 353.1 元/吨，实际订单利润变为亏损为-43.1 元/吨（310-353.1）；做买入套保后，实际订单利润变为 385.8 元/吨（310-353.1+428.9）。不仅规避了价格上涨风险，同时赚取了基差收敛后的红利。

2. 卖出保值策略案例

（1）背景描述。2017 年 4 月底，国贸公司采购 5 月指数 PB 粉自用，但市场出现急跌，为避免行情下跌造成的库存贬值，公司采取卖出保值策略，于 5 月期间每日卖出对应量连铁 1709 合约，实现均价对冲；6 月 15 日，公司在货物到港前以 55 美元销售，同时连铁以 423 元买入平仓。

（2）操作流程见表 8-3。

表 8-3　矿石均价卖出保值操作明细

日　期	漂货/美元	期货/元
5 月全月	5 月指数采购成本 61.59	19 个交易日空单均价 472
6 月 15 日	销售价 55	多单平仓价 423
盈　亏	-6.59 美元/吨	49 元/吨

通过本案例看出，利用国内连铁期货与普氏指数间的高相关性，同样可以管理难度较大的以指数计价的库存贬值风险。

3. 加工利润保值策略案例

（1）市场分析。

1）2016 年 8 月份，随着淡季来临，下游需求将逐渐转弱。其次，G20 会议 9 月 4~5 日将在杭州召开，届时华东的钢铁需求（尤其建筑用钢）将会受到一定的抑制。

2）截至 2016 年 8 月 5 日，钢材社会库存 897.31 万吨，环比增加 13 万吨，其中螺纹钢增加 7 万吨，连续两周出现增长，在淡季需求不振的情况下，库存有所累积。

3）2016 年上半年主要下游除基建外，其他行业增长乏力，需求维持弱势。

（2）钢厂利润统计分析。截至 2016 年 8 月 8 日，虚拟钢厂的螺纹钢 1701 合约的完全利润为 137 元。根据监控，2014 年 1 月 16 日~2016 年 8 月 8 日期间，螺纹钢完全利润的变动区间为［-362.2,400］，均值为 41，标准差 178。通过 Minitab 分析，该组数据不符合正态分布，不能用正态模型去测算利润的发生概率，但可以通过切比雪夫不等式进行估算，该公式如下：

$$P(\ |X-\mu|\ \geq K\delta)\ <\ 1/K^2$$

式中　P——某事件发生的概率；

μ——均值；

δ——标准差；

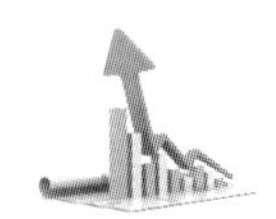

K——倍数。

上述公式对任何随机分布都适用，具有普适性，它反映一个随机变量和它的均值的差的绝对值超过它的标准差的 K 倍的概率小于 $1/K^2$。通过计算 P（$-280<X<362$）$<1/1.8^2$，螺纹钢完全利润在 $-280<X<362$ 的概率为 70%，或者说大于 362 或小于-280 的概率不超过 30%。上述为双侧概率，在完全对称分布的情况下，螺纹钢完全利润小于 362 的概率为 85%，通过直方图观测此处抽样分布为左偏，具体如图 8-3 所示。因此，理论上小于 362 的概率大于 85%。

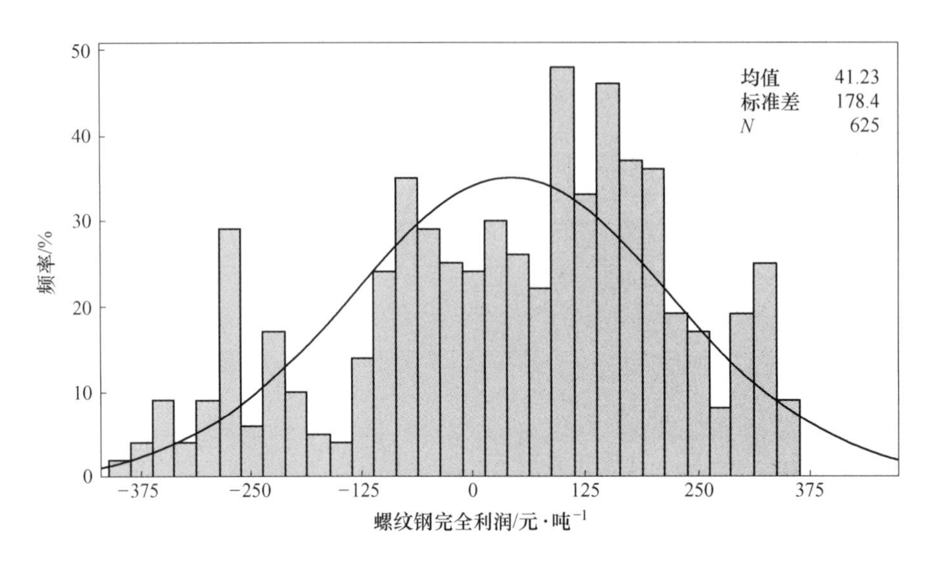

图 8-3　螺纹完全利润频率直方图

通过利用切比雪夫不等式测算的相关点位概率见表 8-4。

表 8-4　虚拟钢厂完全利润概率

序　号	虚拟螺纹钢完全利润/元·吨$^{-1}$	概率/%
1	小于 430	大于 90
2	小于 362	大于 85
3	小于 300	大于 76
4	小于 260	大于 67
5	小于 240	大于 60

（3）利用凯利公式建仓。凯利公式如下：

$$f=(bp-q)/b$$

式中　f——现有资金建仓比例；

b——盈亏比；

p——成功概率；

q——失败的概率。

将做空螺纹钢完全利润的止盈点设置在均值 41，止损点设置在超过最大值 100 上（即 462），具体的点位和仓位见表 8-5。

表 8-5　利润与仓位

螺纹钢完全利润/元·吨$^{-1}$	概率（p）/%	盈亏比（b）	理论最大仓位/%
大于 362	大于 85	3.21	80
大于 300	大于 76	1.59	61
大于 260	大于 67	1.08	36
大于 240	大于 40	0.89	15

（4）风险提示：

1）上述方案的假设是建立在宏观经济环境、产业结构未发生明显改变的基础上，若国家行政去产能力度超预期或环保整治加强，将造成假设失效。

2）受合约上市时间较晚影响，本次抽取的样本为 625 个，可能存在因取样较少，而造成参数（均值和标准差）估算有偏差的情况。

（5）适用时间。本方案适用时间段为 2016 年 8 月 10 日~2016 年 9 月 1 日。

五、套期保值取得的成效与经验

（一）套期保值取得的成效

鞍钢于 2014 年正式开展套期保值业务，历经 4 年，目前已积累了较为丰富的经验，通过不断地探索和向市场学习，业务取得了长足的进步，套期保值业务与公司的采购、生产、销售等环节充分相融合，在加强全面风险控制的同时，业务范围也在逐渐扩大和成熟。

目前保值品种有热轧卷板、螺纹钢、铁矿石、焦煤、焦炭、铁合金、有色金属等 11 个期货合约，形成了钢铁行业上下游全产业链覆盖。从 2015 年开始期货实盘操作以来，企业内套保需求不断增加，期货套保交易量不断增长，2017 年各品种单边成交量总计达 365 万吨。从期货单边利润看，2015 年略有亏损，2016 年、2017 年连续两年大幅盈利，3 年来期货单边年平均收益率为 36%。

集团主打黑色产业品种，逐步涉入有色品种。交易量逐步扩大，期现结合效果初见成效（在国有企业中已起到排头兵作用）。交割数量统计：2015 年 9 月焦煤买入交割 6.6 万吨；2016 年 5 月热轧卖出交割 3.6 万吨；2016 年 9 月铁矿石买入交割 9 万吨。

期现结合举例：2015 年 12 月东北螺纹现货最低价位（1,700 元/吨）且库存（12 万吨），判断已到市场底部，停止销售。最终在 2016 年 3 月开始销售，价格在 2,300 元以上。2016 年 4 月，进口焦煤跌至 80 美金，厂内库存较高，市场情绪非常低落，利用期盘对冲，适当买入 2 船（价格 78.75 美金和 80.5 美金）；到 6 月涨到 150 美金左右且内煤也暴涨，为后期采购减少了压力。

随着套期保值业务的不断实际操作与积累，企业还获得一系列经验和“平台”上的成效：

（1）打造了一个独立的操作团队。通过专业培训、模拟操作和实际操作，培养了期货操作团队，目前该团队已具备一定市场分析能力和期货实盘操作经验。

（2）不再纸上谈兵，通过实战中不断摸索，制定了适合企业自身特点的期货业务的管理制度和业务流程及风险控制措施。

1）《商品期货套期保值业务管理办法》主要内容包括组织机构及其职责、授权管理、业务流程、风险管理、应急方案、报告管理、档案管理、保密管理、评估与考核等。

2）《商品期货套期保值财务管理办法》主要内容包括期货业务处理准则、财务核算方法、财务报告制度等。

3）风险控制措施，如：风险管控员对全过程进行跟踪监控；部门领导实行审核制；建立风险预警系统和交易止损机制；资金调拨实行专管制、财务结算实行每日核算制；建立了年度、季度、月度业务报告制度和每次交易报告制度以及重大风险报告制度。

（3）具备了良好的操作平台和交割条件。

1）自有席位：在上交所和大商所已获得自有席位。

2）交易通道：与永安、国信等多家期货公司合作。

3）交割品牌："鞍钢牌"热轧。

4）交割库：在大连港设有铁矿石指定交割库。

5）做市商资质：成为大商所指定仓单做市服务商。

（4）搭建了一个交流和沟通平台，便于信息收集和市场判断。

1）对外：与交易所、期货公司、机构、网站建立沟通渠道。

2）对内：销售、生产、矿山、采购、物流、国贸等部门和单位建立多元高效的交流体制。

（5）构建了企业内部的市场分析和研判体系，形成了独特的分析逻辑和灵活有效的套保模式，充分把握了市场机遇。

1）建立数据库和数据模型，包括宏观数据库、产业数据库、需求模块、成本、利润模块（虚拟工厂）。操作模式包括虚拟库存、成本套保、利润套保、基差套保等。

2）分析逻辑：期货与现货相辅相生、相互促进；宏观决定大势、供需决定方向、因素决定幅度；成败在于坚守（心态）和风控。

（二）套期保值操作的经验教训

鞍钢自开展期货业务以来严格按照国家和公司的有关规定执行，吸取以往国内外期货套保失败案例教训，在公司各级领导的正确指挥下，始终坚持以套保为主，对冲现货风险，不进行任何投机交易，严格进行风险管理，4年来未出现风险事件。

在合规的基础上，通过现货和期货有机结合（实体+金融），有效把握好两个市场价格走势，合理布局产、购、销战略，规避企业风险，优化企业利润，促进企业平稳发展。重点关注点体现在以下几方面：

（1）销售月定价格指导。结合钢材现货市场走势和期盘远期走势，根据终端需求状况等因素，合理制定钢材下月销售价格，确保价格市场化。

（2）产线调整和资源配置。根据现货销售状况和期货价格走势，及时调整长材和板材产量，合理配置区域销售资源。

（3）现货销售。根据期盘走势进行定价，日内及时调整销售价格和销售量。

（4）库存管理。根据对期货和现货市场研究，判断中长期走势，合理控制在产品库

存、原料库存；

（5）资金成本管理。建立虚拟库存，利用期货保证金制度，结合市场分析和判断，在期货盘面上建立原料库存，可节省资金，并方便库存管理。

（6）工程投标和远期锁价销售。通过期盘分期锁定原料成本，避免了原料上涨风险，确保了销售利润，进而提高投标和锁价的底气。

（7）锁定利润。当钢厂有一定高额利润时，可在期货盘面按一定比例对钢材和原料同时锁定，从而锁定后期企业利润，促进企业平稳发展。

但由于业务开展的时间不长，也出现了一些问题：

（1）小量操作失误时有发生，公司严格按照风险管理要求，不管是否亏损，都要在发现问题后第一时间平掉对应仓位，不能有主观情绪，认为可以减少亏损导致损失扩大。

（2）要注重资金安全管理，无论节假日提保、极端行情提保、临近交割提保等要高度重视，而国企审批严格，流程较为漫长，做好事前准备，确保资金及时到位，保证期货账户不出现资金风险。

（三）套期保值取得成功应注意的问题

套期保值取得成功应注意的问题有：

（1）树立理念、正确认识。鞍钢期货业务从筹备到实施再到当前，历经 4 年多，期间通过多次组织培训和外部交流，各级领导和业务人员对企业如何应用期货进行套期保值已经建立起了正确的认识，即：企业参与期货进行套期保值是为了规避上下游的价格涨跌风险，要根据自己的实际采购、生产、销售情况进行，而非赚取期货市场的投机收益。

（2）识别风险、明确目标。鞍钢将套保情况细化：原料端可买可卖。买：成本锁定和建立虚拟库存；卖：管理过高的敞口库存。成材端只能卖，卖：销售未来合同和当期库存管理。鞍钢每笔套保方案都是相关单位或部门根据自身经营特点结合上述细化的套保情况，切实找准自身面临的风险点后提出套保需求，明确自己的套保目标而制定。

（3）客观研判、先因后果。虽然企业套期保值并不是投机，但科学的市场研判仍是至关重要的，通过对市场正确的判断而明确自身风险所在。为此，企业要建立内部数据库和研判体系，通过独立可观的市场判断，评估自身的敞口风险，以此作为企业保值业务决策依据。

（4）方案周详、严格执行。在决定套保之后，制定套保方案要尽力周详，并严格执行。鞍钢的套期保值方案中套保比例、进/出场点位、是否交割、风险控制等都运用统计学、技术分析等方法做了详细的分析和设计，在方案完成后报送需求部门和期货领导小组严格征求意见和审批，在之后严格按方案执行，不受任何外力干扰。

六、鞍钢套期保值的管控体系

鞍钢为规范公司期货套期保值业务，有效防范和控制风险，根据国资委相关管理办法以及相关监管通知要求，设置专门的期货业务组织机构，配备专业人员，制订完善的业务决策流程、业务管理制度、风险控制系统和财务处理体系，以及业务考核办法。并严格按照国资委要求，在季度终了向国资委报告业务持仓规模、资金使用、盈亏情况以及其他相关事宜。

（一）鞍钢套期保值的组织机构与职责

鞍钢套期保值业务组织体系包括党政联席会、期货领导小组、期货交易执行部门。其组织机构设置如图 8-4 所示。

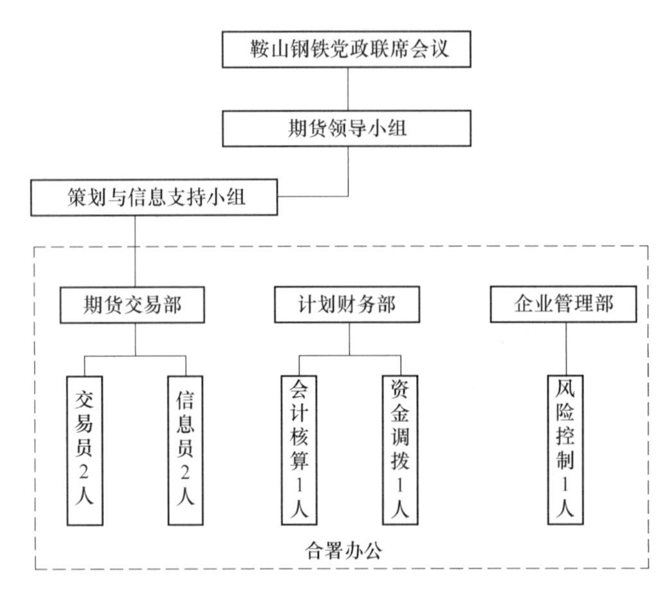

图 8-4　鞍钢套保业务管理组织机构

（1）党政联席会是鞍钢套期保值业务的最高决策机构，其职责包括：

1）负责审批套期保值业务的范围、工作原则、方针；

2）负责审批套期保值业务年度计划及年度报告；

3）负责审批期货领导小组提请关于期货套期保值业务的重大决策报告。

（2）期货领导小组行使期货套期保值业务管理职责。领导小组组长由公司总经理担任；常务副组长由鞍山钢铁主管财务的副总经理担任，期货领导小组职责包括：

1）负责审议和提交套期保值年度报告及下一年度计划；

2）对期货套期保值业务进行监督管理；

3）批准授权范围内的套期保值交易方案；

4）审定套期保值业务的各项具体规章制度、工作原则和方针；

5）负责交易风险的应急处理等。

（3）期货领导小组下设期货交易部，为执行部门。期货交易部设部长、交易员岗位、信息员岗位，同时在鞍山钢铁计划财务部设会计核算岗位、资金调拨岗位，在鞍山钢铁企业管理部设风险控制岗位。上述岗位人员与期货交易部合署办公，各岗位人员有效分离，不交叉或越权行使职责，确保相互监督制约，其职责包括：

1）负责编制年度期货工作计划；

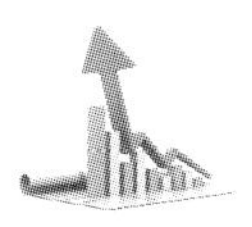

2）负责制订、调整套期保值计划、交易方案及资金需求计划，并报期货领导小组审批；

3）负责组织执行具体的套期保值交易；

4）负责定期提交书面工作报告，编制套期保值年度报告。

（二）鞍钢套期保值的决策流程

1. 年度计划制定

期货交易部依据公司年度生产经营计划及原料、钢材的敞口风险编制年度期货套期保值工作计划，经领导小组审核后，报公司党政联席会审批。

2. 方案制定审批

期货交易部根据各单位提出的期货套期保值操作申请，结合现货销售具体情况和期货市场价格行情，制定套期保值操作方案，报请期货领导小组批准。套期保值操作方案主要包括套期保值交易中套期关系指定、套期策略（建仓或平仓品种、价位区间、数量、拟投入的保证金、止损区间等）、套期有效评价方法、风险分析、风险管理目标及风险控制措施等。

3. 方案执行操作

套期保值方案审批通过后，期货交易部向资金调拨岗位提交资金调拨申请单，按公司审批手续审核批准后拨付资金，会计核算岗位进行账务处理。资金到位后，期货交易部根据套期保值方案进行操作，选择合适时机下单。

4. 套期保值会计处理

鞍钢期货业务坚持套期保值原则，与现货的品种、规模、方向、期限相匹配，不从事任何形式的投机交易。套期保值期货交易会计处理按《企业会计准则》设置会计科目，财务核算按照公司的商品期货套期保值财务管理办法进行处理。

5. 套期保值风险控制

企业开展套期保值目的是规避市场风险，利用金融工具为现货对冲，但国内外一些风险事件，如巴林银行、中航油事件、株冶事件，以及2008年金融危机中的绍兴企业华联三鑫倒闭事件，无一不在表明金融工具其实是一把双刃剑，若缺乏有效的风险防控机制，反而会放大风险，造成难以挽回的损失。

鞍钢在走访总结国内套期保值企业成功经验和吸取金融衍生品交易风险事件的教训后，公司致力于建立健全风险管理体系，对套期保值业务实行全方位、整体联动式的风险管控，包括：

（1）坚持套期保值原则，不从事任何投机交易，保值品种、数量限定在现货范围内。

（2）完善决策体系构建，明确部门职责。集团公司党政联席会是保值业务最高决策部门，期货领导小组负责管理职责，期货交易部为执行部门。保值需求由现货部门发起，公

司层面组织相关部门召开策略会，研究制定保值计划和方案，决策过程民主，听取各方意见，方案需审批签字后方可生效执行。

（3）制定一整套保值业务管理办法。集团和股份公司先后制定并下发了《期货套期保值业务管理办法》《套期保值财务管理制度》等，使保值业务决策和操作流程有章可循。集团公司法律事务部对开展商品期货套期保值业务法律风险进行评估，使风险控制有法可依。

（4）设置独立的风险控制岗位。风控员对保值业务进行全程监控：方案生效前，严格审核方案的合规性；方案执行中，监控头寸的风险状况，遇到重大问题直接向期货领导小组汇报；方案了结后，核对交易账单。使风险管理覆盖事前防范、事中监控和事后处理的各个环节。

（5）建立严格的止损机制和交易错单处理程序。当市场价格变动导致持仓亏损达到公司规定的数额后，期货领导小组召开会议，启动止损机制。当发生属于交易员过错的错单时，交易员立即向期货交易部部长报告，迅速采取补救措施，减小错单对公司造成的损失。

实践表明，实体企业开展期货套期保值业务，需要建立完善的风险控制体系，要有全风险管理意识，同时坚持期货服务现货的原则，两者有机联动，避免将保值做成投机，造成风险无限放大。

七、人才培养的方法和理念

商品套期保值业务具有非常强的专业性，期货、期权是较为复杂的金融工具，其价格波动涉及的因素较多，企业要长期开展套期保值业务，必须建立专业团队，培养高素质人才。从国内外成功经验看，应该从以下几个方面着手：

（1）树立管理层正确理念。企业在业务开展初期，首先应该对管理层进行培训，树立正确的理念，企业开展套期保值的目的是防风险，不能因从事期货交易而放大风险，要坚决贯彻“只保值，不投机”的原则，弱化期货头寸的盈亏，强化现货经营的风险控制。从风险管理的战略角度看，套期保值是系统工程，管理层应该多借鉴先进企业的成功经验，在组织机构设置、管理规则制度、业务操作模式、风险管控等方面不断完善。

（2）提升决策层专业能力。金融市场瞬息万变，要求企业的决策团队具有敏锐的市场感知能力，洞悉市场博弈的焦点，深刻理解交易品种的产业运行机制，以及当前市场所处的状态，同时兼顾保值业务过程中的风险防控，合理控制头寸的风险敞口。因此，决策层的专业能力决定每个方案的成败，企业应该加强决策层专业能力的培训工作，可以通过引进来和走出去的方式，加强与外界的交流学习，提高各方面素质。

（3）培养操作层技能。期货交易对操作人员要求非常高，虽然套期保值并不需要精确的技术点位判断，但操作人员若能通过相关技术分析，并具备良好的盘面综合判断能力，优化建仓点位，对方案的执行、持仓心态无疑是有利的。这需要企业对操作人员进行系统的培训，在初期先进行模拟交易，再小规模尝试，经过实战不断完善总结其交易系统。

（4）普及全员基础知识。企业开展套期保值的目的是对冲现货风险，是服务于现货，在实践操作中，需要期货、现货两个部门有机联动。因此，需要现货部门了解和掌握期货基础知识，便于部门之间高效率的沟通交流。在这方面，企业既可以邀请期货公司举办专门的培训会议，也可以安排期货部进行内部培训。

案例特点

鞍钢是一家央企，也是体量巨大的老国企，开展期货套期保值的时间不算很长，取得的经验和成果却很丰富。在内部管控方面，鞍钢初步建立健全了套期保值管理体系；在套期保值实践方面，鞍钢对产业链期货工具都进行了尝试，应用了多种保值策略，对“基差点价”等相对创新的风险管理方法也有所实践；在人才培养方面，鞍钢通过全员普及、专业化人才系统培养、走出去引进来搞好培训等手段，初步培养了一支人才队伍。此外，作为央企，鞍钢在套期保值内部控制、合规管理方面也能够较好地满足国资监管的要求。对其他大型钢铁企业，特别是国有钢铁企业来说，鞍钢的很多做法都值得借鉴。

案例二　内部协同　外部借力　打造套期保值系统工程

——南京钢铁集团套期保值案例

一、企业开展期货套保的基本情况

（一）企业简介

南钢始建于1958年，1996年完成公司制改造，由南京钢铁厂改为南京钢铁集团有限公司（以下简称“南钢集团公司”）。1999年3月18日，南京钢铁集团有限公司联合中国第二十冶金建设公司、北京钢铁设计研究总院、中国冶金进出口江苏公司、江苏省冶金物资供销公司4家企业共同发起设立南京钢铁股份有限公司（以下简称“南钢股份”）。

2000年，南钢股份在上海证券交易所挂牌上市（股票代码：600282.SH）；2003年公司改制，南钢股份从国有独资公司转变为非国有控股公司，实现了企业体制和经营机制的转变；2010年，通过向大股东发行股票购买资产的方式，实现了南钢钢铁主业资产的整体上市。

公司主营业务为黑色金属冶炼及压延加工，钢材、钢坯及其他金属材料销售。拥有铁矿石采选、焦化、烧结、球团、炼铁、炼钢（含精炼）、轧钢（含热处理）的完整生产线，主要装备已实现大型化、现代化和信息化，具备年产1,000万吨钢、900万吨铁和940万吨钢材的综合生产能力。

公司位于江苏省南京市六合区，地处长江三角洲经济发达地区。南临长江黄金水道，西靠宁通、宁连、宁徐高速公路，分别连接南京长江大桥、二桥及沪宁高速公路，厂区铁路专用线与京沪铁路相连，交通运输十分便捷。

（二）产销基本情况及风险敞口简析

1. 产销情况

南钢集团公司主要产品为中厚板和优特钢长材，拥有宽中厚板（卷）、棒材、线材、带钢、型钢五大类产品体系，产品广泛用于石油石化、工程机械、造船、轨道交通、高层建筑、汽车、桥梁、海洋工程、风电、核电、水电等领域。钢材产品主要销售区域为华东地区。

公司于“十二五”期间完成了基于装备大型化、现代化、信息化的转型发展结构调整改造。其中，板材事业部有5m宽厚板、3.5m中厚板（卷）、2.8m中板3条板材生产线，品种规格齐全、分工合理、专业化生产；特钢事业部有本部1条高速线材、1条带钢和4条棒材生产线，宿迁金鑫2条异型钢生产线，螺纹钢生产能力约150万吨。

公司建立了以事业部为主体，以研究院、科技质量部两个技术研发平台为支撑的“产销研”一体化研发创新体系。2017年公司板材产品中优特钢销量占比达到85%以上，长材产品中优特钢销量占比达到60%以上。

2. 风险敞口简析

（1）原料采购端敞口分析。南钢集团公司公司铁矿石年采购量约为1,500万吨。其中近六成为进口矿，其他为国内矿。进口长协矿按普氏指数月度结算。港口进口现货矿采取零星采购、滚动采购、逐单定价的模式。国产矿也采用普氏指数定价模式，但它使用上一旬的普氏指数平均值来定当旬的价格。

焦煤、焦炭、铁合金等品种公司采购采用定点、定矿按计划采购，市场定价。少部分评审采购，逐单定价。

因此，从原燃料现货采购定价模式上看，采购价格多以浮动价格为主导，存在较多的不确定性。同时在原燃料采购到厂结算后，采购价格变为确定价格。若采购量偏多，与订单需求量不匹配，则原燃料库存可能存在敞口跌价风险管理问题。

（2）钢材销售端敞口分析。公司长材及部分板材等产品多为即期销售模式，产品销售价格容易受市场左右。加之钢铁行业金融化的影响，钢材价格和铁矿石等原料价格不同步，容易带来毛利“剪刀差”问题。若这些即期销售的钢材产品，一旦遭遇市场不利因素影响，库存增加，则可能出现敞口跌价风险管理问题。

公司板材、特钢产品多为专业化定制，订单采取直销模式居多。由于交货期长，客户多采用预付定金，锁定销售价格的订单较多。在销售价格锁定，交货期偏长的状况下，若不对订单成本敞口进行管控，后期原燃料成本上涨，则订单利润易被侵蚀。

二、南钢参与期货市场的情况

经济全球化的格局下，黑色商品金融属性不断增强，行业产品定价从市场定价向资本定价转移。资本市场套利资金的不断参与介入，使得原燃料及钢材的价格波动幅度加大，频率加快，增加了企业经营难度。与此同时，国内黑色商品产业链期货品种不断上市，给钢铁企业提供了对冲风险的工具。

南钢参与期货交易是在2009年螺纹钢期货上市之后，螺纹钢期货品种的上市为钢铁企业保障生产运营提供了一个工具和机会。但2009年刚接触期货交易时，由于对这个市场过于陌生，因此始终保持谨慎和学习的态度。一是还没有吃透套保的精髓，对期现结合不知道该怎么把握；二是只进行一些纯理论的教科书式的学习，没有实践认证；三是担心方向把握不准，机会把握不好，反而会拖累主业；四是对钢铁产品的金融属性认知肤浅，

对于期货品种价格的大幅波动缺乏心理承受能力。

2009年，螺纹钢期货价格一度冲高至接近5,000元/吨，这个价格所对应的毛利是钢厂现货经营很难实现的。于是，公司开始高度重视并研究期货。期间也得到了中钢期货的大力支持，他们从期货知识普及、交易框架的搭建、风控框架设计等方面，给了南钢很多基础帮助。

南钢股份管理层看到了期货工具对于行业及公司的重要意义，这些年更是加快了对期货的学习运用步伐。特别是随着2011年4月15日焦炭期货合约上市，2013年3月22日焦煤期货合约上市，2013年10月18日铁矿石期货合约上市。

南钢利用期货市场经历了请专业机构辅导、基础知识学习到交易实践，再到根据南钢的特点进行实战操作的3个阶段，为把握期现市场品种，对于黑色产业链的相关品种都进行了深入的分析和了解。

2009年10月~2013年，通过对螺纹钢期货小规模套期保值、套利、实物交割、投机等实际操作的摸索，积累了一定的经验；对期货市场风险因素分析、市场信息收集、操作时点选择、期货合约动态跟踪管理等工作有了一定的认识。

2013年之后，随着期货操作经验的丰富、套保原理的理解深入和同现货部门套保协调的加强，主要结合现货部门的实际需求进行套期保值。并且操作模式也从简单的套保操作上升到基础套保（锁价长单、库存管理）、战略套保（原燃料虚拟库存）、虚拟钢厂套利（做空、做多钢厂利润）3个阶段，操作策略也多样化，不再简单机械。目前南钢的期货套保工作已体系化、常态化，期现操作流程日益顺畅。

三、南钢套期保值的理念

套期保值的目标是期现结合，防范市场价格波动风险，锁定或平滑利润，实现公司生产的平稳运营，不以获取效益为目标。工作价值体现在期现结合的价格发现，风险管控方面。同时将期货套保延伸至现货采购、销售模式的优化，以及终端客户的套保服务方面，是公司现货平台的得力助手。

四、南钢套期保值的主要策略

为管理订单和敞口库存，防范价格波动风险，对原燃料端以买入套保为主，主要是防范钢材成本上涨；对原燃料及坯材敞口库存以卖出套保为主，主要是防范价格下跌风险。进行买入、卖出套保操作，重点考虑期现基差条件，其次考虑基本面及价格区间。期货套保并非简单机械式套保，而是采取灵活设置套保比例的模式。套保比例是依据基差状况及绝对价格区间进行设置的。

（一）买入铁矿石、焦炭期货合约锁定锁价长单成本

2016年4月，公司签订了一份锁价长单，订单毛利208元/吨。签单时现货原料成本为铁矿石433元/吨（约53美元），焦炭900元/吨。

5月10日，公司在预付款到位后，在铁矿石、焦炭1701合约上进行买入套保，铁矿石1701合约建仓价354元/吨（42美元），焦炭1701合约建仓价903元/吨。

后期原材料价格大涨，到了8月22日，现货铁矿石普氏指数月均61美元，焦炭7月

采购价 1,165 元/吨，因此现货端成本上升，订单减利 290 元/吨，毛利由 208 元/吨变为 -82 元/吨。

但是，8 月 22 日对期货持仓进行了同步平仓，铁矿石 1701 合约平仓价 445 元/吨（56 美元），焦炭 1701 合约平仓价 1,259 元/吨，期货端合计盈利 378 元/吨。最终，期现对冲之后，不但锁定订单原有的 208 元/吨的毛利，还实现订单毛增利 88 元/吨。

（二）买入锰硅期货远期合约锁定锰硅采购成本

2017 年年初，受淡季和整顿中频炉等因素影响，硅锰期现价格持续弱势调整。2017 年 2 月 13 日，观察发现锰硅 SM1705 期货合约深度贴水，硅锰主力 1705 合约期货价格 6,420元/吨，对现货价格 7,381 元/吨贴水 961 元/吨，贴水幅度 13.65%。经与公司采购中心会商，提出锰硅战略买入套保建议。获批准后，在期货市场买入 SM1705 合约，建仓均价 6,244.72 元/吨。

3 月 16 日，现货采购结束，采购价为 6,733 元/吨，期货择机平仓，平仓均价 7,007.50元/吨，期货锁定成本上涨 762.78 元/吨，现货实际采购成本下降 648 元/吨，获得了期现均有利的结果。同时，还保留 7 手（35 吨）进行尝试交割流程，不但打通了期现环节，也为后期的实物交割积累了经验。

（三）螺纹钢卖出套保防范库存跌价风险

2015 年 6 月，考虑到南京即将于 8 月召开青奥会，按南京市会议安排，预期后期工地都将陆续停工，钢材需求会受到阶段性影响，公司及南京贸易商库存若大幅增加，则存在库存跌价的可能。因此，在螺纹钢期现平水期间，择机对螺纹钢期货进行卖出套保。事实证明，南京工地大面积停工后，需求下降过快，华东地区钢材价格出现大幅下跌。

6~7 月，现货价格下跌使得库存跌价损失 150 元/吨，但得益于在 RB1510 合约上以 2,363 元/吨建仓价的套保，到平仓时期价跌至 2,285 元/吨，因此，公司在期货端赚了 78 元/吨，最终将现货损失从 150 元/吨减少至 72 元/吨。

（四）做空虚拟钢厂套利

虚拟钢厂套利：随着期货市场黑色产业链品种逐步完善，现货市场钢厂利润变化会在期货市场上反映，利润幅度也会随着相关品种价格波动而变化。

虚拟钢厂套利通过对期货市场螺纹钢产品和原料端铁矿石、焦炭的对冲买卖，锁定市场出现的正向毛利收敛套利机会。虚拟钢厂套利同样包括两方面：一是做空钢厂利润；二是做多钢厂利润，里面都包含着行业供给的运行逻辑。因此，在钢厂现货利润相对较好的阶段性，钢厂可以考虑通过期货做空钢厂利润的手段锁定远期利润，防范后期市场因素变动导致的钢厂利润收缩的不利局面。

2016 年 12 月~2017 年 1 月期间，首次进行了虚拟钢厂套利操作，同步卖出螺纹 1710 合约，买入铁矿石、焦炭 1809 合约，锁仓量 7,000 吨，锁定利润空间 517.88 元/吨；2 月初，受春节需求预期回落影响，虚拟钢厂利润回落至 400 元/吨附近，择机全部对等平仓，

平仓利润 416.50 元/吨，实现锁定利润 101.38 元/吨。

五、南钢套期保值管控体系

（一）组织架构

公司套期保值业务是集团主体集中统一管理的架构体系。公司期货套期保值决策小组（以下简称“决策小组”）是套期保值业务的决策机构，由公司董事长、相关董事、总裁、分管副总裁、总会计师、董事会秘书组成，证券部是套期保值业务的操作执行部门。公司套期保值业务由市场部、证券部、战略运营部、财务部、各相关事业部、采购中心及风险控制部等共同参与，如图 8-5 所示。

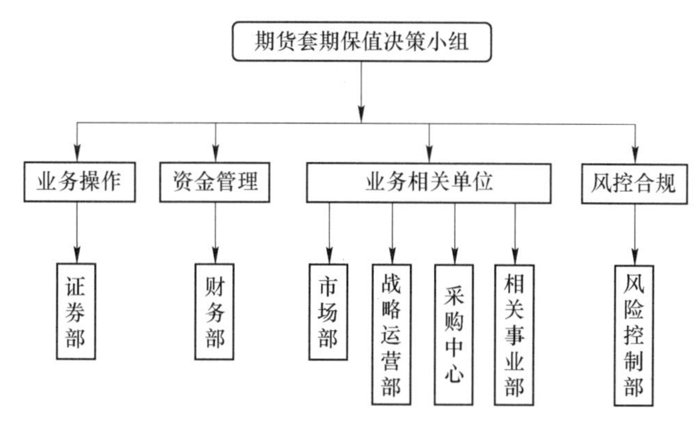

图 8-5　组织架构

公司期货套期保值决策小组对公司期货套期保值业务进行监督管理，审批期货套期保值业务操作制度；审批公司期货套期保值业务方案；期货套期保值业务突发风险的应急处理；向董事会汇报公司期货套期保值业务工作开展情况；行使董事会授予的其他职责。

各部门（单位）职责包括：证券部负责公司套期保值业务预案制订，套期保值业务内部培训，境内外套期保值业务的市场询价和外部业务交流，套期保值业务预案提交、操作实施、绩效自评报告、日常跟踪管理等工作；向决策小组汇报套期保值业务工作进展及风险应对事项。

市场部负责套期保值业务的期现市场协调工作，原燃料、钢材产品市场信息及趋势分析判断，提供公司现货锁价订单及成本毛利等基础资料，征询销售平台套保意向，核对买入套保订单后期排产情况及卖出套保合约对应库存变动情况。

战略运营部负责提供现货原燃料采购计划及存货的动态资料。

财务部负责境内、境外套期保值业务资金的管控、会计核算。

各相关事业部、采购中心负责在其业务范围内提出套保需求，并跟踪与套保合约对应的现货原燃料库存情况和产品销售情况。

风险控制部负责套期保值业务的风险监控，相关协议的合规审核，以及公司套期保值业务纠纷的协调处理；每年度形成年度套期保值业务评估报告报决策小组。

（二）决策流程

套期保值决策流程如图 8-6 所示。各相关事业部和采购中心提出期货套保意向，市场部协同证券部准备预案资料。预案应有保值数量、资金计划、对应现货情况、成本及期现基差测算、合约选择、建仓比例、建仓价位、建仓期限、止盈止损、风险提示等具体内容。

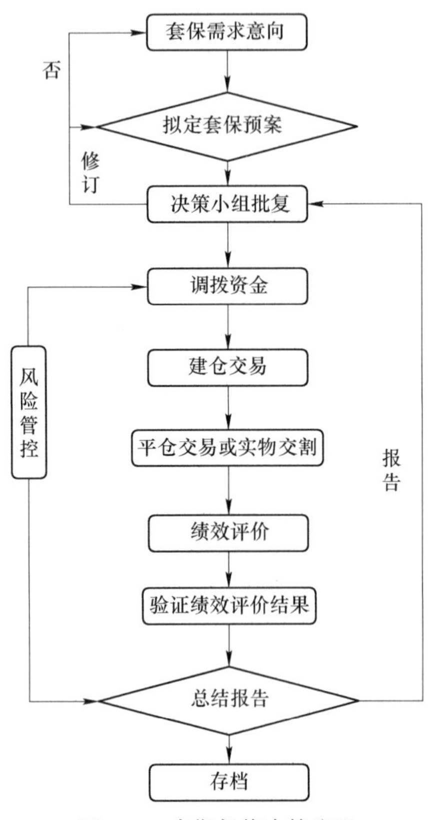

图 8-6　套期保值决策流程

对锁价订单进行原燃料买入套保，以订单合同（或协议）、中标通知书和预付款为操作前提；对库存进行卖出套保，需确定敞口库存量并评估存货跌价风险。

套期保值业务预案提交决策小组。决策小组成员签署意见，形成决定。

套期保值业务预案经决策小组成员批准后即成为实施方案。证券部被授权人员在实施方案授权范围内进行操作。

财务部依据决策小组批准的套保方案及公司相关资金管理制度，进行资金调拨并及时通知交易员。

建仓交易原则上在 5 个交易日内完成；如遇市场或特殊情况，导致 5 个交易日内期货交易方案无法执行，应向决策小组汇报和提交方案调整建议；接到现货订单排产和库存销售的通知后，应于 5 个交易日内择机完成期货对等平仓。

在持仓过程中，交易员可依据在各家期货公司持仓账户的资金风险程度，平衡、调拨账户可用资金。在持仓过程中，套期保值业务实行每日报告制度。套期保值业务采用期现

对等平仓或实物交割等执行方式。必要时，可以进行换月移仓操作。

套期保值业务若涉及实物交割的操作，事先联系期货交易所，与公司现货相关部门对实物交割的可行性、交割成本进行分析，并向决策小组提交方案，获批后方可执行。

（三）风险控制

公司是钢铁行业上市公司，开展套期保值业务十分重视监管及合规性问题，对套期保值业务设定了相应的交易范围和合规权限。

1. 主要涉及业务品种

套期保值业务交易品种仅限于与公司现有生产经营相关的钢材、铁矿石、焦煤、焦炭、铁合金、镍等境内外商品交易所或银行制定的标准合约及金融衍生品。

2. 套期保值业务规模

公司套期保值业务规模不超过年度预算采购和销售计划的30%。套期保值业务交易保证金最高金额不超过1.5亿元人民币。

3. 资金来源

公司套期保值业务主要使用自有资金，优先使用客户订单预付款，必要时使用银行授信资金。

4. 管理制度

为规范公司钢铁产业链期货套期保值业务的决策、操作及管理程序，依据《南京钢铁股份有限公司章程》《南京钢铁股份有限公司投资管理制度》等有关规定，结合公司实际情况，公司制定了《钢铁产业链期货套期保值业务管理制度》，明确公司开展期货套期保值业务的组织机构及职责、业务流程和审批报告、风险管理、绩效评价等相关内容。相关业务部门也对应制定了相应业务实施细则。

（四）财务处理

公司根据财政部颁布的《企业会计准则》，对套期保值业务进行会计核算。会计入账方面，期货以“交易性金融资产”或“交易性金融负债”科目核算；期货的价格变动计入“公允价值变动损益”科目；期货的平仓损益计入“投资收益”科目；目前期货与现货分开核算。

（五）评价考核和业务协作

将期货和现货两个市场的盈亏作为一个整体来考核评价。采用期现综合经营评价标准。期货套保实际执行产生的盈亏均归现货平台，由现货平台期现对冲后进行效益测算。证券部是期货套保实际执行部门，基础套保进行操作优化考核和方案有效、合理性绩效考核。战略套保、虚拟钢厂套利进行市场化的考核机制。

在企业运用期货工具时，期货业务和现货业务之间的关系如何，两个部门是独立的还是合并的，这是能否顺利开展期货业务的关键。

公司期货业务和现货业务是业务伙伴关系，虽然期货部门相对其他现货部门是独立的，但在实际运行中更多体现的是模块化的运作方式。期货部门配合现货各事业部的套保需求进行方案拟订、报送审批和操作执行工作，人员也相对精简。每周相关人员举行经营形势分析会及不定期的交流会议，并基于微信、钉钉的信息交流群展开快速、充分的沟通。

期货套保的专业性比较强，公司为提升期现部门的协同和效率，定期或不定期进行期货套保知识的内部培训，以提高期货套保的执行效率和效果。

六、人才培养的方法及理念

公司期货套保工作实际也是公司的风险控制部门，它要求相关业务工作人员不但要具备一定的衍生品专业知识，还要熟悉了解宏观及产业动向，了解企业的实际需求和现货业务运作模式。这样才能为企业提供风险管理、定价管理、库存管理、资金管理、战略管理等服务，帮助企业规避价格波动、政策调整等生产经营中的风险。

南钢的人才培养理念是：重视期货套期保值工作的专业化需求，从内部培养和外部引进两个方面打造人才团队。具体方法：一是在公司内部挖掘有扎实行业背景知识的现货人员充实队伍；二是从外部寻找专业人才加入；三是加强对公司内部现货业务人员的培训，以提升其专业知识和水平，为公司做好人才储备工作。

七、套期保值取得的成效经验

套期保值取得的成效经验有：

（1）从内部和外部两方面借力打造研发体系，为公司期现结合的套保工作服务。发挥内部现货信息资源优势，期货和现货部套期保值工作感悟为：部门协同研究，互通信息；借助外部智力，积极参与外部交流和学习，互通有无，减少决策误读误判。

（2）套期保值是一把手工程。期货工具的利用是系统工程，需要多平台协同，整合公司资源。同时也强调决策效率，要求高度机会把握。

（3）有风险对冲要求的时候才做，无需频繁操作。企业有需求，市场给机会才进行。

（4）不是机械式地进行套期保值，而是灵活使用期货工具，优化套保效果。防范挂套保之名行投机之实，虚盘量大于实盘量，放大经营风险。

案例特点

南钢集团套期保值实践走在了绝大多数企业前面，其套期保值操作与公司原有的事业部制经营管理体制能够紧密结合，对套期保值涉及的企业生产经营相关部门，都能以期现结合为基础，进行合理的考核，套期保值取得的经营时效既能体现在企业经营中，也能体现在企业各个经营部门的经营成果里，从而调动了各部门参与套期保值、利用期货工具的积极性，从而真正做到整合内外部资源，用好期货工具来管理企业价格风险。

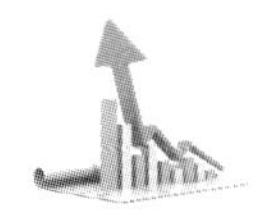

案例三　国有钢企先行者的套期保值之路
——华菱集团套期保值案例

一、华菱集团简介

湖南华菱钢铁集团有限责任公司（以下简称华菱集团）是1997年年底由湖南省三大钢铁企业——湘钢、涟钢、衡钢联合组建的大型企业集团。华菱集团粗钢产能规模达2,000万吨以上，主要技术装备、生产工艺均达到国内甚至世界先进水平。产品覆盖宽厚板、冷热轧薄板、无缝钢管、线棒材等十大类7,000多种规格系列产品。下辖华菱钢铁股份有限公司（简称华菱钢铁）、湘潭钢铁集团有限公司、涟源钢铁集团有限公司、衡阳钢管集团有限公司等多家全资及控股子公司，资产总额超1,300亿元。2017年，集团公司全年产钢2,015万吨，按规模排序进入行业第八；实现销售收入1,209亿元（未抵消），成为湖南省首家收入规模过千亿元的企业；实现利润54亿元，在全国地方钢铁企业中利润增长幅度排名第一。

二、期货业务发展史

筹备阶段（2008~2009年）：早在2008年钢材期货准备上市时，时任华菱钢铁董事长曹慧泉先生就意识到金融期货对实体的渗透将是不可避免的，因此公司成立期货小组，共同学习和培训期货基础知识，同时积极参与钢材期货交割品牌的注册申请。2009年钢材期货上市，华菱钢铁成为首个进入期货市场的国有钢铁企业。

试水阶段（2010~2012年）：经过国资委备案，并完成公司内部授权、制度体系建立后，公司正式参与国内钢材期货。

华菱钢铁的体制比较特殊，控股子公司华菱涟钢、华菱湘钢、华菱衡钢均为独立法人，自负盈亏，总部只是管理职能，因此初期参与主体主要是子公司华菱湘钢和华菱涟钢，业务设置在市场部，一方面市场部作为公司管理价格的部门，对市场价格敏感性比较强，另一方面部分员工经历过铜电缆期货的套期保值，算是期货市场的熟手了。

最初业务体系架构：董事会授权只能交易螺纹和矿石掉期，且螺纹只能做卖出交易；业务发起部门是子公司的市场部；直接授权单位是一个11人的跨组织的期货决策小组；总部分析小组作为决策支持单位，负责业务的组织推进和分析研究，账户管控和交易都由各子公司负责，总部起监管作用。

试水阶段，各单位和部门操作都很谨慎，参与数额很小，效果也甚微。同时也发现了一些困难：一是子公司账户管控风险，难免出现违规操作；二是决策小组人员过多，且跨组织跨部门，决策效率极低；三是缺乏激励机制，业务难以提升。

迈步阶段（2013~2015年）：2013年总部采购中心成立，总部也成立全新的套期保值业务团队，以总部为主体开展以支持原材料集中采购为核心的套期保值业务。

同时套保业务体系重新修正，业务内容扩展。决策小组成员由 11 人调整为 4 人，并且分级授权，在一定权限内主管副总签字即可进行交易，大大提高了决策效率。业务品种、方向和资金额度都进行了扩展，为后续灵活参与套保提供基础。为加强管控，子公司仍可作为独立主体参与套保，但账户由总部期货管理部门集中统一管理统一交易。

成熟阶段（2015 年至今）：经过几年实战，人员期货团队已经沉淀下一批富有经验、市场分析能力强的人才。在此过程中，套期保值策略开始多样化，套保量也逐渐增加，期权和基差交易也开始涉及。

三、操作案例

（一）针对远期钢材订单买入原材料，锁定销售利润

2015 年年底，在钢材价格最低谷的时候，钢厂 A 接下船板的远期锁价订单，由于担心未来原料价格上涨导致锁价长单亏损，公司决定在铁矿石期货合约上进行买入套期保值操作，以锁定销售利润。2016 年上半年，铁矿石价格从底部的 40 美元/吨开始强势上涨，钢厂 A 针对锁价订单完成情况在 4 月底前逐步完成卖出平仓操作。本轮套期保值操作为钢厂 A 创造约 1,100 万元的收益。如果没有利用期货锁定原料成本，该笔远期钢材销售订单将会蒙受巨大亏损。如果没有期货的套期保值功能，钢厂 A 也不敢接下该笔远期锁价订单。

（二）采购买入原材料期货增加虚拟库存

2016 年第 4 季度，由于煤炭行业供给侧改革，加上铁路运输紧张，导致钢厂 A 煤炭资源紧缺，采购不能完成任务，厂内库存逐步下降，最低时候几乎快断料了。在此情景下，钢厂 A 采购部利用期货买入焦炭原料增加虚拟库存，并且在焦炭库存恢复正常后卖出平仓期货头寸，期货头寸大约盈利 500 万元。在期货和现货价格大幅拉涨情形下，期货的盈利部分抵消了现货价格上涨带来的损失。

（三）基差交易

12 月初钢厂 A 和焦化厂 B 拟对 12~1 月到厂的 1 万吨焦炭采用点价贸易模式。考虑到 1 月合约即将到期，以 J1805 合约为标的。12 月 5 日当期的现货价是 1,860 元/吨，当期的 J1805 合约价格 2,180 元/吨，基差-320。参考当日基差，买方报基差-300，并建议卖方买入现货焦煤，在期货上卖出焦炭锁定利润。卖方接受报价，双方签订基差合同。经商议钢厂 A 提前支付 20%的现金，且前期拖欠货款也加速支付。由于焦炭日内波动比较大，合同约定期货基准参考价为点价日的结算价，点价当日需在 10：30 以前下达点价指令单。

12 月 8 日，基差接近平水，且期货价格减去 300 的基差，已经远远低于当期的现货价格，钢厂 A 在 1,978 元/吨买入焦炭期货锁定 30%的订单敞口。

1 月 8 日，钢厂 A 点价，当日期货结算价格为 2,069 元/吨。买卖双方参照此基准价结算（2,069-300=1,769 元/吨），双方期货头寸也同时平仓。

焦炭基差走势如图 8-7 所示，交易流程见表 8-6。

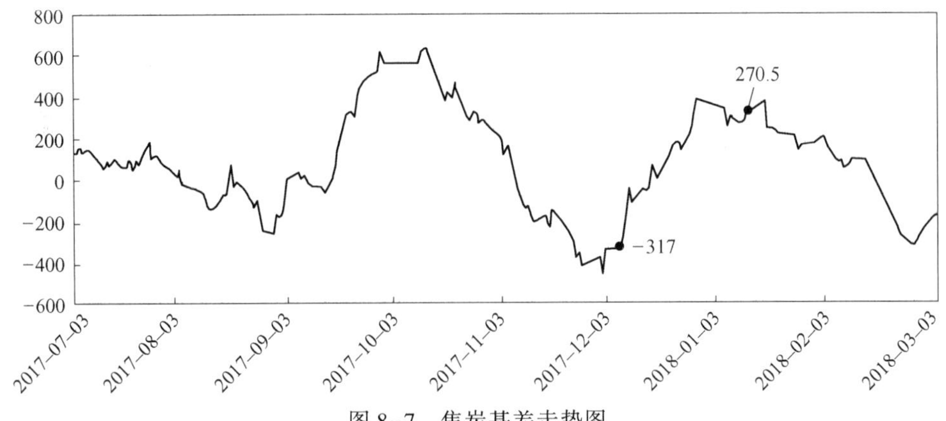

图 8-7　焦炭基差走势图

表 8-6　交易流程

时　间	现货价格 /元·吨$^{-1}$	期货价格 /元·吨$^{-1}$	实际基差	买方：钢厂 A	卖方：焦化厂 B	备　注
12 月 5 日	1,860	2,180	-320	签订基差合同，基差-300，1 月点价 支付 20% 的现金（前期货款加速支付）	签订基差合同 现货：买入焦煤现货 期货：卖出焦炭期货 1 万吨，2,180 元/吨	按当期焦煤 1,350 元/吨的价格，B 的焦炭成本约 1,800 元/吨，2,180 减去贴水锁定利润约 80 元/吨
12 月 8 日	1,960	1,978	-18	现货：接收现货，正常生产 期货：择机建立多头头寸 30 手，均价 1,978元/吨	现货：按要求交付现货	12 月 5 日至点价期末期间，买方选择建立期货多头头寸锁定 30%的敞口
1 月 8 日	2,360	2,069	291	点价 平仓期货多头头寸	接受点价 平仓期货空头头寸	

交易结果见表 8-7。

表 8-7　交易结果

钢厂 A		焦化厂 B	
现　货	期　货	现　货	期　货
焦炭采购结算价： 2,069-300=1,769 元/吨	J1805 合约：1,978 买入，2,069 平仓 盈利：（2,069-1,978）×30×100=27. 3 万元	焦煤 1,350 买入 焦炭销售结算价：2,069 -300=1,769 元/吨	2,180 卖出，2,069 平仓 盈利：（2,180-2,069）×10,000=111 万元
综合采购成本 1,741. 7 元/吨，当期的现货价格 2,360 元/吨，成本降低 618. 3 元/吨		综合销售价格为 1,880 元/吨，实现利润 80 元/吨	

分析：在此过程中，通过基差点价，钢厂 A 的采购成本比现货采购降低了 618. 3 元/吨，一方面是基差从-300 上涨到 291 带来的基差收益 591 元/吨，另一方面是通过期货部

分套保带来的收益 27.3 元/吨。

焦化厂在此过程中实现 80 元/吨的利润，比当期的现货利润低，但在 12 月市场低迷、未来市场未知的情况下，达到了提前锁定销售利润的效果，额外的收益是加速货款回收、保证销售量，与钢厂建立了稳固的贸易关系，月度销量增加。

教训：值得一提的是，在以上基差点价过程中，在签订基差合同之日，焦化厂 B 已经开始与钢厂商议下期资源涨价事宜，焦化厂 B 预期现货涨价过程中期货也会继续上涨，J1805 合约从 2,180 元/吨上涨到 2,300~2,400 元/吨完全可能，因此，焦化厂 B 认为卖出焦炭套保没有很大必要，而且期货套保头寸也会占用很大的资金额度，因此没有做卖出套保。此后焦炭价格没有按焦化厂预期上涨，一直到点价期，价格一直没有再达到 2,180 元/吨，焦化厂 B 也就没有继续卖出保值的动力。因此，焦化厂 B 最终没能通过买保值从期货上取得补充收益，最终现货销售价格是 1,769 元/吨，亏损 31 元/吨。

（四）期权锁定钢厂利润

钢厂 B 月产 25 万吨螺纹，2018 年 1 月利润接近 1,000 元/吨，B 担心春节后钢厂复产，钢材库存高企，钢价下行，钢厂利润收缩，计划用期权保护部分产量利润。

期权策略组合（见表 8-8 和表 8-9）如下：

卖出 RB1805 合约 4,020 元/吨执行价的看涨期权，入场价为 3,830 元/吨，期权价格 25.5 元/吨，数量 0.4 万吨，收入：25.5×10=255 万元。

买入铁矿 I1805 执行价 540-555 牛市价差期权，同时卖出执行价为 490 元/吨的看跌期权，入场价为 530 元/吨，期权费为 4 元/吨。

表 8-8　组合策略 1

商品标的	螺纹 1805
交易类型	商品期权交易
生效日	2018 年 1 月 17 日
到期日	2018 年 2 月 23 日（中间春节，延后 5 个交易日）
结算日	同到期日
客户交易方向	卖出期权
期权类型	看涨期权
行权价格	4,020 元/吨
入场价格	3,820 元/吨
商品标的数量	100,000 吨
期权费（钢厂 A 收入）	单价：25.50 元/吨 总价：2,550,000 元
行权类型	欧式期权
是否自动行权	是
行权结算 指定价格	商品参考价格源在行权日的收盘价

表 8-9　组合策略 2

商品标的	铁矿 1805		
交易类型	商品期权交易		
生效日	2018 年 1 月 17 日		
到期日	2018 年 2 月 23 日		
结算日	同到期日		
客户交易方向	卖出期权	买入期权	卖出期权
期权类型	看跌期权	看涨期权	看涨期权
行权价格	494 元/吨	540 元/吨	555 元/吨
入场价格	530 元/吨	530 元/吨	530 元/吨
商品标的数量	200,000 吨	200,000 吨	200,000 吨
期权费（钢厂 A 支付）	单价：4 元/吨 总价：800,000 元		
行权类型	欧式期权		
是否自动行权	是		
行权结算 指定价格	商品参考价格源在行权日的收盘价		

数量说明：操作 10 万吨螺纹，对应操作 16 万吨铁矿，考虑到春节前后铁矿补库预期强烈，且原料里除了铁矿还有很多其他辅料，故铁矿操作量建议增加至 20 万吨，换成期货是 5 手螺纹对应 1 手铁矿石。

期权到期日 2 月 23 日，螺纹 1805 收盘价 3,959 元/吨，矿石 1805 合约收盘价 548.5 元/吨。期权组合策略 1 不被行权，结算费用为 0。组合策略 2，钢厂牛市场价差期权收益 = (548.5 − 540) × 20 = 170 万元。钢厂 A 期权交易结果见表 8-10。

表 8-10　钢厂 A 期权交易结果

项　目	组合策略 1	组合策略 2	现货利润
期权起始日	收入期权费 255 万元	支出期权费 80 万元	利润 940 元
期权到期日	支出 0 元	收益 170 万元	利润 840 元
收益情况	收入 255 万元	收入 90 万元	利润减少，100×25 = 2,500 万元

期权收益合计 255 + 90 = 345 万元，现货利润收缩 2,500 万元，期权收益部分弥补了现货利润收缩的影响。

四、开展套保需要注意的事项

第一，必须认清套期保值的目的。套保是企业管理风险的一种手段，目的不是企业收益最大化，而是争取稳定的收益，获得长足的发展。

第二，必须理解套保策略。套期保值策略归纳成两种：一是套利润；二是调库存。套利润可以从企业年度经营目标出发，在有利的时点锁定合理的利润。长流程生产企业不可能没有库存，调库存其实就是调企业风险敞口，需要站在一定的市场环境中去考虑企业风险敞口的额度，现货正常周转，保持稳定库存，用期货头寸来调节虚拟库存。

第三，必须设定敢于担当的决策层。套保不是完全没风险，有涨跌就有盈亏，就算是锁定利润的套保也可能是放弃了获得更多利润的机会。因此，决策层没有担当就无法开展业务，可以范围内放权，但每个方案必须决策层亲自参与决策。决策层可以是企业的一把手，也可以是授权的副总。

第四，必须要配置懂市场有经验的期货团队，套利润什么时候套，套多少量，套多少利润是合理的？调库存什么时候持有多少库存合适？套保的基差是否有利？有时期货的逻辑与现货的逻辑不一样。没有专业的团队很难做好。

第五，必须明确执行要求，一是入市前必须要有完整的套期保值交易计划，二是套期保值交易不需要天天做。如何进出，不同情况如何应对，需要有完整的计划，按计划执行，入市前的思考往往是最理性的。大多数时间按照现货常规生产即可，只在极端情况下考虑为企业经营锦上添花。当然当企业内部人员的专业努力发展到一定水平，适当授权一定头寸内的调仓行为也是可以的，但这不是企业决策行为。

案例特点

华菱集团从2008年就开始尝试筹备参与期货市场，是钢铁行业中运用期货工具最早的企业。经过10多年的探索，华菱逐步培养了一支既了解钢铁生产经营，熟悉现货市场，又懂金融、懂期货，对衍生品市场有深刻理解的人才队伍。从集团董事长到普通业务人员，从集团期货团队到各子公司现货部门，套期保值理念比较深入，华菱集团在套期保值方面的耕耘将不断取得实效。

案例四 依托进出口贸易平台 集中管控风险

——河钢集团套期保值案例

一、河钢集团简介

河钢集团在2008年6月30日由原唐钢集团和邯钢集团联合组建而成。集团现拥有在册员工13万余人，直属子分公司20家。其中，钢铁主业拥有唐钢、邯钢、宣钢、承钢、舞钢、石钢、衡板7家子公司和采购、销售、国贸三大经营公司。2014年产钢4,709万吨；实现营业收入2,806亿元。2015年居世界500强第239位，2014年居中国企业500强第43位、中国制造业500强第13位。

河钢集团在期货方面的业务集中在河钢集团下属子公司——河钢国际。河钢国际全称是河钢集团北京国际贸易有限公司，是河钢集团直属子公司，于2014年在北京注册成立，其前身是河北钢铁集团国际贸易公司，2008年7月，由河北钢铁集团对所属唐钢、邯钢、宣钢、承钢、舞钢等子公司的进出口业务进行整合后组建而成。

目前，河钢国际承担河钢集团涉及海外（包括人民币结算）的所有业务。主要业务范

围包括进出口贸易业务，海外投资或资本运作，招商引资，海外机构的经营管理、技术交流及劳务输出，海外工程承包等。

河钢国际公司内部拥有唐山、邯郸、宣化、承德、舞阳、石钢6个分公司和中国香港、澳大利亚、新加坡、加拿大四个境外公司。公司成立以来，铁矿石年采购进口铁矿石7,000万吨，有力保障了河钢集团钢铁子公司的生产。年出口钢材近700万吨，是我国重要的钢材出口企业，拥有稳定的国外市场和良好的市场信誉。

二、河钢套保发展历程

河钢集团在2010年正式成立期货部，准备在期货市场上有所作为。随后的3年多时间里，河钢集团期货部始终在学习的状态当中，一方面抓紧制定相关制度，另一方面向期货公司和有相关期货操作经验的同行业企业学习。同时，人员利用虚拟电子盘进行模拟操作和方案验证，但由于种种原因始终没有进行期货市场套期保值的实际操作。

2014年，河钢国际成立之后，河钢集团决定将期货部划归河钢国际管理。河钢国际作为河钢集团进出口贸易平台，不仅担负着全集团的生产保供工作，同时又担负着集团外贸、创效的任务。依托于强大的现货资源，加上前期的市场研究积累，期货部开始在期货市场实盘操作，对原材料和成品开始大量开展套保业务，并形成了自己特有的模式，期货套期保值功能得以充分发挥，为稳定生产经营起到积极作用。

三、套期保值理念及策略

作为现货企业的期货套保部门，河钢国际期货部秉承“现货为主，期货为辅”的套保理念，一切期货交易均建立于现货的基础上，严禁操作任何单边投机操作，始终将防风险置于首位。策略方面，在对市场进行方向性判断的情况下，实施套期保值操作，并充分考虑基差因素。

四、套保案例

（一）利用铁矿石库存期现套利

河钢集团为保证旗下钢厂正常生产需求，常年在港口存有大量铁矿石。为使库存资源充分利用，在不影响工厂生产的前提下，使用期货工具对所拥有库存进行套利交易，不仅盘活库存资源、不被闲置，而且可降低生产成本。

由于现货波动性远低于期货合约波动性，在期货价格大幅波动的过程中，便会产生期现背离的情况。2017年4月初，期货市场在不看好后市预期的情况下，大幅下跌，与此同时，现货在下游春季需求良好的情况下，继续维持高位，期现货之间形成背离，基差持续扩大。在此情况下，利用库存资源优势，在现货市场以650元/吨的价格大量出售MNP为主的粉矿库存资源，与此同时，在期货市场上以560元/吨的价格买入相应数量铁矿石1709合约期货。

5月，期货市场价格下跌减缓，与之相对，现货由于市场需求减弱，快速下跌，期现货基差迅速由4月的90元/吨减少到20元/吨，此时随之为工厂买入现货补足库存，并于期货市场进行平仓操作，经过此次套利操作，在不到1个月的时间周期里，期现货合计获取额外收益 70 元/吨，见表 8-11。

表 8-11 交易流程 1

日 期	现 货	期 货	基 差
2017 年 4 月	以 650 元/吨的价格卖出现货	以 560 元/吨价格买入 I1709 合约期货	90 元/吨
2017 年 5 月	以 500 元/吨的价格买入现货	以 480 元/吨的价格对期货平仓	20 元/吨
盈亏	盈利 150 元/吨	亏损 80 元/吨	盈利 70 元/吨

（二）通过钢材虚拟库存，锁定远期采购成本

作为我国重要的钢材出口企业，河钢集团每年与国外贸易商签订大量钢材加工品出口订单。不同于国内现货市场，出口订单几乎全部是锁定销售价格，若在此期间原材料价格上涨，则出口订单有亏损风险。为避免该风险，对相关数据进行建模分析，确定符合子公司产品生产特点的合理套保基差范围。若判断未来市场大概率有上涨风险，且基差合适，便对原材料进行期货买入操作，建立虚拟库存，在锁定采购成本的同时，利用期货杠杆的特性降低货物持有的成本。

2017 年 8 月，某子公司签订一定数量热卷加工品出口订单，11 月交货，预计 10 月份采购原材料。8 月热卷现货价格 4,100 元/吨左右，以此原料价格进行生产订单，该子公司存在合理利润。为规避原材料上涨风险，于期货市场买入相应数量热卷 1801 期货合约，买入价格 3,950 元/吨。

10 月，子公司采购热卷现货，现货价格 4,100 元/吨。买入现货同时，对期货头寸进行平仓，期货平仓价格 4,055 元/吨。期现货合计盈利 105 元/吨，不仅有效锁定了原材料采购成本，而且由于基差选择合适还额外增加了基差盈利，见表 8-12。

表 8-12 交易流程 2

日 期	现 货	期 货	基 差
2017 年 8 月	市场价格 4,100 元/吨	以 3,950 元/吨价格买入 热卷 1801 合约期货	150 元/吨
2017 年 5 月	以 4,100 元/吨的价格买入现货	以 4,055 元/吨的 价格对期货平仓	45 元/吨
盈亏	盈利 0 元/吨	盈利 105 元/吨	盈利 105 元/吨

五、套保体系

河钢国际套保体系主要由期货部门、现货部门、风控部门组成。在日常工作过程中，由现货部门来负责收集现货市场相关信息，并由期货部门汇总整个市场信息后进行整理分析，通过市场分析确定未来市场的趋势。套期保值方案，需经期现货部门共同商议后确定，经领导审批后实施。在风控部门的监督下，由期货部来负责具体的期货交易操作。

六、人才培养

河钢国际对期货人才的选拔和培养更看重专业性和实用性，期货人员在了解期货通用知识的基础上，能够进一步地了解和贴近商品实物，并将期货金融基础知识与企业的实际情况相结合，研究出一套符合企业生产销售情况的期货模式，做到真正的期现结合。在期货人员构成方面，一部分来自于企业内部有相关现货经验的一线销售人员，同时也有社会招聘的相关专业金融人才。在保证期货交易专业性的同时，确保期货部能够做出最适合企业经营的期现相关套保方案。

案例特点

河钢集团是最大的省属国有钢铁企业集团，集团依托河钢国际整合集团内进出口经营，具有一定特点和代表性。河钢集团的套期保值更多集中在铁矿石等进口量比较大的原料品种。除了利用标准的期货合约进行套期保值以外，河钢集团也是国内首批尝试铁矿石“基差贸易”的钢铁企业之一。

案例五　坚守套保原则　不忘初心　期现统筹

——本钢集团套期保值案例

一、本钢集团简介

本钢集团有限公司（以下简称“本钢”）始建于1905年，是新中国最早恢复生产的大型钢铁企业，被誉为“中国钢铁工业摇篮”“共和国功勋企业”。本钢地处辽宁省中部经济带核心区域，地理位置优越，现有员工8万人，资产规模1,450亿元，年销售收入超1,000亿元，粗钢产能2,000万吨。本钢是中国十大钢铁企业之一，世界钢铁企业排名第20位。本钢是辽宁省最大省属国有企业集团，中国500强企业。

本钢现拥有亚洲最大的露天铁矿——南芬露天铁矿并参股开发目前已探明的世界最大铁矿——本溪大台沟铁矿等丰富矿产资源；东北最大容积4,747立方米高炉、世界最宽幅2300热轧机组、同韩国POSCO公司合资兴建的世界最先进冷轧生产线等世界顶级工艺装备已经建成并达到设计生产能力。

本钢矿产资源丰厚，工艺装备世界一流，产品广泛应用于汽车、家电、石油、化工、航空航天、机械制造、能源交通、建筑装潢和金属制品等领域，并出口美国、欧盟、日本、韩国等80多个国家和地区，出口总量连续多年位列全国钢铁行业前茅。具备最宽幅、最高强度汽车用冷轧板和最高强度汽车用热镀锌板的生产能力和整车供货能力。

二、产销基本情况及风险敞口解析

（一）产销情况

本钢集团粗钢产能2,000万吨，年平均产量1,500万吨左右，包含螺纹、线材、热卷、冷卷、镀锌板、不锈钢、特钢、球墨铸管等品种。销售采用协议户模式、保证金制度，以销定产。另每月有一部分量发往各分公司进行现货销售。

（二）敞口分析

企业面临原材料价格以及产成品价格波动风险。在影响国内钢铁企业的众多成本构成中，铁矿和焦煤是原材料成本占比最大的两部分。铁矿和焦煤的价格波动会挤压钢企的利润。从极端的例子来看，2016 年 10 月，由于焦煤供应严重紧缺，导致价格大幅飙升，迅速挤压钢厂利润，部分钢厂甚至出现了焦煤货源不足而焖炉检修。在当时焦煤供应缺口极大的情况下，部分企业参与了买入保值，对未来月份、季度、甚至年度的采购量进行了买入套保，锁定了全年平均价，利用期货市场大幅降低采购成本。当时，参与套保企业的采购成本比不参与的企业采购成本低 1,000 元/吨左右，大幅扩大了企业的盈利空间。

从成品材角度来说，当企业盈利水平较高的时候，生产了订单外的产量，但由于流动性的问题不能及时销售而变成了库存或在途，那么这部分产量将面临价格波动的风险。如果参与了期货市场后，可以将这部分产量通过期货市场销售或交割，那么企业就可以规避库存价格波动的风险，及时锁定当下的利润。

三、企业开展套期保值的理念

本钢开展套期保值操作从 2009 年开始至今，已有 9 年的经验。对于企业开展套期保值而言，首先要对期货有一个正确的定位，期货的定位就应该是一个风险管理工具，无分好坏的工具。期货工具运用的核心目标应该是辅助企业的现货经营，平抑价格波动风险，稳定生产经营利润，扩大经营规模。所谓的套期保值一定是期现合并计算。作为生产企业，本钢的核心不在研究价格波动获取投机收益。套期保值和投机的主要区别在于——投机的出发点是对市场未来的趋势判断，而套期保值的出发点是从整个经营情况，企业采购、生产、销售，再结合对市场的研判，做出相应的决策，使企业获得稳定收益，把企业做成长久生存的企业。在完成主要套保的前提条件下再获取基差、价差等方面的额外收益。例如，为避免商品价格的千变万化导致成本上升或利润下降，通过套期保值，即在期货市场上买进或卖出与现货市场上数量相等但交易方向相反的期货合约，使期现货市场交易的损益相互抵补。锁定企业的生产成本或商品销售价格，保住既定利润，回避价格风险。

因而在做套期保值交易时，必须遵循“商品种类相同”“商品数量近似相等”“月份相同或相近”“交易方向相反”的“三同一反”四大操作原则。

（一）商品种类相同原则

商品种类相同原则是指在做套期保值交易时，所选择的期货商品必须和套期保值者将在现货市场中买进或卖出的现货商品在种类上相同。只有商品种类相同，期货价格和现货价格之间才可能形成密切的关系，从而在价格走势上保持大致相同的趋势。只有这样，在两个市场上同时或前后采取反向买卖操作才能取得效果。

（二）商品数量近似相等原则

商品数量近似相等原则是指在做套期保值交易时，所选用的期货合约上所载的商品的

数量必须与交易者将要在现货市场上买进或卖出的商品数量根据实际情况近似相等。

做套期保值交易之所以必须坚持商品数量近似相等的原则，是因为只有保持两个市场上买卖商品的数量近似相等，才能使一个市场上的盈利额与另一个市场上的亏损额相等或最接近。

（三）月份相同或相近原则

月份相同或相近原则是指在做套期保值交易时，所选用的期货合约的交割月份最好与交易者将来在现货市场上实际买进或卖出现货商品的时间相同或相近。

在选用期货合约时，之所以必须遵循交割月份相同或相近原则，是因为两个市场上出现的亏损额和盈利额受两个市场上价格变动幅度的影响，只有使所选用的期货合约的交割月份和交易者决定在现货市场上实际买进或卖出现货商品时间相同或相近，才能使期货价格和现货价格之间的联系更加紧密，增强套期保值效果。因为，随着期货合约交割期的到来。期货价格和现货价格会趋向一致。

（四）交易方向相反原则

交易方向相反原则是指在做套期保值交易时，套期保值者必须同时或先后在现货市场上和期货市场上采取相反的买卖行动，即进行反向操作，在两个市场上处于相反买卖位置。

只有遵循交易方向相反原则，交易者才能取得在一个市场上亏损的同时在另一个市场上必定会出现盈利的结果，从而才能用一个市场上的盈利去弥补另一个市场上的亏损，达到套期保值的目的。

套期保值交易的四大操作原则是任何套期保值交易都必须同时兼顾的，忽略其中任何一个都有可能影响套期保值交易的效果。

四、铁矿石 1605 合约套期保值案例

（一）背景回顾

2015 年年底钢企大面积亏损，铁矿价格持续下跌，甚至跌破 FMG 成本线（折算港口 62%Fe 成本 42.7 美金），澳洲部分中小矿山纷纷关停，发货量下降明显。澳洲地区第 1 季度处于雨季，生产与发运均受到一定影响，在利润不佳的情况下，大矿山纷纷进行港口检修和维护，发货量出现明显下降；巴西地区的发货量也因同样原因缩减了发货量。

从国内需求来看，2016 年 1 月国家积极推进基建项目，市场信心提振，需求略有好转，成材端出现了供需错配的现象，由于大量钢企关停，旺季还没到来前成材便开始出现了缺货的状态。成材的大幅拉涨带动钢厂利润一同升高。在利润驱动下，钢厂有较强的复产预期，因而铁矿在此前提下也有着较强的节后集中补库预期。

（二）套期保值方案的制定与实施

（1）判断套期保值时机。基于以上基本面判断，本钢认为铁矿现已处于底部，没有太大下跌空间；3 月、4 月旺季即将到来，钢厂陆续复产，旺季有望迎来铁矿上涨行情。在

此情况下，钢厂在铁矿采购上主要有几点考虑：

1）二月铁矿港口价格极低，日照港口 PB 粉 350 元/吨左右，铁矿上涨后，钢厂难以在港口买价格这么低的矿粉。

2）钢厂自身库容有限，如果现在开始大举采购铁矿，钢厂难以存放。

3）钢厂利润刚见起色，2015 年的资金流转问题尚未解决，如果此时动用大量资金购买铁矿，企业资金流通上会有一定困难。

鉴于以上几点考虑，本钢决定在期货上买入铁矿 1605 合约建立虚拟库存。

（2）确定套期保值数量。2016 年 2 月 17 日，铁矿 1605 合约收于 339 元，当时日照港 PB 粉、卡粉、金步巴粉、纽曼粉的价格分别是 345 元/吨、370 元/吨、330 元/吨、355 元/吨，折合盘面分别为 388.23 元、374.37 元、370.30 元、381.68 元。盘面贴水分别 49 元、35 元、31 元和 43 元。盘面价格较低，贴水现货幅度尚可，且本钢对于后市看好，基于以上因素结合实际情况，决定在盘面对 11 万吨铁矿建立虚拟库存。I1605 收盘价如图 8-8 所示，铁矿期现基差如图 8-9 所示。

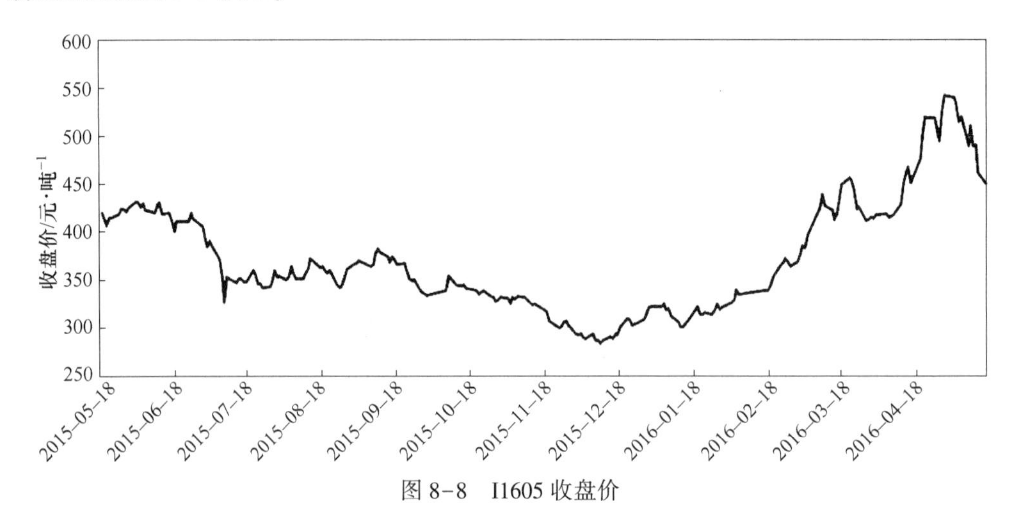

图 8-8　I1605 收盘价

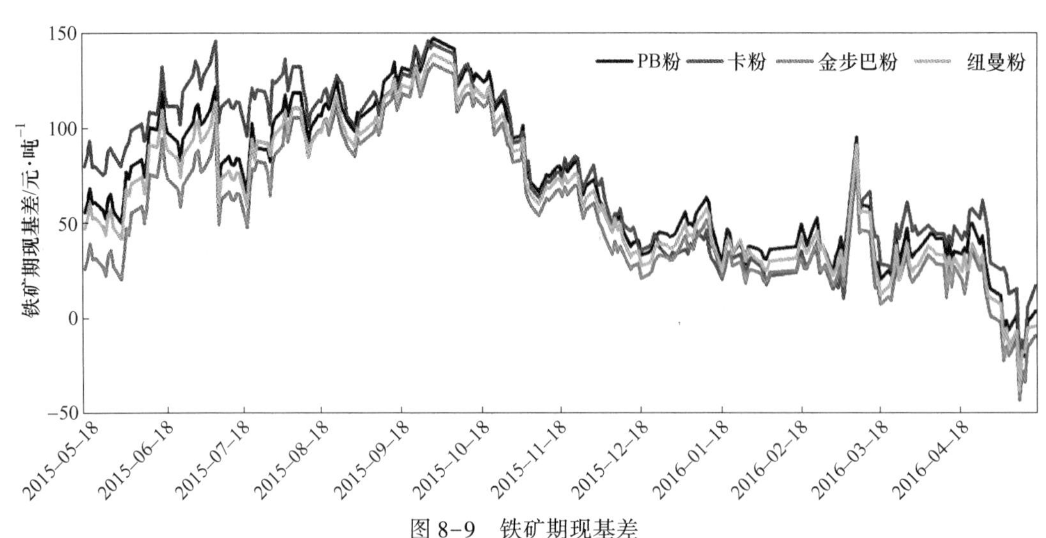

图 8-9　铁矿期现基差

（3）套期保值实施。在套保方案具体实施过程中，采用金字塔加仓的方式在价格不断下跌的过程中持续加仓，建仓价位见表 8-13。

表 8-13　铁矿 I1605 建仓成本价测算

建仓价格/元·吨$^{-1}$	预计总持仓/手	建仓比例/%	累计持仓/手	持仓均价/元·吨$^{-1}$	持仓最低保证金（10%）/元	浮动盈亏/元	资金需求（60%的仓位）/元
350	200	30	200	350.00	700,000	0	1,166,667
345	400	60	600	346.67	2,080,000	-100,000	3,566,667
330	500	100	1100	339.09	3,730,000	-1,000,000	7,216,667

（三）套期保值效果

2016 年 4 月底，即交割前 1 个月，期现开始回归，盘中价格开始对部分铁矿品种升水，2016 年 4 月 29 日铁矿石 1605 合约冲高回落，本钢平仓多单，平仓价为 541.5 元，1,100 手铁矿期货端总收益为 2,226.5 万元，资金最大需求量 721.67 万元，盘面收益率达到 300%以上，降低了当期采购成本。

（四）总结

在此次参与期货的过程中，作为钢铁的生产企业，切实体会到了期货套期保值的功能与作用，如果企业能够根据自身的生产、经营、库存情况，科学合理地运用期货工具，能够达到规避价格风险、调节原料库存、稳定生产利润的目的。

通过期货盘面建立虚拟库存可以：

（1）操作灵活。一次性低价采购较大量的铁矿。

（2）节省资金。相对于现货采购极少的占用钢厂资金，增强资金周转。

（3）节省场地堆放。不必为大量现货堆放而发愁。

（4）降低当期采购成本。

五、套期保值的管控体系

（一）业务流程

企业参与套期保值业务的主要流程总体分为 5 个步骤，即企业风险评估、套保政策制定、套保方案设计、套保实施和监控、套保评价和改进，如图 8-10 所示。

企业风险评估：企业参与期货业务应首先对企业经营中的风险进行识别，并分析风险产生的原因、特征，评估风险对企业实现经营目标的影响程度和风险的价值，针对实际情况考虑使用期货市场进行风险对冲，形成可行性分析报告。

套保政策制定：开展期货业务应根据企业自身的内控要求，制定期货套期保值制度，套保制度是企业保值工作的指导方针，对企业保值的目标和原则作出规定，对套保业务的风险管理进行规划。

套保方案设计：根据企业套保要求，开展套保操作前应制定相应的套保方案，内容包括：保值品种、合约选择；保值方向；保值数量（上下限）；保值价格（区间）；保证金

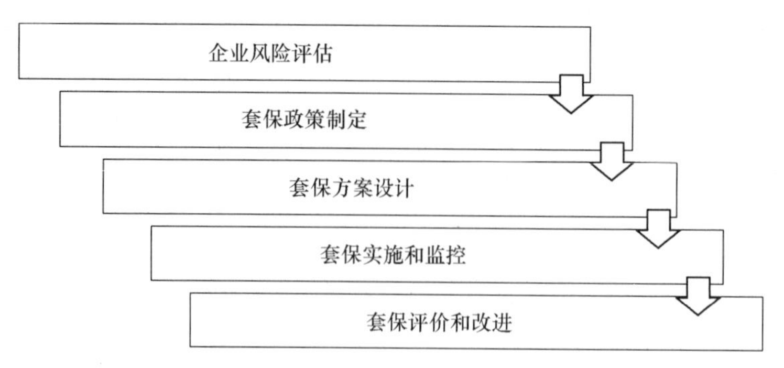

图 8-10　套期保值业务的主要流程

需求；结束方式（对冲、交割）。

套保实施和监控：根据套保操作流程开展期货业务，并做好交易风险的监控、管理。

套保评价和改进：套保操作完成后，需要结合现货进行综合评估保值是否实现了预期的效果，寻找改进的机会，以便企业能不断提高保值水平。

本钢期货交易流程如图 8-11 所示。

（二）风险应对

首先需要强调一点，风险监管应该是未雨绸缪，将绝大部分风险的问题都事先考虑清楚，且建立起强大、严格的风险监管体系，然后实施盘中监控，减少实施过程中处置风险的次数。风险监管应该分 3 个层级：第一层是集团总部成立期货交易领导小组，制定《企业期货管理办法》和《企业期货操作实施细则》；第二层是财务处从财务方面监督控制风险，每天检查期货交易的记录和相关持仓，并且严格监控资金情况；第三层是期货部自身控制风险，期货行情分析小组定期分析公司期货头寸风险，运作策略以及操作的实施情况。

在企业参与期货的过程中，除了上述的管理风险意外，还包括以下几种常见风险：

（1）市场风险。期货价格走势存在不确定性，准确预测价格走势的难度很大，脱离现货单纯地进行期货投机，可能会使企业的风险敞口更大，此时若价格走势与预期不一致，公司不止面临现货亏损，还将面临期货亏损。

（2）操作风险。操作风险来源于两种可能：一种来自决策机制的不完善；一种来自交易过程的误操作。在投资过程中决策的随意性较大，受盘中的市场噪声影响，过早止盈或错过止损时机的现象时有发生，在行情走势与预期存在较大分歧时，不及时止损甚至使风险失控。

改进建议：

1）在开展期货交易时，应制定详细的交易计划，明确开仓价位、开仓量、加仓策略、平仓价位、止损策略等，并严格执行交易计划。

2）交易员有时会因个人疏忽，出现交易失误，导致企业遭受损失。当存在操作失误时，不能有任何侥幸心理，应坚决执行平仓计划，将损失控制在最小范围内。

（3）资金风险。期货价格具有波动性，存在短周期价格走势与中长期走势出现矛盾的概率，即使判断正确，也可能遭遇浮亏，若杠杆使用太高，导致期货账户风险度超过交易

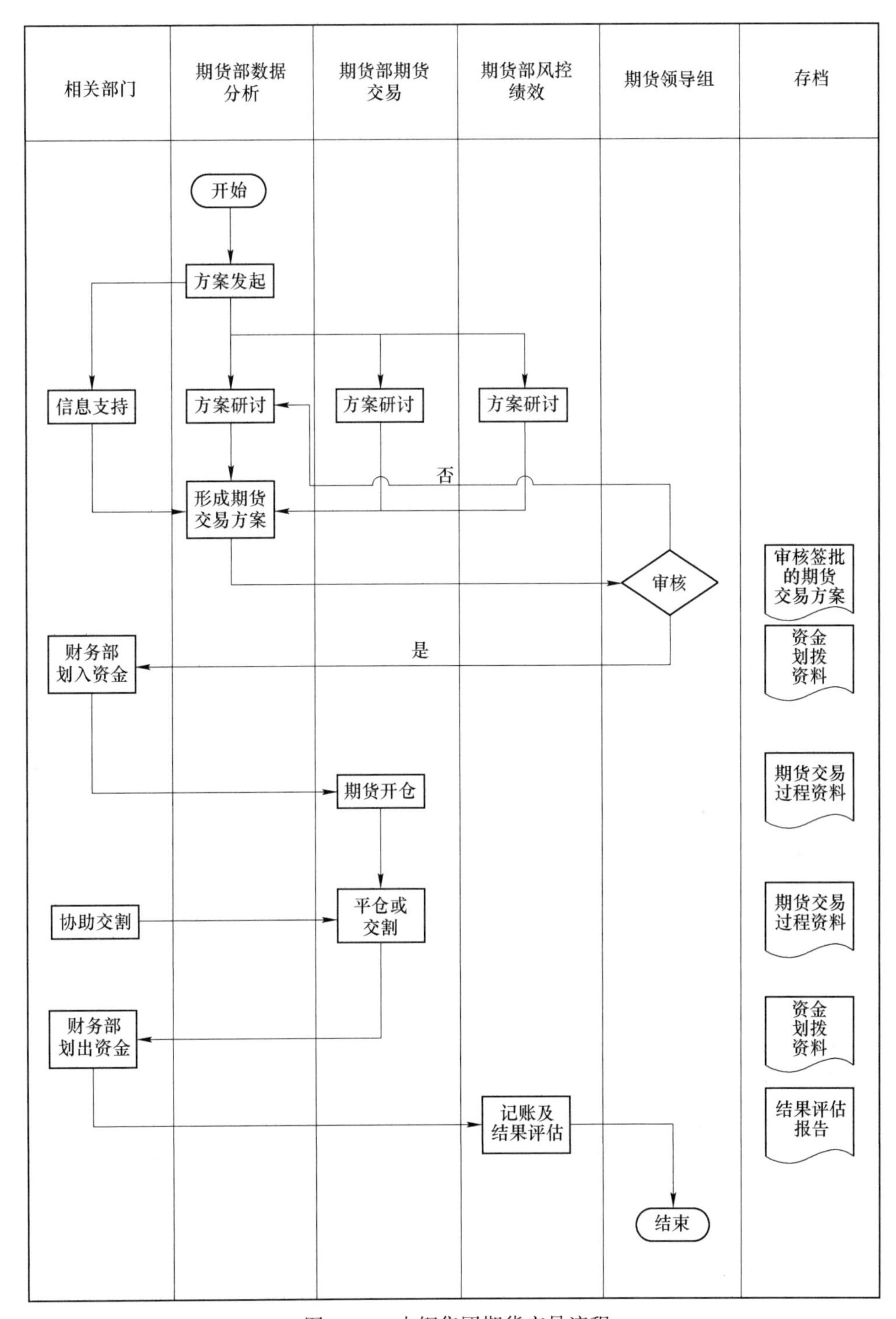

图 8-11　本钢集团期货交易流程

所规定，可能存在被强制平仓的风险。

改进建议：适当使用杠杆，总体风险度控制在 60%以内。

（4）交割风险。黑色产业链商品均采用实物交割方式，当期货合约临近交割时，可交割货物的多少会对近月合约走势产生很大影响，有时甚至起决定性作用。在未做好交割准备时，要充分考虑逼仓风险，必要时回避近月合约。

套期保值与套利交易在期货交易过程中的风险存在差异，套期保值重在期货与现货业务的结合，若脱离现货业务，则很容易挂套期保值之名、行投机之实，并过分关注期货账户的浮赢、浮亏，极端情况下，可能会因过度投机而导致风险失控。关于控制套期保值业务风险的建议：将期货与现货严格对照，制定套期保值方案之初，即可确定期货与现货结合情况下总的盈亏状况（除非期现走势背离，即使期现背离也可通过交割规避基差风险），禁止过度投机，减少频繁交易。

从表现形式看，套利交易的风险更容易监控，直接体现为期货账户的盈亏，套利交易的风险明显小于单边投资。套利分为跨市场套利、跨品种套利与跨期套利，风险度依此上升，其中跨市场套利风险最小，跨期套利风险较大。控制套利交易风险的重点在于：

（1）多策略复合操作，降低单一策略的持仓比重；

（2）控制总持仓比重；

（3）事前做好套利策略的研究，根据历史数据测算，确定止损点，严格执行止损策略。

（三）考核评价

对于期货部门的业绩考核应该是与现货部门结合进行考核。考核体系主要包括以下3个方面（过程与结果双重考核）：

（1）是否符合风险管理制度流程；

（2）是否有效执行并符合套期保值方案；

（3）是否有额外的保值增值（例如基差、价差收益），是否提高了财务效率并降低了财务成本。

六、开展套期保值应注意的重点问题

（一）企业在人才培养方面的经验和建议

期货功能发挥作用的关键在于领导重视、架构配置得当、人员激励有效。而高层领导的认可与推动是前提与核心。

（1）加强期货部门和企业内各部门的交流协作，让期货部相关人员对于企业的产销、库存情况能够及时、准确地了解。进一步了解公司运行状况、成本构成、成本核算与汇率等内容。

（2）加强企业期货部门与外部的交流学习，包括和期货运用比较出色的实体企业、优秀的投资公司、出众的研发机构等，这样能让企业相关人员迅速成长。

（3）加强自身人员的学习，每周拿出统一时间集体学习期货知识，组织参加一些从业资格考试，强化学习成果。

（4）尽可能多地参加学院、交易所、期货公司的培训课程，增强专业性。

（二）财务处理

套期保值方面，要严格按照套期会计进行处理，这样才能评估和优化套期保值制度和策略。

案例特点

本钢集团是国内大型钢铁企业中第一批关注期货市场、参与期货市场、开展套期保值的企业之一，团队有丰富的经验。从本钢套期保值实操案例可以看到，本钢集团能够较好地将期货市场发现价格、套期保值的功能与钢铁企业生产经营实际相结合，能够有效地判断市场风险点，并利用期货市场资金占用少的优势，在资金困难时期，及时为企业锁定原料库存成本，从而确保了企业预期利润的实现。

案例六　决策、管理与执行各司其职　有效管理市场风险
——某大型民营钢厂套期保值实践

一、某大型民营钢厂简介

（一）钢厂基本情况

某大型民营钢铁企业集团下属S钢厂位于东北地区，年产能300万吨，实际产量260万吨，产品主要以螺纹钢和线材为主，主要销售区域为东北三省，还有少量在冬季销往华东地区。该钢厂规模在东北地区属于中型企业，也有一定市场知名度，但东北地区钢厂众多，竞争激烈，还受到期货市场的影响，波动较大，加上气候原因，还要面临当地冬季销售不畅库存积压过大的压力。

（二）公司目前的现状

公司的螺纹钢生产基地主要在东北地区，螺纹钢现货销售均以随行就市的销售模式为主。经常面临的问题为：

（1）产品价格波动大，遇到价格下跌时市场观望“买涨不买跌”，造成产品滞销和跌价销售损失。在当前的市场环境下，市场好时有大量盈利，市场下跌时则问题迭出，如库存积压、销售停滞、回款困难、低价销售及企业亏损等，尤其在2008年下半年到2009年上半年的金融危机中表现尤为突出。

（2）每年都会遇到现货市场价格远远高于生产成本的暴利机会，但这种机会时间往往很短，甚至转瞬即逝，不能在高价位一次性销售现货，锁定订单，甚至提前销售。

（三）参与套保的意义和必要性

通过对期货知识的学习，钢厂了解到利用期货市场和套期保值工具，有利于规避产品价格剧烈波动风险，控制经营风险，改善盈利能力。由于影响期货市场与现货市场的因素总体一致，从较长时间来看，期货与现货的变动趋势是一致的。钢厂能够利用期现走势的趋同与差异达到保值的目标，提前锁定销售利润，进行风险管理。2009年，螺纹钢期货在

上海交易所正式上市，顺应了公司要求套期保值的要求，获得了集团高层领导的重视和密切关注，着手进行期货交易前的团队、制度和规则等方面的准备。

二、预计目标

（一）套保成功标准

评价保值操作的效果应坚持两点原则：

（1）是否达到预定目标，从损益指标看应该是期现市场盈亏相抵后的总盈亏是否符合预期要求，而不是单个市场的盈亏。

（2）从长期表现而不是一个特定时期内的结果进行评价。因此，有效的套期保值效果评价期限应该按半年或一年为宜。

判断套保成功与否的标准：套期保值的成功与否不在于在期货市场是否盈利，而是要把期货市场的收益和亏损同现货市场的盈亏操作进行综合评价。期货持仓阶段性出现亏损，是套保必须面临的，而且是必要的过程，这个阶段往往意味着现货销售是盈利的，而且阶段性的浮动亏损不代表期货头寸最终就一定是亏损的。因此，只要不出大的风险且风险可控，期货持仓无论盈亏都必须保持良好的心态，综合评估期现盈亏效果，是套保成功与否的关键因素之一。

（二）套保总体目标

首先，看期现经营总盈亏。以月或季度为核算周期单位，在一年左右的时间内，结合期货和现货市场的经营状况，总体进行平衡核算，只要期现盈亏相加的总盈亏不为负数就可视为已达成预期目标，而不是仅仅看期货市场是否盈利和亏损。如果期现盈亏综合核算后甚至还有相当可观的利润，则说明套保策略及具体操作是相当成功的。

其次，评估当期的期货卖出价是否高于现货市场平均价，如高于现货市场平均价就可以说套保是成功的。

三、完善套保运作流程

（一）建立组织机构

组织机构如图 8-12 所示。

（二）确定具体套保交易流程

具体套保交易流程如图 8-13 所示。

（三）制定套保方案

基本原则：应遵循套期保值交易的 4 个基本特征和原则，即交易方向相反、商品种类相同、商品数量相同、交货月份相同等。坚持“均等相对”的原则。但从操作实际情况看，严格地按原则套期保值，也不一定对，一定要结合趋势的判断来进行处理，保证企业效益最大化。期货合约的卖出价是根据其目标利润和当期价格走势确定的。

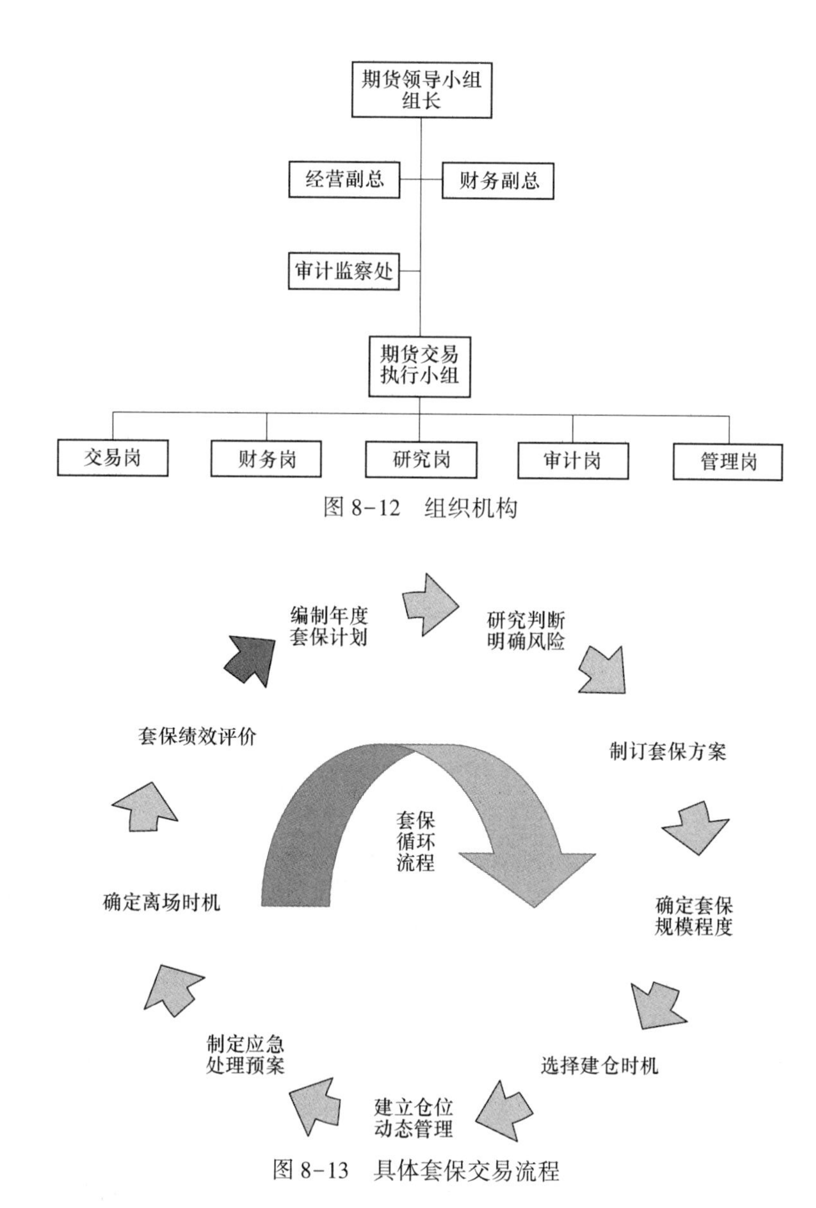

图 8-12　组织机构

图 8-13　具体套保交易流程

目标价位：套保目标价位要切实可行，应尽可能与市场相吻合，否则可能会因市场难以达到此价而无法进行套保。目标数量或规模：在进行保值交易时，保值量往往是根据其库存商品数量或计划销售数量来确定的。确定合理的保值量，是做好套保交易的另一个重要因素。在卖出套保时，当市场处于熊市，价格在套保目标之上则可将至少一半以上产量抛出以锁定利润；而当市场处于牛市时，对成品部分少套甚至不套，一般保产量的 1/4~1/3，这样既可回避市场风险，又可力争现货利润最大化。

明确保值目标后，再确定具体的操作方案。方案内容包括保值量、套保额度、均价、操作策略、止损点、资金运用及风险控制等。

（四）保值操作策略

保值操作策略见表 8-14。

表 8-14　保值操作策略

分析现货市场及价格形势	分析利好、利空因素、供求结构和社会库存，正确判断价格趋势，把握套保有利时机
套保决策与机会分析，寻求最佳时机	（1）生产成本毛利：对螺纹钢的生产经营状况及成本进行分析； （2）销售压力； （3）基差分析； （4）判断市场主力动态； （5）运用技术分析方法； （6）关注宏观经济政策、动态和信息综合分析和判断后期走势情况
运用操作策略动态套期保值	（1）制定完善的套期保值计划，确定入场时机； （2）通过波段操作保护套保头寸； （3）利用操盘技巧，加强趋势判断，高抛低吸动态管理； （4）进行交易和持仓的风险分析、控制和过程管理； （5）结合期货和现货市场的状况进行分析确保套保效果最大化； （6）谨慎原则，合理分配资金，既要保证提高资金使用效率，又要对备用金留有余地

四、套保实施

（一）前期准备

在公司领导确定参与期货套保后，迅速制定期货交易管理制度及相关操作细则，并抽调人员组成了期货交易的决策、执行小组。选择期货公司开立期货账户，制定套保计划，向交易所申请套保额度（准备各项申请材料）。根据公司的生产经营、产能产量及资金情况，确定需要套保的风险敞口头寸。通过向交易所申请，获得批准 5 万吨/月的套保额度数量。本着谨慎操作先行先试的原则，对套保规模限制在不超过全年产量的 10%左右。

（二）保值实施过程

按照前面研拟的对策及具体套保策略，进行了严格的成本测算、每日成本动态分析、市场动态分析、基本面和技术面的分析和介入时机的把握，2010 年 1~11 月成功交易 19,480万手。下面以 S 钢厂所在省的钢铁现货市场价格变化和同期期货市场价格变化时采取的保值操作对照表为例（见表 8-15），说明套期保值的具体操作过程。

表 8-15　套保交易记录表

月份	上海期货市场		沈阳现货市场	基差变化
1月	卖出 RB1005 合约 2,080 手		1 月成本 3,672 元/吨，目标销售价 3,872 元/吨；	
	卖出均价 4,616.07 元/吨		现货售价 3,580 元/吨	-1,036.07 元/吨
	平仓均价 4,416.52 元/吨		现货售价 3,530 元/吨	-886.52 元/吨
	盈亏核算	期货 2,080 手，总毛利 415 万元	现货销售 2.08 万吨，亏损 295.36 万元	套保总盈利 119.64 万元

续表 8-15

月份	上海期货市场		沈阳现货市场	基差变化
3~4 月	卖出 RB1010 合约 2,700 手		3 月成本 3,752 元/吨，目标售价 3,952 元/吨； 4 月成本 3,993 元/吨，目标售价 4,193 元/吨	
	卖出均价 4,852.41 元/吨		现货售价 4,190 元/吨	-662.41 元/吨
	平仓均价 4,775.37 元/吨		现货售价 4,290 元/吨	-485.37 元/吨
	盈亏核算	期货卖出 2,700 手， 总毛利 208 万元	现货销售 2.7 万吨， 总毛利 796.9 万元	套保总盈利 1,004.9 万元
8~9 月	卖出 RB1101 和 1105 合约共 6,500 手		8 月成本 3,980 元/吨，目标售价 4,180 元/吨； 9 月成本 4,000 元/吨，目标售价 4,200 元/吨	
	RB1101 卖出 3,500 手，均价 4,465.48 元/吨		现货售价 3,980 元/吨	-485.48 元/吨
	RB1105 卖出 3,000 手，均价 4,626.57 元/吨		现货售价 4,050 元/吨	-576.57 元/吨
	RB1101 平仓均价 4,368.05 元/吨 RB1105 平仓均价 4,435.02 元/吨		现货售价 3,955 元/吨	RB1101：-413.05 元/吨 RB1105：-480.02 元/吨
	盈亏核算	期货 6,500 手，总毛利 916 万元	现货销售 6.5 万吨， 总亏损 265.1 万元	套保总盈利 650.9 万元
10~11 月	卖出 RB1105 合约 8,200 手		10 月成本 4,079 元/吨，目标售价 4,279 元/吨； 11 月成本 4,234 元/吨，目标售价 4,434 元/吨	
	卖出均价 4,549.22 元/吨		现货售价 3,990 元/吨	-559.22 元/吨
	平仓均价 4,527.13 元/吨		现货售价平均 3,977.77 元/吨	-549.36 元/吨
	盈亏核算	期货 8,200 手，平仓盈利 为 181.1 万元	销售现货 8.2 万吨， 总亏损 1,577.3 万元	套保总亏损 1,396.2 万元

螺纹钢主力合约 1~11 月走势如图 8-14 所示。

图 8-14　螺纹钢主力合约 1~11 月走势图

（三）套期保值策略效果评估

经过前面对策实施的结果，汇总如下：卖出 19,480 手期货合约，总毛利 1,720.1 万元；卖出 19.48 万吨现货，总毛利-1,340.86 万元；期现盈亏合计 379.24 万元，见表 8-16 和图 8-15。

表 8-16　套期保值效果评估　　单位：万元

月份	上海期货市场	（沈阳市场）现货销售	基差变化
1 月	卖出 RB1005 合约 2,080 手，总毛利 415 万元	现货销售 2.08 万吨，亏损 295.36 万元	基差走强，套保总盈利 119.64 万元
3~4 月	卖出 RB1010 合约 2,700 手，总毛利 208 万元	现货销售 2.7 万吨，总毛利 796.9 万元	基差走强，套保总盈利 1,004.9 万元
8~9 月	卖出 RB1101 合约 3,500 手，卖出 RB1105 合约 3,000 手，合计 6,500 手，总毛利 916 万元	现货销售 6.5 万吨，总亏损 265.1 万元	基差总体走强，套保总盈利 650.9 万元
10~11 月	卖出 RB1105 合约 8,200 手平仓 2,700 手，平仓盈利 196.6 万元；平仓 5,500 手的盈亏为-15.5 万元。总盈利为 181.1 万元	10 月销售 5.3 万吨现货，总亏损 844.7 万元；11 月销售现货 2.9 万吨，总亏损 732.6 万元。现货总亏损 1,577.3 万元	后期基差走弱，套保总亏损 1,396.2 万元
结果	卖出 19,480 手期货合约，总盈利 1,720.1 万元	现货销售（部分）19.48 万元，总亏损 1,340.86 万元	期现净盈利 379.24 万元

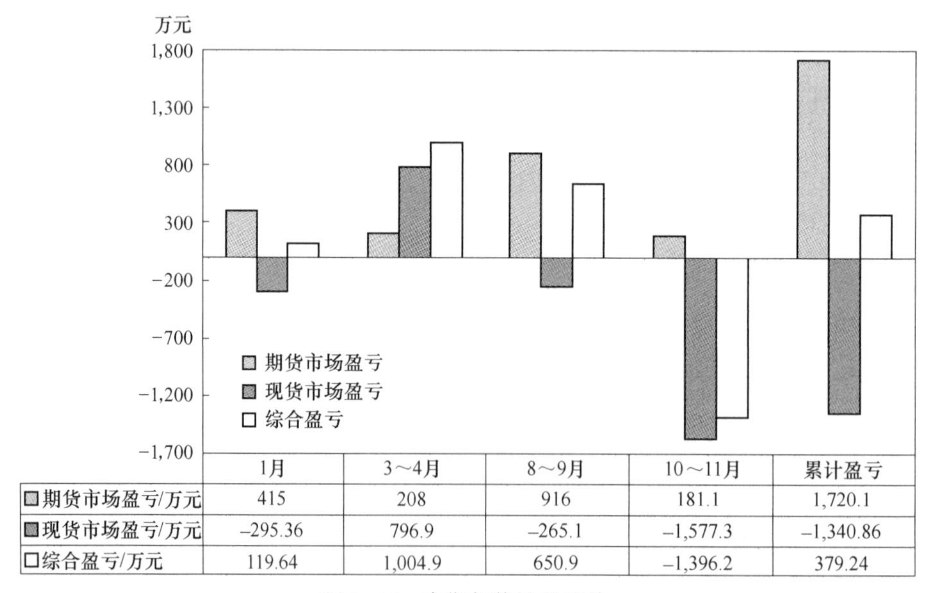

	1月	3～4月	8～9月	10～11月	累计盈亏
期货市场盈亏/万元	415	208	916	181.1	1,720.1
现货市场盈亏/万元	-295.36	796.9	-265.1	-1,577.3	-1,340.86
综合盈亏/万元	119.64	1,004.9	650.9	-1,396.2	379.24

图 8-15　套期保值效果评估

由于全年价格波动比较大，现货无论销售还是库存都存在跌价风险，实际共卖出保值螺纹钢期货合约 19,480 手，合 19.48 万吨，期货市场盈利 1,720.1 万元，现货市场盈利

-1,340.86 万元。在市场下跌时有效地提前锁定了利润，在市场上升时将企业效益做到最优化和最大化。保证了利用期货、现货市场“两条腿”走路，提前锁定销售利润。

根据评价套期保值成功与否的第 2 个标准，参与套期保值月份的卖出期货合约价格最少比同时期的现货市场价格高出 470 元以上，期货价格全年总体平均比现货售价高出 668.69 元，高于此前设定的“成本+预期利润 200 元”的目标销售价格，如图 8-16 所示。

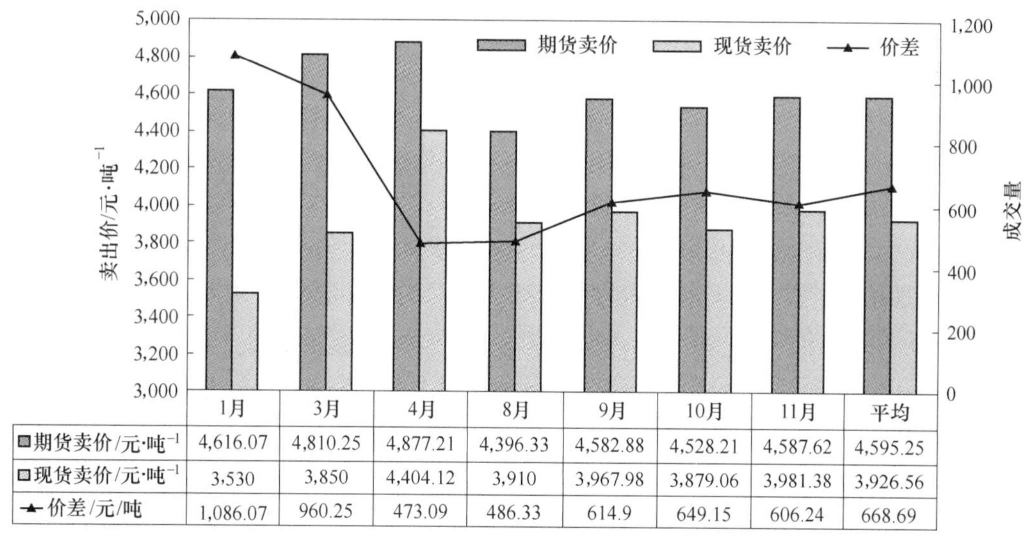

	1月	3月	4月	8月	9月	10月	11月	平均
■期货卖价/元·吨$^{-1}$	4,616.07	4,810.25	4,877.21	4,396.33	4,582.88	4,528.21	4,587.62	4,595.25
□现货卖价/元·吨$^{-1}$	3,530	3,850	4,404.12	3,910	3,967.98	3,879.06	3,981.38	3,926.56
▲价差/元/吨	1,086.07	960.25	473.09	486.33	614.9	649.15	606.24	668.69

图 8-16　期货与现货卖价对比图

根据套保成功标准和计划目标，综合评估认为，螺纹钢期货套期保值活动是成功的，完全达到了当初引入期货套保工具的目标，并取得了超预期的良好效果。

五、做好“四个固化”巩固套期保值经验成果

通过近一年的期货运作，获得如下经验和成果：

（1）利用好期现两个市场，两条腿走路。市场风险不再可怕，而是可控。将套期保值作为集团及各级公司长期坚持的风险对冲和管理工具，不断总结经验，提高套期保值效果。

（2）制定期货套保交易的管理制度和操作细则，使操作流程和交易规范化。严格仓位风险管理、资金管理和交易操作管理。

（3）决策、管理和执行分开，各司其职。完善期货交易的决策、管理和执行的组织机构，由集团和子公司相关领导组成决策层及管理层、抽调相关人员组成执行层，奖罚分明，充分调动各层级人员的积极性和主动性。

（4）结合生产厂进行成本动态分析。关注国内外宏观经济、金融政策和产业动态，积极研究分析，利用期货公司的专业研究成果。

（5）充分利用基差及螺纹的涨跌趋势，抓住每一次机会，在套保原则下灵活运用，使得保值效果最大化。

（6）形成了螺纹期货交易操作手册、套期保值交易流程等不断完善的文件和套保计划、套保方案、期货交易台账、期货交易日报、市场分析早报、交易资金风险动态管理表

等固定格式的文件。

（7）建立内控制度，进行监督评估和稽查。抽调审计人员对期货交易进行监督审核，每日交易报表由审计人员审核后发送各级有关领导。月底结算账单由审计审核无误后送会计记账核算。

应该说，集团开展套期保值工作的经验最终可以总结为四个固化：

（1）制度固化。期货交易管理制度固化。

（2）经验固化。期货交易操作手册和操作细则、交易技巧固化。

（3）流程固化。套保额度流程、核算流程、审计流程、管理审批流程及运作流程固化。

（4）表单固化。市场分析框架、开户资料、计划审批、套保方案、套保资料、结算资料、风险动态表固化。

案例特点

本案例中的民营企业是通过并购逐步成为了大型民营钢铁集团。该集团生产基地众多、分布地域广。集团是先从旗下的单体企业开始做套期保值业务试点，然后总结提升，再将套期保值作为集团及各级公司长期坚持的风险对冲和管理工具，不断提高套期保值效果。

案例七　分开核算综合评价灵活优化套期保值效果

——福建三钢套期保值案例

福建省三钢（集团）有限责任公司（以下简称三钢集团）通过开展期货保值经营，充分发挥套期保值功能，有效管理企业经营风险，推进企业稳顺发展。

三钢集团是以钢铁业为主、多元产业并举的跨行业、跨地区、跨所有制的大型企业集团，拥有年产1,100多万吨钢、材的综合生产能力。截至2017年12月底，三钢集团职工1.56万人，总资产301.95亿元，拥有全资及控股子公司16家（其中三钢闽光为上市公司），紧密型企业2家，在“2017中国企业500强”中位居第485位，在“2017中国制造业企业500强”中位居第238位。2017年，三钢集团产钢1,119.41万吨，实现营业收入510.58亿元，利税合计108.64亿元，主要技术经济指标保持同类型企业先进水平。

一、积极利用期货套保工具，助力企业经营稳步发展

近几年来，三钢集团年均生产、销售钢铁产品1,100多万吨，采购铁矿石、焦煤焦炭等原燃料共2,000多万吨，存在着巨大的天然风险敞口；在宏观政策、产业政策、供求关系等诸多因素共同影响下，原燃料、钢铁产品价格频繁剧烈波动，给企业的稳健经营构成了巨大挑战，因此对风险管理工具存在内在的需求。

2009年3月27日，螺纹钢期货在上海期货交易所上市交易；随后几年，焦炭、焦煤、铁矿石、热卷、硅铁、锰硅等期货品种陆续上市交易，我国期货市场逐步构建起了涵盖从

原燃料到产成品比较完整的钢铁产业链品种体系，市场稳健运行，为钢铁企业提供了完善、可靠、有效的避险工具。

在钢铁产业链品种上市之后，三钢集团积极探索产融结合，参与期货保值，期货现货结合运营，实现“两条腿走路”。经历了最初从螺纹钢单一品种套保到钢铁产业链全品种套保、从简单的锁定产品利润卖出套保到多维度多策略套保、从少量尝试性套保到经常性常态化套保发展，经历了从无到有、从少到多、从不熟悉到如今越来越娴熟的发展过程，三钢集团的期货套保业务取得不断发展壮大；几年来，三钢集团充分利用期货套期保值工具，对冲原燃料及产品价格波动风险，实现了稳定的预期利润；优化了原燃料采购、产品销售、库存管理、运营管理模式，为企业稳健经营保驾护航，保障了公司持续稳定经营，推动了企业稳顺发展。2009 年 8 月，三钢集团“闽光”牌螺纹钢、线材获得上海期货交易所批准，注册成为上期所钢材交割品牌。2010~2017 年，三钢集团累计进行了 1,000 多万吨原燃料及钢铁产品期货套保，实现了良好的套保效果和经济效益。

二、明确期货套保定位，着力对冲价格风险

期货是一把双刃剑，既可以用来套期保值，作为风险管理工具，又可以用来投机，带来超额风险与收益。钢铁企业合理利用期货工具，进行风险管理，开展套期保值业务，能够有效规避市场风险，平滑企业利润曲线，防止企业经营出现大起大落，能够扩大产品销售渠道，提升钢铁企业美誉度，提高企业战略发展实力。

三钢集团作为成立近60年的大型国有企业，在开展期货经营中严格遵守国资委关于国有企业开展期货业务的有关规定，坚持以套期保值为目的，避免进行投机行为；明确了定位期货套期保值必须紧贴于现货需求，充分利用期货市场的套期保值功能，提高公司抵御市场波动和平抑价格震荡的能力，对冲原燃料、钢铁产品价格波动风险，以降低采购成本、提高销售价格，稳经营、稳利润；同时，在坚持套保原则下，利用钢铁企业自身在产能、成本、供求等方面的信息优势，加强市场分析研判，努力实现期货端的盈利，以提高整体套保效果。

三、配套完善内部管理机制，奠定期货稳步发展基石

（一）建章立制

2010 年年初，三钢集团制定了《期货套期保值业务内部控制制度》等制度，构建了健全的期货运营组织架构、业务操作流程及决策审批流程，通过实行授权、岗位分离牵制、内部审计等措施进行风险控制，建立了明确交易权限、优化决策机制以防范决策风险、规范交易流程以防范操作风险、应急处理预案控制制度、内部报告制度的管理体系。

（二）组织架构

2010 年年初公司董事会成立了以公司董事长为组长、公司购销经营副总具体负责的期货工作领导小组，明确了以证券投资部进行具体交易操作，财务部进行资金划拨及会计核算，监察审计部进行风险控制的组织架构。

（三）决策机制

公司董事会高度关注重视期货业务，充分授权期货领导小组开展业务，公司购销经营

副总分管期货业务，主持期货套保方案、决策，销售、采购、期货部门信息互通、快速联动，形成快速反应决策机制。

（四）套保品种、额度、原则

（1）期货交易品种：从事套期保值业务的期货交易品种仅限于与公司生产经营相关的品种，即生产的螺纹钢、线材产品，以及公司所需的铁矿石、焦炭、焦煤、硅铁、锰硅等原燃料品种。

（2）期货套保额度：根据企业实际生产经营需求制订年度套保计划、现货产品头寸及原料敞口制订套保方案。期货每个单一年度套期保值保证金为不超过人民币 3 亿元（滚动使用）。套保额度不得超过实际现货交易的数量，期货持仓量应不超过套期保值的现货量。

（3）期货套保原则：紧贴现货的需求，坚持以套保为目的，不得进行投机行为。

（五）设立三级风控体系

公司建立严格有效的风险管理制度、内部风险报告制度、风险处理程序。设立三级风险监控体系，期货业务部门执行第一级风控，风控员执行第二级风控，风控员独立执行风险监督及风险控制，负责风险警戒线的平仓，预测交易方案风险，定期提供风险报告，监察审计部门执行第三级风控。三级风控体系分别在事前、事中、事后进行风险控制，预防、发现和化解风险。严格的套保决策审批流程、完善的风险控制制度，保证了企业的期货之路走得稳、行得远。

四、灵活开展期货操作，优化套期保值效果

在传统的钢铁企业经营环节中，因时间上和物流上的错配，企业的采购销售两端通常随行就市、随波逐流，面临着巨大的风险敞口，采购销售价格波动对经营稳定、经营业绩影响很大。通过套期保值工具，可以锁定原燃料采购价格、产品销售价格，锁定生产加工利润，实现预期的利润目标。三钢集团结合期货行情演变，根据现货套保需求，灵活开展期货操作，有效实现了套保效果。

（一）结合现货套保需求，灵活开展套期保值

1. 原燃料的套期保值

（1）买入原燃料期货，锁定原燃料采购成本、销售长单生产成本，进而锁定生产加工利润。公司销售部门因市场需要，有时会与经销商、重点下游用户签订部分钢材长单锁价合同，从而带来了未来原料价格上涨导致后期生产亏损的风险，此时公司期货部门根据销售长单合同，买入原燃料期货，锁定销售长单生产成本，待长单锁价合同交货时平掉相应仓位，规避原燃料价格上涨风险，实现预期的生产利润。例如：2015 年 11 月，三钢集团与省内某重点工程签订 5 万吨钢材锁价供货合同，供货期半年，为了锁定销售长单生产成本，锁定生产加工利润，三钢集团在签订锁价合同之后，以钢材∶铁矿石∶焦炭=1∶1.6∶0.5 的比例，买入铁矿石 I1605 合约 8 万吨，买入焦炭 J1605 合约 2.5 万吨，之后根据长单合同供货进度相应平仓，实现了良好的保值效果。

（2）原燃料库存套期保值管理，通过基差交易的方式来协调原燃料期现货头寸，把库存维持在合理水平，规避原燃料价格波动风险。一是在原燃料价格行情看涨时，买入原燃料期货，建立原燃料虚拟库存，缓解现货原燃料采购压力，锁定原燃料采购成本，防范原燃料涨价风险，并减少公司资金占用及库存管理成本。二是在原燃料价格行情看跌，原燃料在途量及现货库存偏高时，卖出原燃料期货，防范原燃料库存跌价风险。例如：2014 年年初钢铁市场基本面较差，铁矿石行情走弱的可能性很大，此时三钢集团保有 1 个月用量的铁矿石库存，且后期长协矿将陆续到港，在预期铁矿石行情走弱的情况下，存在铁矿石去库存的必需性，因此三钢集团陆续卖出 120 万吨 I1405、I1409 铁矿石合约，通过铁矿石期货上快速去库存，规避了铁矿石库存跌价风险，且保证了生产的平稳进行。

2. 钢材产品的套期保值

（1）卖出钢材期货，对钢材产品进行预销售，提前锁定生产加工利润，防范未来钢材跌价风险。钢材产品销售处在钢铁产业链的末端，存在一定的滞后性，通常面临着生产成本确定、未来产品销售价格不确定的情况，当钢材价格行情看跌时，卖出钢材期货，对未来钢材产量进行预销售，防范钢材跌价风险，提前锁定预期的生产利润。例如：2014 年宏观经济下行，下游钢铁消费增速继续回落，而钢铁产能持续释放，钢铁供求矛盾严重，预期钢材价格将持续走弱。在此情况下，三钢集团在螺纹 RB1405、RB1410、RB1501 合约上滚动卖出套保 80 万吨，对下个月钢材产量进行部分预销售，提前锁定预期的生产利润，不仅实现良好的套保效果，而且在期货端产生了可观的盈利。

（2）对产品库存套期保值管理。在现货销售困难或后期订单不理想，库存高于正常值且可能继续增长，市场出现利空因素，或将导致钢价出现下跌趋势时，均可考虑卖出钢材期货，对产成品库存进行预销售，锁定预期生产加工利润，防范库存钢材跌价风险。2018 年春节过后，全国钢材社会库存累积超出预期，达到近几年新高，而钢材需求释放缓慢，未来钢价存在下跌风险。3 月初，三钢集团子公司钢材库存共达到 10 万吨，为防范库存钢材价格下跌风险，三钢集团在螺纹 RB1805 合约上卖出套保 10 万吨，并根据钢材去库存进度相应平仓，实现了良好的保值效果。

3. 虚拟钢铁企业利润套期保值

通过对期货市场螺纹钢产品和原料端铁矿石、焦炭的对冲买卖，锁定市场出现的正向毛利收敛套利机会，解决钢铁企业在高毛利阶段，受制于产量、资金及库存管理水平，无法将高毛利进行锁定和延续的问题。例如：2016 年 1~4 月钢材价格持续大幅上涨，钢厂从 2015 年末的大幅亏损转变至 2016 年 4 月中旬的吨钢盈利 500 元/吨以上，三钢集团期货部门经过分析后，判断这种大幅盈利状态不具可持续性，于是制订了分批建仓对虚拟钢铁企业利润套期保值方案，即在 4 月 11 日进行第一批建仓（卖出螺纹 RB1610 合约 2 万吨，买入铁矿 I1609 合约 3. 2 万吨，买入铁矿 I1609 合约 1 万吨），且在期货盘面利润每扩大 100 元/吨时，再建一批同等数量仓位，当期货盘面利润回归至 200 元/吨时全部平仓；通过此方案的实施，实现了 6 万吨螺纹钢每吨 200 多元的盘面利润。

（二）关键：加强市场分析研判，动态调整套保头寸

1. 审时度势，确定入场时机

开展套期保值，需要结合宏观大环境、行业及市场基本面，对现货价格趋势进行分析研判，选择最有效的套保策略和最有利的入场时点。从宏观角度确定套保策略，从生产成本与利润、供需关系等产业角度判断套保时机，从基差角度选择套保入场和出场点。结合市场情况及历史价格波动区间，选择合适的建仓时机，市场机会合适时才入场，机会不合适就继续等待。

2. 分析研判，实施动态套保

对市场跟踪分析，动态调整套保头寸，提高套保效果。市场看跌，提高空头套保比率，降低多头套保比率；市场看涨，降低空头套保比率，提高多头套保比率。在价格处于高位时，提高空头套保比率，降低多头套保比率；在价格处于低位时，提高多头套保比率，降低空头套保比率。在期货操作中，根据期货行情演变和现货销售情况，不断进行综合协调、优化，实施动态套保，调整套保头寸，争取实现套保效果与套保收益最大化。

三钢集团通过期货经营，有效地稳定生产经营，为生产经营保驾护航。一是规避价格剧烈波动风险，熨平企业的利润曲线，为企业的长期稳顺发展提供保障；二是降低财务成本及运营成本，通过建立原燃料虚拟库存节省实物库存的资金成本及物流、仓储等运营成本；三是丰富购销模式，通过销售长单锁价销售、虚拟库存采购、期货实物交割，弱化传统现货经营模式的限制，增强钢企在产业链中的主动，适应市场的发展。

五、期现分开核算，期现综合评价

三钢集团在期货套保业务的财务处理上，采用一般会计处理方法，未采用套期会计处理方法。在一般会计处理方法下，对期货盯市浮动市值变动，确认公允价值变动损益；平仓时，结转公允价值变动损益，确认投资收益，计入当期损益。在一般会计处理方法下，期货两端分开核算，期货端未结合现货端（被套期项目）核算。

三钢集团虽然在期货套保业务的财务处理上，期货现货核算是分开的，但对期货总体评价时，是将期货损益和现货盈亏合并计算的，以期货损益和现货从套期关系初始到套期关系结束的累积冲抵效果作为套期保值评价的主要标准，根本出发点是套保工具和被套保项目的累积盈亏合并计算，不只看期货交易的“盈亏”，而是将期货和现货两个市场的盈亏作为一个整体来进行评价。同时，为了达到更好的套保效果，实现套保目的，公司也结合期货端盈利情况对期货人员给予适度奖励和激励。

六、坚定套期保值初心，推进企业稳步前行

随着期货品种体系和市场机制的逐步完善，期货市场价格发现和风险管理功能得到不断深化，并成为企业现代市场经营的有力工具。三钢集团将在做好风险控制的基础上，继续加大期货市场的参与度，通过期货工具稳经营、稳利润，丰富购销模式创新，指导企业经营。

（1）继续加强对期货市场学习和研究，在学习中不断提升，在交流中共同进步，在实践中不断成熟；完善期货决策机制、期现一体化的套期保值体系、企业风险管理体系，加大期货市场的参与度，保障企业经营平稳运行。

（2）利用期货工具丰富销售模式，尝试推行基差合同的销售模式，给下游客户更多选择空间和机会；尝试钢铁原材料的点价交易模式，期现结合操作，争取采购定价话语权。基差销售合同仅约定提货月份、基差水平和点价期限，客户可以在规定期限内，参考期货市场交易价格，选中自己想要的价位进行委托点价。公司确认委托点价成交后，合同最终的现货交易价格为期货的点价价格加双方的基差。

（3）研究学习期权交易和应用，发挥期权风险可控、策略灵活的优势，利用期权优化原有锁价订单、库存管理模式，实现精确套保；支持商品交易所推出钢铁产业链期权品种，更好地用好期货、期权工具，辅助企业经营。

案例特点

福建三钢也是国内较早接触期货市场的钢铁企业之一，经过多年的实践，三钢在套期保值管控、套期保值流程风险控制、套期保值策略、市场研究等方面建立了相对完善的体系，并在逐渐探索基差点价、期权等更多价格风险管理手段的应用。

案例八　打造经营平台公司　集中管控经营风险

——陕西钢铁集团套期保值案例

一、陕钢集团简介

陕西钢铁集团有限公司成立于2009年8月，总部位于陕西省西安市，拥有陕西龙门钢铁（集团）有限责任公司、陕西龙门钢铁有限责任公司、陕钢集团汉中钢铁有限责任公司、陕钢集团韩城钢铁有限责任公司等权属子企业，地域涉及西安、渭南、汉中、商洛、宝鸡5个地区，是一家集钢铁冶炼、钢材加工、矿山开发、物流运输、装备制造、金融贸易、酒店餐饮等为一体的大型钢铁企业集团，具备了1,000万吨钢的综合产能，年营业收入突破500亿元，进入中国企业500强，2014年钢产量位列全球第51位、中国第28位，成为中国西部最大的精品建材生产基地。2011年12月重组加入陕西煤业化工集团有限责任公司。目前总资产350亿元，在册员工1.7万余人。

二、陕钢集团产销基本情况及经营风险敞口简析

2017年陕钢集团产销实现1,000万吨，大宗原燃料采购，铁矿石采购近1,700万吨，焦炭达到500万吨，采购量及销售量巨大，而为了保证生产经营的持续性，公司必须保证原燃料及成品材的库存保持到合理水平，且陕钢集团地处内陆城市，受制铁矿石80%左右

依赖进口，运输距离较远且运输费用高，导致生产成本高、经营压力大。公司主要产成品为建筑钢材，产品附加值低，同质化激烈竞争程度高，加之近年来房地产市场调控，虽受供给侧改革影响，但供需矛盾依然突出，以上条件对集团生产经营良好目标实现带来巨大压力，因此通过期现两个市场联动，把握好价格趋势和调控好原燃料和成材的库存敞口风险显得尤为重要。

三、陕钢集团开展套期保值的经历

2013~2015 年，由集团下辖子公司进行尝试操作，总体规模较小，为集团套期保值的尝试阶段。

2015~2016 年，集团套期保值规模逐步扩大，为集团套期保值的深入阶段。

2016 年至今，为集团套期保值的摸索阶段。按照集团公司的战略举措，成立陕钢集团韩城钢铁有限责任公司，负责集团公司的采购统管、物流统管、销售统管、资金统管，集团公司套期保值的条件基本成熟。

四、陕钢集团开展套期保值的理念和原则

（1）期货交易遵循“目标导航、服务现货、稳健实施、分步进行”的总体原则。

（2）坚持“现货市场主导，期货市场配套”的操作方法，现货能够解决的问题原则上不操作期货。

（3）以期货业务为载体，建立与现货业务深入融合的现期市场信息网络和市场分析情报系统。

（4）发挥期货交易价格发现功能，把握趋势，顺势而为，对冲风险，实施稳健经营，把握价格趋势和调控库存管理。

五、陕钢集团套期保值的主要策略和方向

陕钢集团开展期货套期保值主要依托韩城钢铁公司统管集团采购、物流、销售、资金的平台优势，套期保值服务于公司的生产经营目标，达到原燃料端成本优化和经营利润管控的目的。利用期货市场和现货市场两端融合互通，通过套期保值工具对原燃料采购价格、成品材销售价格、供应端及成材端库存进行动态管理，从而确保公司生产经营目标的达成。

六、陕钢集团期现结合案例

2017 年 8 月末，公司成材库存为 30 万吨，常规库存为 20 万吨，风险敞口达到 10 万吨。当期现货销售价格处于高位，客户恐高情绪蔓延，现货销售出现明显不畅，但企业吨材利润较好，基于此，期现部门共同研究探讨：钢材现货敞口库存过大，面临着价格回落的风险，且基差相对有利。经公司研究决定利用期货工具（模拟盘操作）对敞口库存的30%进行套期保值。

方案确定后，结合技术面综合分析，在 2017 年 9 月 4~6 日完成建仓，平仓时机主要

结合公司库存降幅以及期货盘面走势，完成对应平仓（模拟盘操作）。建仓及平仓明细见表 8-17。

表 8-17　建仓及平仓明细

	日　期	期货建仓价格/元·吨$^{-1}$	仓位	累计仓位	建仓均价/元·吨$^{-1}$	西安市场价格/元·吨$^{-1}$	平均价格/元·吨$^{-1}$
建仓区间	9 月 4 日	4,096	300	300		4,200	
	9 月 5 日	4,075	900	1,200	4,057.9	4,200	4,193
	9 月 6 日	4,043	1,800	3,000		4,180	
	日　期	期货平仓价格/元·吨$^{-1}$	平仓量/手	平仓盈利/万元	库存量/万吨	西安市场价格/元·吨$^{-1}$	现货亏损/万元
平仓区间	9 月 13 日	3,920	800	88.06	26	4,160	26.4
	9 月 14 日	3,850	100	22.5	25.5	4,160	3.3
	9 月 15 日	3,812	100	26.3	25	4,160	3.3
	9 月 18 日	3,785	100	29	24.5	4,140	5.3
	9 月 19 日	3,760	200	59.8	23.5	4,140	10.6
	9 月 20 日	3,743	200	60	22.5	4,120	14.6
	9 月 21 日	3,685	100	35.8	22	4,090	10.3
	9 月 22 日	3,575	200	93.6	21	4,070	24.6
	9 月 25 日	3,583	100	46	20.5	3,970	22.3
	9 月 26 日	3,601	300	132.6	19	3,960	69.9
	9 月 27 日	3,642	200	80.2	18	3,950	48.6
	9 月 28 日	3,617	300	127.8	16.5	3,990	60.9
	9 月 29 日	3,634	300	122.7	15	3,990	60.9
合　计			3,000	924.36			361

注：本次套保方案按照风险敞口的 30%进行操作，平仓按库存降幅的 30%进行。

期货平仓累计盈利 924.36 万元，合 322 元/吨，而现货销售累计亏损 361 万元，合 120 元/吨，套期保值达到既定目的，且额外获利 202 元/吨，这是因为在此期间，西安市场基差大幅走强，如图 8-17 所示。

七、陕钢集团开展期货套期保值体会

陕钢集团开展期货套期保值的体会有以下几个方面：

（1）套期保值实施的核心，长期经营目标与战略目标实现，对冲经营过程风险。

（2）套期保值成败的关键，一把手工程，决策流程便捷和高效，期现管理部门互通联动。

（3）套期保值成功的保障，不以期货账户盈亏评判，期现一本账，风险可控。

（4）套期保值操作的方向，原料端铁矿石、焦炭价格预期上涨成本优化的对冲战略套期买保，成材端库存减值风险的卖出套保。

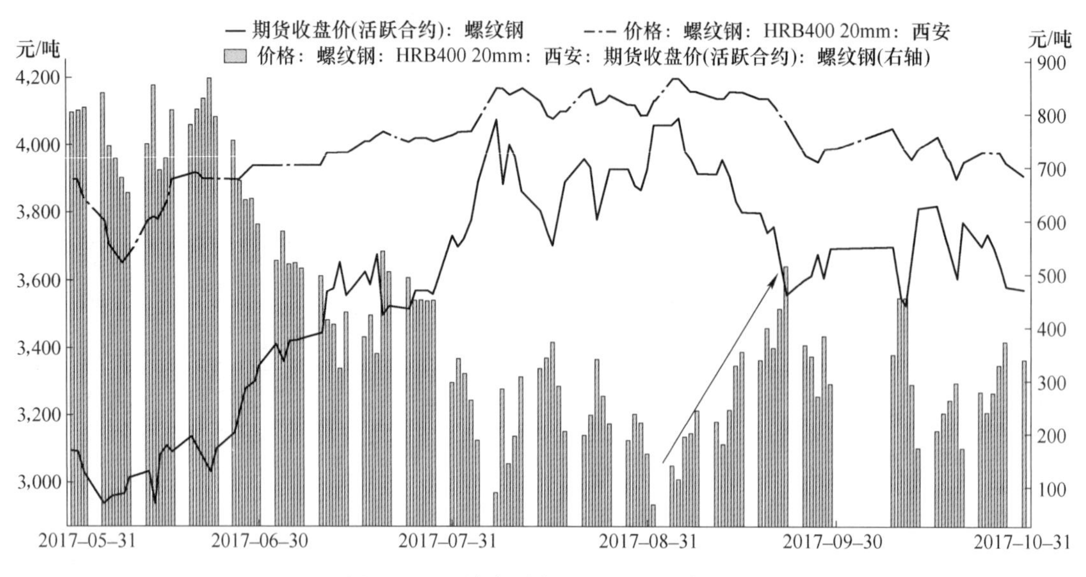

图 8-17　西安螺纹钢基差（活跃合约）

案例特点

陕钢集团地处内陆腹地，其套期保值管控最大的特点是成立了陕钢集团韩城公司，统一管理企业的经营，也就是说，陕钢集团所有的采购、销售活动均通过韩城公司来实现，在国内大中型钢铁企业集团经营管理中有鲜明的特色，比如统一管理经营，更便于风险敞口的集中管理。

案例九　大宗商品套保的理念、手段与系统

——嘉吉投资套期保值案例

近年来，随着我国经济的发展，特别是从高增长时期向低增长时期转变，套期保值作为企业管理自身风险的手段，其作用越来越明显。本案例旨在介绍套期保值理念的使用方法与适用范围，并分享嘉吉投资多年的自营套保与帮助客户进行套保的经验。

一、套期保值的基本概念

套期保值是用来减少组织或个人潜在风险的风险管理手段。这样的管理手段不仅在企业经营中起到重要的作用，而且可以应用在更广泛的领域。

企业为什么需要进行套保活动？这个问题不同的人会有不同的答案。这里仅以交易的视角来观察企业的生产经营活动，并给出一个解释。

在给出这个解释之前，先来解释一个概念，叫做禀赋风险。禀赋风险是指企业在生产经营过程中伴生的、不通过市场手段无法摆脱的风险。以钢厂为例，由于钢材的价格中，

约一半来自铁矿和焦炭的物料成本，而其产成品的售价又受到市场其他竞争者的影响，因此，与其相关的3个大宗商品价格的波动，就会极大地影响企业的利润和生存状况，而这个风险是在企业经营过程中伴生的。

以交易的视角来看，企业由于存在禀赋风险，因此，当其对市场的判断不明确时，就应该采取降低风险的措施，也就是进行套期保值。

从国际上成熟的经验来看，每个大宗商品的品种基本都会经历如图8-18所示的5个阶段。

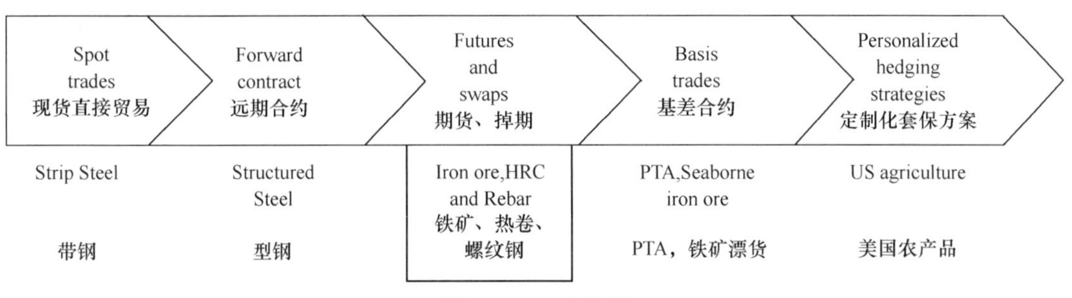

图8-18　5个阶段

其中现货贸易阶段和远期合约阶段经常会调换位置。例如，螺纹钢的现货贸易，就经历了从远期合约退回到现货直接贸易的转变。

第3个阶段，即形成期货和掉期的阶段，通常是一个大宗商品品种转变的关键阶段。在这个阶段，纯粹的大宗商品贸易通过抽象化的手段，形成了金融化的工具，并反过来促进了大宗商品市场的风险管理。

在此之后，基差合约的阶段是对期货等金融工具充分利用的阶段。在此阶段中，产业上中下游的客户逐渐接受以期货作为定价依据，并以此为基准进行不涉及绝对价格的交易。

而在此之上，定制化的管理手段可以开始发挥功效，进而帮助产业内外的客户更好地管理大宗商品相关的市场风险，尤其是绝对价格风险。

以农产品为例回顾这样的发展历程。最初的农产品交易都是以现货直接贸易形式进行。1848年，82位商人联合组建了芝加哥期货交易所，开始从事谷物的远期交易。1865年，芝加哥期货交易所推出了期货标准合约，对商品数量、质量、交货时间和交货地点都做出了明确规定，这标志着现代期货交易的产生。

随着芝加哥商品交易所的价格公允性越来越得到认可，全美国的谷物交易都采用芝加哥商品交易所的价格作为定价依据。以玉米和大豆为例，美国的农作物主产区集中在以芝加哥为中心的五大湖区域加密西西比河流域。而美国的农产品也有相当大的比例自密西西比河河口的新奥尔良装船出口。在五大湖区域和密西西比河流域粮食贸易市场，形成了以芝加哥商品交易所期货价格为基础的一系列基差报价。在此流域的贸易商，会通过这一系列的报价决定其收购粮食、向下游销售等一系列的贸易行为。

在这样的基差贸易架构基础上，一些比较大的贸易商及商业银行，可以向其客户提供基于芝加哥商品交易所价格的风险管理定制化服务。这项业务在嘉吉已有24年的历史。

二、套期保值的分析框架

不同的人会从不同的角度建立企业风险管理的分析框架，但风险管理的分析无外乎3个要素，即风险、风险偏好和市场观点。

在风险管理的分析框架中，对风险的分析处于核心的地位。在众多的案例中，通常帮助客户理解其承担的风险，并设计出尽可能贴近的套保方案。钢厂的套保是一个自然的例子。然而，也有很多其他类型的风险，是通常的工具所不容易解决的。

例如，从一些钢管生产企业了解到，一些类型的钢管可以用热轧卷板或者带钢来生产，而企业会选择经济性比较好的原材料进行生产。这样的生产结构自然蕴含了一些不同于一般所理解的风险。而一个针对这种类型企业需求的完善的套保方案，不仅仅应该解决其原材料绝对价格的风险，也应该帮助企业实现其生产中的灵活性所能带来的额外盈利。

风险管理框架中的第2个因素是风险偏好。在这里，风险偏好有两个相关联又不完全相同的含义：一个是指企业的所有者对风险的喜好或厌恶程度；另一个是指企业对特定行情（如上行行情）的参与需求。在实际操作中，企业的风险偏好会很大程度上影响风险管理方案的选择。例如，对于钢材的下游终端企业，针对其中长期订单通常使用远期锁价方案是最好的方案，但如果终端企业要求在下跌行情时的更多参与，则应该提供买入看跌期权的方案，使得客户在价格下跌时能够获得更多的收益。

风险管理框架中的第3个因素是市场观点。如前所述，如果生产企业对市场的走势判断不明确，或认为市场可能走向禀赋风险的反面，那么企业应该积极参与套保。然而在判断市场可能走向有利于企业利润的方向时，企业也应该积极地参与市场，暂时停止套保动作或仅做保护性套保动作。

三、套期保值管理的3个原则

在多年帮助企业客户进行大宗商品套保的实践中，嘉吉也总结出了风险管理框架中的3个原则，即多样性、纪律性与控制性。

所谓多样性，即是以多种风险管理手段来化解企业的禀赋风险。这些手段包括但不限于期货手段、远期现货手段以及更加复杂的定制化套保工具。通过多样化的套保手段，企业可以规避每一种方案的缺陷，并在不同的市场条件下获得较好的收益。例如，期货手段通常是流动性较好的手段，但是其无法规避基差风险；远期现货手段可以更好地进行套保，然而会受到市场流动性的影响；定制化的手段中，有的立足于防范利润下跌的风险，有的立足于当前市场价格的优化，有的立足于市场条件转好时获得更高的收益。所有这些不同的目的，都可以通过对企业经营目标的仔细分析与分解，设计出不同的工具加以解决。

所谓纪律性，即是完整的设计出交易的计划并完整的执行。目前很多钢铁产业链的企业，套期保值通常是由期货部或市场部完成的。国有企业与民营企业在套期保值的决策流程上也千差万别。国有企业通常流程比较规范，但决策流程一般较长，容易错过市场机遇。民营企业通常决策迅速，但同时决策也相对比较随意。但是围绕套保的决策，通常是需要更详尽的规划，以确保在正确的时点执行正确的操作，并在市场条件发生变化时执行既定的方针。

所谓控制性，即在管理层设定合适的监控与组织架构，确保流程的实施。这里面包含几方面内容：一是套保效果的监控，即是否以套保操作达成了事前设定的目标；二是压力测试，即考虑市场极端情况下企业面临的风险，并以此作为套保决策的制定依据；三是建立合适的流程监控体系，确保交易纪律的执行。

那么，一套完整的套保体系包含哪些部分呢？通常必备的有市场分析、策略制定、风险控制、流程控制、决策等职能。实际上，如果观察目前市场的主要钢厂的套保策略组织形式，那么绝大多数都具备这样的基本架构。只是对于国有钢厂和民营钢厂，这方面的架构略有区别。在民营钢厂的例子里，决策的随意性相对较强，决策的风险控制机制常常缺失，这是民营钢厂的决策机制中需要弥补的环节。相反，国营钢厂常常决策流程较长，因此灵活性不够，导致很多时候错失市场机会。

四、套期保值的主要工具

套期保值的工具可以千差万别，但是可以基本归为三类，即远期现货工具、交易所期货期权工具和定制化套保方案。

远期现货工具，即远期交割的实货合同。对于企业来说，即是提前计划好并签订合同的采购与销售。

期货工具是标准化、集中清算的远期现货；场内期权是以期货作为标的物的期权工具。两者可以统称为交易所期货期权工具。它在一定程度上可以替代远期现货工具，而且具有很高的流动性。然而由于其标准化的特点，对于许多实体企业来说，它并不是最方便的套保工具。

定制化套保方案可以是实货形式的方案或现金交割形式的方案，可以最大程度帮助客户管理其实货相关的风险。

表 8-18 比较了几种不同套保方式的不同点。

表 8-18　不同套保方式的比较

不 同 点	期　货	远期现货	定制化套保方案
标准化	是	否	否
流动性	好	差	差
是否需要后续操作	是	否	均可
定制程度	弱	中	强
剩余风险敞口	现货	可完全对冲	可完全对冲

从表 8-18 可以看出，远期现货可以最好地闭合企业的风险管理敞口，而期货有着更好的流动性。那么是否有一些手段可以将这两方面的优点结合起来呢？基差贸易的方式在一定程度上做到了这一点。

在定义基差贸易的含义之前，先对远期现货的风险做一个分析。把实货远期市场风险分解成用期货表示的绝对价格风险和一个与绝对价格基本独立、与实货更相关的基差风险，如图 8-19 所示。

这样的分解方式的作用在于，它把一个远期市场的风险，分解成了一个易于交易的、标准化的期货风险和一个定制化的、与实货更加关联的、较难谈判的基差风险。而分别解

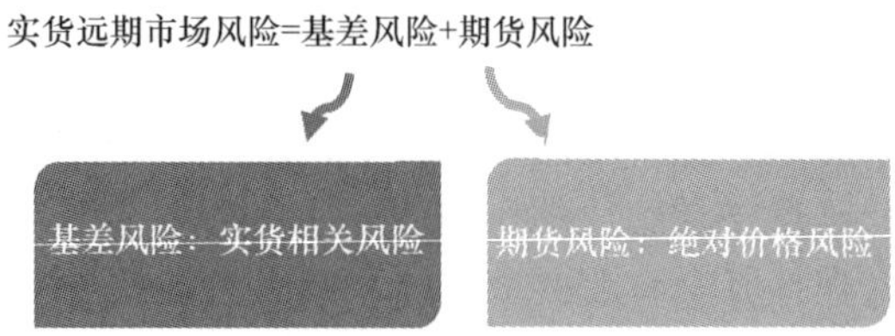

实货远期市场风险=基差风险+期货风险

基差风险：实货相关风险

期货风险：绝对价格风险

图 8-19　实货远期市场风险

决这两部分的手段即是基差合约（点价合约）和定价机制合约。

在一个基差合约里，客户与贸易商签订一个依照交易所交易品种价格定价的远期实货交割合约，把整个定价机制分为以下 3 个阶段：

在第一个阶段，我们与客户从实货交易角度确定了交货时间、地点、品类与数量。比如，我们与客户达成一致，一个月后的 PB 粉价格为 500 元/吨，而今天大商所一月合约价格为 510 元/吨，则我们与客户签订一个点价合约，约定一个月后交付的 PB 粉价格为大商所期货合约价格-10 元。而这里大商所期货合约的价格暂时不确定。在这个阶段，客户拥有一个浮动的定价方式，缴纳总货值 8%的保证金。

在第二个阶段，客户可以确定大商所的价格。客户在其中一个交易日以 510 元/吨的市场价格锁定了 5,000 吨的大商所合约，在另一个交易日以 505 元/吨的市场价格锁定了另外 5,000 吨的大商所合约。

在锁定价格阶段，每次锁定，或点价完成后，客户需补足总共 20%的保证金。

这样在第二个阶段点价完成后，客户确定了总的大商所合约的价格为（510+505）/2=507.5 元/吨，而与基差的约定合并后，客户实际的 PB 粉成本为 507.5-10=497.5 元/吨。

在第三个阶段，客户根据前面两个阶段确定的总货值在约定的提货月内开始提货。

需要说明的是，整个点价期是可以从合约敲定的第一天，直至交货月结束。这样的灵活性使得客户可以充分利用整个点价期内的市场波动，选择最优的时间节点进行定价。

大商所期货合约在这个定价方案中起着重要的作用。价格和基差是基于当前交易的特定交易日的大商所期货合约价格。通过利用大商所期货合约，客户将基差风险与绝对价格风险进行了分离，并可以分别管理两部分风险。

那么采用这种方法有什么好处呢？

如果是钢厂，最大的优势是能够锁定在跨品种铁矿石的基差。由于基差和绝对价格的分离，锁定基差不会同时确定矿石的绝对价格部分。这有助于客户在确保采购渠道的同时，选择市场的合适时机管理绝对价格风险的部分。只有当客户在大商所合约上进行点价时，绝对价格才被固定下来，而在这个过程中客户可以选择最优的时机。

另一个好处是交易的参与者可以通过基差合约的交易，锁定特定品种货物对标准品的价差，而不需要同时确定对绝对价格的观点。

贸易商同样可以利用绝对价格与基差分离的机制。当贸易商需要表达绝对价格观点时，他可以选择进行点价；而当他仅有价差相关的观点并在市场条件有利而想要获利时，他也可以按照基差的形式将手中的点价合约卖出。

五、嘉吉与河钢集团的合作案例

2018 年 5 月，嘉吉投资（中国）有限公司与河北钢铁集团下属河钢国贸签署了 200

万吨的点价框架协议，并同时签署了60万吨的2018年下半年的执行协议。在该合同中，嘉吉投资以大商所点价合约的形式，向河钢国贸销售2018年7~12月交货的青岛港与曹妃甸港PB粉和Newman粉，每月10万吨。定价方式为湿基定价大商所对应期货价格减10元人民币。在6~10月之间，河钢国贸分批下达了点价执行指令，并完成了所有货物的绝对价格确定。

由于这样的点价合同是远期现货合同，因此其中的许多约定，如付款节点、货物检测、违约责任等与现货合同是一致的。但考虑到远期现货的特点，也有一些因素是独有的。例如，合同约定了铁矿品质的升贴水调整，这是为了适应远期现货无法事前确定交割品的特点做出的改变。

合约的付款安排也与现货有一定区别。目前合约采用阶梯式付款。在合同签订时河钢安排支付货值8%的初始保证金，在点价操作执行之前将保证金提高至20%。这样的付款方式为客户在一定程度上节省了资金的占用。

在该合约的执行过程中，河钢国贸抓住了两类风险套保的最佳时机。对于品种溢价，2018年6月前后是主流中品矿相对价格的低点，因此河北钢铁锁定了相对较低的基差。作为对比，2018年10月市场的12月交货PB粉远期合约定价为对应期货合约加35元，与河钢国贸锁定价格相比高了45元。对于绝对价格，由于大商所期货从460元左右的价位涨至530元左右，而点价平均成本在500元以下，因此这一部分河北钢铁也获得了相应的价值。由于两种价格风险的分离，实体企业获得了管理价格风险的灵活性，可以自主选择对其中一个方面的价格风险独立管理，这帮助企业丰富了其风险管理的策略。

应用大连商品交易所的点价合约，也帮助企业更好地处理了中国的在岸铁矿石市场风险，有助于全球最大的铁矿石使用地更好地管理价格。

在这样的交易中，嘉吉投资获得了怎样的价值。解释这个问题需要跳出这个合约本身。嘉吉投资作为一个贸易公司，天然是市场风险的承担者。但是在这样一个点价合约中，嘉吉投资可以选择只承担风险较少的基差部分，而把风险较多的绝对价格风险交由期货市场直接处理。因此，分析可以更多集中在基差风险上。而在基差风险的管理上，由于嘉吉投资可以利用其全球供应链，更好地发现不同矿种之间的价格联系，因此其可以以其他的基差和绝对价格操作，对冲掉所承担的风险，而通过这样的方式包装的合约，帮助了其客户解决风险管理的相关问题。

嘉吉公司是历史悠久的大型贸易企业，其利用衍生工具管理各类大宗商品贸易活动中的市场风险，以及为用户提供定制风险管理服务的历史长达20余年。风险管理的文化可以说贯穿了整个企业，方法和手段也非常丰富和灵活，从本案例中便可以管窥一二。此外，嘉吉利用贸易商风险承担的职能，为河钢集团提供的铁矿石贸易方案，很好地解决了河钢的风险管理需求。一方面，基差贸易为企业锁定了绝对价格风险，但也提供了对绝对价格再定价的灵活性，如果买方的风险偏好和市场观点发生变化，在交易过程中仍然可以利用期货市场再次对绝对价格定价；另一方面，对钢铁企业来说，铁矿石采购基本是通过长协（美元计价）和现货采购（人民币计价），前者可以锁定供应但存在汇率风险，后者没有汇率风险，但保证企业生产稳定的能力不足，以人民币计价的基差贸易提供了更好的贸易模式，未来会得到越来越多的应用。

附　　录

附录 A　部分钢铁相关期货品种交易、交割制度

A1　铁矿石交易、交割制度

A1.1　交易制度

A1.1.1　保证金制度

铁矿石期货合约的最低交易保证金为合约价值的 5%，交易保证金实行分级管理，随着期货合约交割期的临近和持仓量的增加，交易所将逐步提高交易保证金比例，见表 A1 和表 A2。

表 A1　铁矿石期货合约临近交割期时交易保证金收取标准

交易时段	合约交易保证金
交割月前一个月第 10 个交易日	合约价值的 10%
交割月份第 1 个交易日	合约价值的 20%

表 A2　铁矿石期货合约持仓量变化时交易保证金收取标准

合约月份双边持仓总量（N）	交易保证金
$N\leq 80$ 万手	合约价值的 5%
$N>80$ 万手	合约价值的 7%

A1.1.2　涨跌停板制度

铁矿石合约的涨跌停板为上一交易日结算价的 4%。当合约出现连续停板时，交易所将提高涨跌停板幅度，见表 A3。

表 A3　铁矿石和约连续停板时保证金收取标准

交易状况	涨跌停板幅度/%	交易保证金标准/%
第 1 个停板	4	5
第 2 个停板	6	8
第 3 个停板	8	10

当铁矿石期货出现连续同方向 3 个停板时，风险控制手段沿用焦炭、焦煤期货的处理办法。当铁矿石期货某合约在某一交易日和随后的两个交易日（分别记为第 N 个交易日、第 $N+1$ 个交易日、第 $N+2$ 个交易日）出现同方向涨（跌）停板单边无连续报价的情况（即连续 3 天达到同方向涨跌停板），若第 $N+2$ 个交易日是该合约的最后交易日，则该合约直接进入交割；若第 $N+3$ 个交易日是该合约的最后交易日，则第 $N+3$ 个交易日该合约

按第 N+2 个交易日的涨跌停板和保证金水平继续交易；除上述两种情况之外，交易所可在第 N+2 个交易日根据市场情况决定并公告，对该合约实施下列两种措施中的任意一种：

（1）措施一，在第 N+3 个交易日，交易所采取单边或双边、同比例或不同比例、部分会员或全部会员提高交易保证金，暂停部分会员或全部会员开新仓，调整涨跌停板幅度，限制出金，限期平仓，强行平仓等措施中的一种或多种化解市场风险。

（2）措施二，在第 N+2 个交易日收市后，交易所将进行强制减仓。

此外,交易所也可不进行强制减仓,而是根据具体情况,灵活决定,充分照顾投资者利益。

A1.1.3　限仓制度

限仓是指交易所规定会员可以持有的按单边计算的某合约投机头寸的最大数额。套期保值交易头寸实行审批制，其持仓不受限制。

A1.2　交割制度

A1.2.1　交割基本规定

（1）铁矿石期货可采用提货单交割或标准仓单交割，采用实物交割方式，交割单位为 10,000 吨。

（2）客户的实物交割需由会员办理，并以会员名义在交易所进行。

（3）个人客户持仓及非交割单位整数倍持仓不允许交割。

（4）最后交易日闭市后，所有未平仓合约的持有者需以交割履约。交易所按“最少配对数”的原则通过计算机对交割月份持仓合约进行交割配对。

（5）增值税发票流转过程为：交割卖方客户给对应的买方客户开具增值税发票，客户开具的增值税发票由双方会员转交、领取并协助核实，交易所负责监督。

A1.2.2　交割质量标准

交割质量标准见表 A4 和表 A5。

表 A4　标准品质量要求

指　标		质量标准
铁（Fe）		= 62.0%
二氧化硅（SiO_2）		≤4.0%
三氧化二铝（Al_2O_3）		≤2.5%
磷（P）		≤0.07%
硫（S）		≤0.05%
微量元素	铅（Pb）	≤0.10%
	锌（Zn）	≤0.10%
	铜（Cu）	≤0.20%
	砷（As）	≤0.07%
	二氧化钛（TiO_2）	≤0.80%
	氟+氯	≤0.20%
	氧化钾（K_2O）+氧化钠（Na_2O）	≤0.30%
粒度		至少 90%在 10 毫米以下，且最多 40%在 0.15 毫米以下

表A5　替代品质量差异与升贴水

指　标	允许范围	升贴水/元·吨$^{-1}$
铁（Fe）	≥60.0%且<62.0%	每降低0.1%，扣价1.5
	>62.0%且≤65.0%	每升高0.1%，升价1.0
	>65.0%	以65.0%计价
二氧化硅（SiO_2）+三氧化二铝（Al_2O_3）	≤10.0%	在二氧化硅>4.0%时，二氧化硅每升高0.1%，扣价1.0；在三氧化二铝>2.5%时，三氧化二铝每升高0.1%，扣价1.0
磷（P）	>0.07%且≤0.10%	每升高0.01%，扣价1.0
	>0.10%且≤0.15%	每升高0.01%，扣价3.0
硫（S）	≤0.20%	>0.05%且≤0.20%时，每升高0.01%，扣价1.0
粒度	至少70%在0.075毫米以下	0

注：铁矿石采用干基计价，水分是扣重指标。实物交收时，实测水分按四舍五入至小数点后一位扣重（例如，实测水分为6.32%，扣重6.3%）。

A1.2.3　交割方式及流程

铁矿石交割包括期货转现货交割（以下简称期转现交割）、一次性交割和提货单交割，见表A6~表A8。

表A6　期货转现货流程表

时　间	流　程	注意事项
申请日11：30之前	买卖双方提出期转现申请，并提交“期转现申请表”	标准仓单期转现提出申请时需交齐货款、仓单。标准仓单期转现收取交割手续费，当日审批；非标准仓单期转现收取交易手续费，3日内审批。期转现的期限为该合约上市之日起至交割月份前月倒数第3个交易日（含当日）
申请日收市后	对合格的买卖申请方的对应持仓按协议价格予以平仓	平仓记入持仓量，不计入结算价和交易量；可以在大商所网站的交割信息中查询相关的期限信息
批准日结算后	非标准仓单期转现，货款、货物的划转由交易双方自行协商解决。标准仓单期转现：交易所将80%的货款付给卖方会员，并给买方会员直接开具“标准仓单持有凭证”；清退买卖方对应的月份合约持仓的全额交易保证金	增值税发票的规定，按《大连商品交易所结算细则》中的有关规定处理

表A7　一次性交割流程表

日　期	时　段	买　方	卖　方	交易所
最后交易日	闭市后			将交割月份买持仓的交易保证金转为交割预付款

续表 A7

<table>
<tr><th>日　期</th><th>时　段</th><th colspan="2">买　方</th><th>卖　方</th><th>交易所</th></tr>
<tr><td rowspan="2">最后交易日后第 1 个交易日（标准仓单提交日）</td><td>闭市前</td><td colspan="2"></td><td>将与其交割月份合约持仓相对应的全部标准仓单交到交易所</td><td></td></tr>
<tr><td>闭市后</td><td colspan="2"></td><td></td><td>公布交割仓库交割品种与标准仓单数量信息</td></tr>
<tr><td rowspan="2">最后交易日后第 2 个交易日（配对日）</td><td>闭市前</td><td colspan="2">根据交易所公布的信息，提出交割意向申报</td><td></td><td></td></tr>
<tr><td>闭市后</td><td rowspan="3">配对结果确定后，买方应当在配对后 1 个交易日内，按照税务机关的规定将开具增值税专用发票的具体事项，包括购货单位名称、地址、纳税人登记号、金额等信息通知卖方</td><td></td><td></td><td>进行交割配对，配对结果等信息通过会员服务系统发送给买卖双方会员</td></tr>
<tr><td rowspan="2">最后交易日后第 3 个交易日（交收日）</td><td>闭市前</td><td>补齐与其交割月份合约持仓相对应的差额货款</td><td></td><td></td></tr>
<tr><td>闭市后</td><td></td><td></td><td>给卖方会员开具“标准仓单持有凭证”</td></tr>
</table>

表 A8　提货单交割流程表

时　间	流　程	注意事项
申请日	买方首先提出包含地点的交割申请，闭市后交易所汇总公布；次日卖方申请，闭市后交易所按最大交割量原则为双方平仓	自然人不允许申请；可提出多笔申请，每笔申请数量为 4 万吨及其整数倍；申请数量；卖方申请中可包含两个地点；平仓价为当日结算价；交易所发送相应配对信息
通知日	卖方提前通知，规定时间内，双方补足相应保证金	船预计到港或在港货物验收前 3 日，卖方提前通知；通知日后 3 日内，保证金比例提升至 20%；最后通知日为交割月前 1 月倒数第 3 个交易日
现场交收	买卖双方到场监收；委托第三方质检机构进行水分、质量确认；交收数量允许 3%溢短；依据港口磅单，提交并确认交收明细	买方委托质检机构，并支付质检费用；按装船水分折算重量，足量称重，依据水分检验结果进行最终确认
最后交易日闭市前	卖方完成报关；买方提交质检报告，并按规定补足货款；买卖双方及港口确认交收；交易所划转相应货款	卖方如对品质检验有异议，应在规定时间内提出；交易所结算品质升贴水及溢短；结算时，先划转 80%的货款，其余货款随增值税专用发票后结算

A1.2.4　交割费用

铁矿石交割手续费为 0.5 元/吨。铁矿石仓储费收取标准为 0.5 元/（吨·天）。铁矿石

检验费由客户与指定质检机构协商确定。铁矿石的入出库费用实行最高限价，收费标准由交易所核准后公布。

A1.2.5　仓单流转方式

铁矿石标准仓单由指定交割仓库签发。根据签发仓库的不同性质，标准仓单分为仓库标准仓单和厂库标准仓单。铁矿石标准仓单在每年 3 月份最后 1 个交易日集中注销。

A1.2.5.1　仓库仓单流程

交割预报：卖方发货前，必须通过会员到交易所办理交割预报，并缴纳 20 元/吨的交割预报定金。已交割过并注销为现货的商品如果在原指定交割仓库继续交割，不需要再办理交割预报，但必须按要求重新检验。

注册仓单：由指定质检机构进行检验，交割仓库验收合格后，由交割仓库向交易所提交注册材料，会员凭注册材料在交易所办理仓单注册。

交收仓单：进行交割时，卖方交付仓单和增值税发票，并领取货款，买方交付货款并领取仓单。

注销仓单：仓单持有者到交易所办理仓单注销手续，领取“提货通知单”或提货密码。

提取货物：铁矿石出库时，货主在实际提货日 3 天前，凭“提货通知单”或提货密码与指定交割仓库联系有关出库事宜。

A1.2.5.2　厂库仓单流程

注册仓单：买方将购买铁矿石的款项和相关费用付给厂库，厂库向卖方出具“标准仓单注册申请表”，交易所核实该厂库提交的银行保函或现金保证金等项目后予以注册。

交收仓单：进行交割时，卖方交付仓单和增值税发票，并领取货款，买方交付货款并领取仓单。

注销仓单：仓单持有者到交易所办理仓单注销手续，领取“提货通知单”或提货密码。

提取货物：厂库需在“提货通知单”开具日后（不含开具日）的 4 天内发货（具体详见《大连商品交易所豆油、棕榈油、焦炭、焦煤、铁矿石标准仓单管理办法》）。

A1.2.6　交割地点

铁矿石交割仓库设在环黄渤海的青岛、连云港等主要港口，厂库设在唐山等内陆矿山，不设地域升贴水（具体以交易所公布为准）。

A2　焦煤的交易、交割制度

A2.1　交易制度

A2.1.1　交易保证金制度

焦煤期货合约的最低保证金为合约价值的 5%。交易保证金实行分级管理，随着期货合约交割期的临近和持仓量的增加，交易所将逐步提高交易保证金比例，见表 A9 和表 A10。

表 A9　焦煤合约临近交割期时交易保证金收取标准

交易时间段	交易保证金
交割月份前 1 个月第 10 个交易日	合约价值的 10%
交割月份第 1 个交易日	合约价值的 20%

资料来源：大连商品交易所网站。

表 A10　焦煤合约持仓量变化时交易保证金收取标准

合约月份双边持仓总量（N）	交易保证金
N≤25 万手	合约价值的 5%
N>25 万手	合约价值的 7%

资料来源：大连商品交易所网站。

A2.1.2　限仓制度

交易所对会员或客户可以持有的按单边计算的某一合约投机头寸的最大数额进行了规定，见表 A11。

表 A11　焦炭期货合约限仓制度

交易时间段	期货公司会员	非期货公司会员/手	客户/手
合约一般月份	25%N	5,000	5,000
交割月前 1 个月第 10 个交易日起		1,500	1,500
交割月份		500	500
单边持仓	大于 8 万手	—	—

资料来源：大连商品交易所网站。

其中，N 为期货公司会员持仓比例系数，交易所可以根据相关情况调整。期货合约在某一交易时间段的持仓限额标准自该交易时间段起始日前一交易日结算时起执行。套期保值交易头寸实行审批制，其持仓不受限制。

A2.2　交割制度

A2.2.1　交割品质量标准

根据交易所的规定，交割时可以采用标准品或替代品进行，并对标准品质量进行了规定，见表 A12。另外，还对不同质量的替代品交割时的升贴水进行了规定，见表 A13。

表 A12　交割焦煤标准品质量要求

指　标	质量标准	
灰分（A_d）/%	≥10.0 且≤11.5	
硫分（$S_{t,d}$）/%	≥1.10 且≤1.40	
挥发分（V_{daf}）/%	≥16.0 且≤28.0	
粘结指数（G）	入库≥75	出库>65
胶质层最大厚度（Y）/毫米	≤25.0	

资料来源：大连商品交易所网站。

表 A13　交割焦煤替代品质量差异升贴水

指　　标	允许范围	升贴水/元·吨$^{-1}$
灰分（A_d）	≥9.0%且<10.0%	每降低 0.1%，升价 2
	<9.0%	以 9.0%计价
硫分（$S_{t,d}$）	≥0.80%且<1.10%	每降低 0.01%，升价 1
	<0.80%	以 0.80%计价
胶质层最大厚度（Y）	>25.0 毫米	0

资料来源：大连商品交易所网站。

不论标准品还是替代品,交割时水分 M_t 要求不超过(≤)5.0%。水分含量(质量分数)大于 5.0%的,按超过部分四舍五入至小数点后一位扣重。例如,实测水分为 6.32%,扣重 1.3%。

出库时，焦煤含量或粒度不符合标准品质量要求的出库标准的，对超过焦煤含量标准或不足粒度标准的部分四舍五入至小数点后一位，指定交割仓库应当按照出库完成前一交易日最近月份焦炭合约结算价计算补偿金额。例如，焦煤含量出库标准为不超过 7%，实测为 8.23%，四舍五入至小数点后一位，补偿金额为对应货物货款的 1.2%。

A2.2.2　焦煤交割程序及有关规定

焦煤交割要在交割仓进行，交割仓由交易所指定。焦煤指定交割仓库可分为基准交割仓库和非基准交割仓库，包括仓库和厂库。用于交割的焦煤在入库时，需由货主向交割仓库提交交易所指定质检机构出具的质量检验报告。交割的焦煤无包装物，为散装形式。

A2.2.2.1　交割费用

焦煤交割手续费为 1 元/吨，仓储费为 1 元/(吨·天)。质量检验费用由货主与指定质检机构协商。焦煤的出库、入库费用实行最高限价。

A2.2.2.2　交割程序

焦煤的交割方式分为期货转现货和集中交割两种，见表 A14~表 A16。

表 A14　期货转现货流程表

时　间	流　程	注意事项
申请日 11∶30 之前	买卖双方提出期转现申请，并提交“期转现申请表”	标准仓单期转现提出申请时需交齐货款、仓单。标准仓单期转现收取交割手续费，当日审批；非标准仓单期转现收取交易手续费，3 日内审批。期转现的期限为该合约上市之日起至交割月份前月倒数第 3 个交易日（含当日）
申请日收市后	对合格的买卖申请方的对应持仓按协议价格予以平仓	平仓计入持仓量，不计入结算价和交易量；可以在交易所网站的交割信息中查询相关的期转现信息
批准日结算后	非标准仓单期转现：贷款、货物的划转由交易双方自行协商解决。标准仓单期转现：交易所将 80%的货款付给卖方会员，并给买方会员直接开具“标准仓单持有凭证”；清退买卖方对应的月份合约持仓的全额交易保证金	增值税发票的规定，按《大连商品交易所结算细则》中的有关规定处理

资料来源：大连商品交易所网站。

表 A15　集中交割流程表

时　间	流　程	注意事项
最后交易日结算后	交易所按“最少配对数原则”对未平仓合约进行配对	自然人不允许交割；同一客户码买卖持仓相对应部分的持仓按交割结算价给予平仓；配对后，会员可以在会员系统和交易所网站的“数据服务/统计数据”中查询对应的“交割配对表”
最后交割日 15 时前	买方补足全额贷款；卖方交齐对应的标准仓单和增值税发票	卖方根据“交割配对表”提供的买方客户名称开具增值税发票；交易所盘上交易的商品是含税价，包装物价格也是含税价
最后交割日 15 时	交易所进行仓单分配，将未发生违约的买卖双方的货款和标准仓单进行转移	当天标准仓单对应的仓储费由买方承担；发生违约的按本交易所交割细则中的对交割违约的相关规定处理
最后交割日 15 时后	未违约买方持结算部开具的贷款收据到交割部领取《仓单持有凭证》；未违约且已交对应增值税发票的卖方收到全额贷款	卖方未交增值税发票的交易所结算细节中相关规定处理

资料来源：大连商品交易所网站。

表 A16　两种交割形式的异同

项　目	期货转现货	集中交割
办理时间	合约上市之日起至交割日前 1 个月的倒数第 3 个交易日（含当日）	最后交易日
配对时间	在可办理时间内以买卖双方协商的日期为准	最后交易日闭市后
配对原则	买卖双方协商	“最少配对数”原则
结算价格	买卖双方协议价	交割结算价
主要特点	双方协商进行，分为非标准仓单期转现和标准仓单期转现	最后交易日收市后配对，交易所集中办理交割

资料来源：大连商品交易所网站。

A3　焦炭交易、交割制度

A3.1　交易制度

A3.1.1　交易保证金制度

焦炭期货合约的最低交易保证金为合约价值的 5%。交易保证金实行分级管理，随着期货合约交割期的临近和持仓量的增加，交易所将逐步提高交易保证金比例，见表 A17 和表 A18。

表 A17　焦炭合约临近交割期时交易保证金收取标准

交易时间段	交易保证金/元·手$^{-1}$
交割月份前 1 个月第 1 个交易日	合约价值的 10%
交割月份前 1 个月第 6 个交易日	合约价值的 15%
交割月份前 1 个月第 11 个交易日	合约价值的 20%
交割月份前 1 个月第 16 个交易日	合约价值的 25%
交割月份第 1 个交易日	合约价值的 30%

资料来源：大连商品交易所网站。

表 A18　焦炭合约持仓量变化时交易保证金收取标准

合约月份双边持仓总量（N）	交易保证金/元·手$^{-1}$
N≤25 万手	合约价值的 5%
25 万手<N≤30 万手	合约价值的 8%
30 万手<N≤35 万手	合约价值的 9%
35 万手<N	合约价值的 10%

资料来源：大连商品交易所网站。

A3.1.2　限仓制度

交易所对会员或客户可以持有的按单边计算的某一合约投机头寸的最大数额进行了规定，见表 A19。

表 A19　焦炭合约头寸限额

交易时间段	期货公司会员	非期货公司会员/手	客户/手
合约一般月份	25%N	2,400	2,400
交割月前 1 个月第 1 个交易日起		900	900
交割月份		300	300
单边持仓	≥5 万手	—	—

资料来源：大连商品交易所网站。

其中，N 为期货公司会员持仓比例系数，交易所可以根据相关情况调整。期货合约在某一交易时间段的持仓限额标准自该交易时间段起始日前一交易日结算时起执行。套期保值交易头寸实行审批制，其持仓不受限制。

A3.2　交割制度

A3.2.1　交割品质量标准

交易所同样对焦煤的交割品中标准品质量和替代品质量差异的升贴水进行了规定，见表 A20 和表 A21。

表 A20　交割焦炭标准品质量要求

指　　标	质量标准/%
灰分（A_d）	≤12.5

续表 A20

指　　标	质量标准/%	
硫分（$S_{t,d}$）	≤0.65	
抗碎强度（M_{40}）	≥82	
耐磨强度（M_{10}）	≤7.5	
反应性（CRI）	≤28	
反应后强度（CSR）	≥62	
挥发分（V_{daf}）	≤1.5	
焦末（<25 毫米）含量	入库≤5.0	出库≤7.0
粒度（≥25 毫米）	入库≥95.0	出库≥93.0

资料来源：大连商品交易所网站。

表 A21　交割焦炭替代品质量差异升贴水

指　标	允许范围/%	升贴水/元·吨$^{-1}$
灰分（A_d）	>12.5 且≤13.0	每增加 0.1%，扣价 3
	>13.0 且≤13.5	每增加 0.1%，扣价 5
	>13.5 且≤14.0	每增加 0.1%，扣价 10
硫分（$S_{t,d}$）	>0.65 且≤0.70	每增加 0.01%，扣价 3
	>0.70 且≤0.75	每增加 0.01%，扣价 5
	>0.75 且≤0.80	每增加 0.01%，扣价 10
反应后强度（CSR）	≥55 且<62	出现任一项扣价 50；出现多项不累扣
反应性（CRI）	>28 且≤32	
抗碎强度（M_{40}）	≥78 且<82	
耐磨强度（M_{10}）	>7.5 且≤8.5	

资料来源：大连商品交易所网站。

不论标准品还是替代品，水分 M_t 要求不超过（≤）5.0%。水分含量（质量分数）大于 5.0%的，按超过部分四舍五入至小数点后一位扣重。例如，实测水分为 6.32%，扣重 1.3%。

出库时，焦末含量或粒度不符合标准品质量要求的出库标准的，对超过焦末含量标准或不足粒度标准的部分四舍五入至小数点后一位，指定交割仓库应当按照出库完成前一交易日最近月份焦炭合约结算价计算补偿金额。例如，焦末含量出库标准为不超过 7%，实测为 8.23%，四舍五入至小数点后一位，补偿金额为对应货物货款的 1.2%。

A3.2.2　焦炭交割程序及有关规定

焦炭交割要在交割仓进行，交割仓由交易所指定。焦炭指定交割仓库可分为基准交割仓库和非基准交割仓库，包括仓库和厂库。用于交割的焦煤在入库时，货主需向交割仓库提交包括焦炭生产厂家、焦炭生产日期、产品检验员以及厂家质量检验报告复印件等材料。交割的焦炭无包装物，为散装形式。

（1）交割费用：焦炭交割手续费为 1 元/吨，仓储及损耗费为 1 元/(吨·天)。焦炭检验费用由货主与指定质检机构协商。焦炭的出库、入库费用实行最高限价。

（2）交割程序：焦炭交割方式也分为期货转现货和集中交割两种，具体流程同焦煤。

A4　螺纹钢交易、交割制度

A4.1　交易制度

A4.1.1　保证金制度

一般月份螺纹钢的交易保证金为5%，交割月前第1个月开始逐步提高，至最后交易日前2个交易日起为20%。当螺纹钢某合约月份持仓过大时，按规定提高保证金。当某合约出现连续涨跌停板时，按规定提高保证金。当某合约连续3~5个交易日累计涨跌幅达一定幅度时，根据情况适当提高保证金。螺纹钢每日价格波动幅度不超过上一交易日结算价±3%。

A4.1.2　涨跌停板制度

当价格连续出现同方向涨跌停板时，按规定提高保证金，扩大涨跌停板。若连续3日出现同方向涨跌停板时，第4个交易日暂停交易，并做如下选择：按规定提高保证金、调整涨跌停板等措施；按一定原则减仓。

A4.1.3　投机头寸限仓制度

期货公司会员：比例限仓。根据不同的合约以及合约所处的不同时期，非期货公司会员、客户按比例或绝对数限仓，具体规定详见风险控制管理办法。套保交易实行审批制，不受限仓限制。

A4.1.4　大户报告制度

持仓达到规定限仓数额80%，按规定内容上报有关情况。客户在不同期货公司的持仓合并计算。

A4.1.5　强行平仓制度

出现超额持仓、保证金不足、违规或市场紧急状态下，可强行平仓。强平原则：先投机，后保值头寸。

A4.1.6　异常情况处理

可采取调整开市时间、暂停交易、调整涨跌停板、提高交易保证金、限期平仓、强行平仓、限制出金等措施。

A4.1.7　风险准备金制度

从交易手续费中按20%提取，划入风险准备金。为期货市场的正常运营提供担保，弥补不可预见风险。

A4.2　交割制度

A4.2.1　交割结算价

螺纹钢的交割结算价是期货交割结算的基准价，为该合约最后交易日的结算价。交割结算时，买卖双方以该合约的交割结算价为基础，再加上地区升贴水进行结算。

A4.2.2　交割单位

螺纹钢期货合约的交割单位为每一仓单300吨，交割应当以每一仓单的整倍数交割。

A4.2.3　交割质量标准

用于实物交割的螺纹钢，质量应当符合《钢筋混凝土用钢　第2部分：热轧带肋钢筋》（GB/T 1499.2—2018）牌号为HRB400或HRB400E的相关规定。

客户在进行某一螺纹钢期货合约卖出交割时，交割商品公称直径分布应当符合下列要求：交割数量≤6,000吨，可以是同一公称直径。6,000吨<交割数量≤9,000吨，至少是两个公称直径，并且每一公称直径交割数量不得高于其总交割数量的60%。9,000吨<交割数量≤18,000吨，至少是3个公称直径，并且每一公称直径交割数量不得高于其总交割数量的40%。交割数量>18,000吨，至少是4个公称直径，并且每一公称直径交割数量不得高于其总交割数量的30%。同一客户从交易所买入再卖出交割的商品除外。

A4.2.4　交割费用

进行实物交割的买卖双方应分别向交易所支付1元/吨的交割手续费。上海期货交易所对交割手续费另有调整的，依公告通知执行。

A4.2.5　交割方式

到期钢材期货合约的实物交割按标准交割流程进行。未到期钢材期货合约可通过期货转现货的方式（以下简称期转现）进行实物交收，交割双方采用期转现方式的，应提前申报并配对成功。

A4.2.6　标准仓单的生成

货主向指定交割仓库发货前，应当办理入库申报（交割预报），入库申报的内容包括商品的品种、等级（牌号）、商标、数量、发货单位及拟入指定交割仓库名称等，并提供各项单证。客户应当委托期货公司办理入库申报（交割预报）手续。

入库申报审批：交易所在库容允许情况下，考虑货主意愿，在3个交易日内决定是否批准入库。货主应当在交易所规定的有效期内向已批准的入库申报中确定的指定交割仓库发货。未经过交易所批准入库或未在规定的有效期内入库的商品不能用于交割。

入库申报自批准之日起有效，入库申报有效期为15天。

到库验收：指定交割仓库应当根据期货交割的有关规定，对入库商品种类、牌号、数量、质量、包装及相关单证进行验收。货主应当到库监收。货主不到库监收，视为同意指定交割仓库的验收结果。

验收合格后，指定交割仓库应当将入库检验的结果输入标准仓单管理系统，再由会员向交易所提交制作标准仓单申请。

仓单生成：交易所批准制作标准仓单后，指定交割仓库核对入库申报数据并制作仓单。仓单所有者对新签发的标准仓单进行验收确认。如果仓单所有者在收到标准仓单验收通知后3天内未对指定交割仓库签发的标准仓单进行验收确认的，视为已验收确认，标准仓单自动生效。

A4.2.7　标准交割流程

在合约最后交易日后，所有未平仓合约的持有者应当以实物交割方式履约。客户的实物交割应当由会员办理，并以会员名义在交易所进行。不能交付或者接收增值税专用发票的客户不允许交割。

某一钢材期货合约最后交易日前第3个交易日收盘后，自然人客户该钢材期货合约的

持仓应当为 0 手。自最后交易日前第 2 个交易日起，对自然人客户的该月份持仓直接由交易所强行平仓。

到期合约交割应当在该合约最后交易日后的连续 5 个工作日内完成。该 5 个交割日分别称为第 1、第 2、第 3、第 4、第 5 交割日，第 5 交割日为最后交割日。

第 1 交割日：买方申报意向。买方在第 1 交割日内，向交易所提交所需商品的意向书。内容包括品种、数量及指定交割仓库名等。卖方交标准仓单。卖方在第 1 交割日内，通过标准仓单管理系统向交易所提交已付清仓储费用的有效标准仓单。仓储费用由卖方支付到第 5 交割日（含当日），第 5 交割日以后的仓储费用由买方支付（指定交割仓库收费项目和标准由交易所核定并另行发布）。

第 2 交割日：交易所分配标准仓单。交易所根据已有资源，按照“时间优先、数量取整、就近配对、统筹安排”的原则进行配对。

第 3 交割日：买方交款、取单。买方应当在第 3 交割日 14：00 之前到交易所交付货款并取得标准仓单。卖方收款。交易所应当在第 3 交割日 16：00 之前将货款支付给卖方，如遇特殊情况交易所可以延长交割货款给付时间。

A5　热卷交易、交割制度

A5.1　交易制度

A5.1.1　保证金制度

一般月份热轧卷板的交易保证金为 4%；交割月前第 1 月开始逐步提高，至最后交易日前 2 个交易日起为 20%。热轧卷板不再根据持仓大小调整保证金。当某合约出现连续涨跌停板时，按规定提高保证金。当某合约连续 3~5 交易日累计涨跌幅达一定幅度时，根据情况适当提高保证金。热轧卷板每日价格波动幅度不超过上一交易日结算价 ±3%。

A5.1.2　其他交易制度

同螺纹钢部分。

A5.2　交割制度

A5.2.1　交割质量标准

标准品：符合《碳素结构钢和低合金结构钢热轧厚钢板和钢带》（GB/T 3274—2017）的 Q235B 或符合《一般结构用轧制钢材》（JIS G3101—2015）的 SS400，厚度 5.75mm、宽度 1500mm 热轧卷板。

替代品：符合《碳素结构钢和低合金结构钢热轧厚钢板和钢带》（GB/T 3274—2017）的 Q235B 或符合《一般结构用轧制钢材》（JIS G3101—2015）的 SS400，厚度 9.75mm、9.5mm、7.75mm、7.5mm、5.80mm、5.70mm、5.60mm、5.50mm、5.25mm、4.75mm、4.50mm、4.25mm、3.75mm、3.50mm，宽度 1,500mm 热轧卷板。

客户在进行某一热轧卷板期货合约卖出交割时，交割商品厚度分布应当符合下列要求：交割数量≤900 吨，可以是同一厚度。900 吨<交割数量≤1,800 吨，至少是两个厚度，并且每一厚度交割数量不得高于其总交割数量的 60%。1,800 吨<交割数量≤3,600

吨，至少是 3 个厚度，每一厚度交割数量不得高于其总交割数量的 45%。3,600 吨<交割数量≤7,200 吨，至少是 4 个厚度，每一厚度交割数量不得高于其总交割数量的 35%。

A5.2.2　其他交割规定

同螺纹钢部分。

A6　铁合金交易、交割制度

A6.1　交易制度

A6.1.1　保证金制度

一般月份最低交易保证金设置为合约价值的 5%。临近交割期时，根据不同时间段设置不同的保证金标准。随着交割期限的临近，保证金比例不断提高。具体规定见表 A22。

表 A22　郑州商品交易所铁合金期货合约保证金比例

品　种	一般月份	交割月前一个月份			交割月份
		上旬	中旬	下旬	
硅铁、硅锰	5%	5%	10%	15%	20%

A6.1.2　限仓制度

铁合金期货参考已有品种的设计，在合约运行的不同阶段，对非期货会员和客户采取阶梯式限仓，既可以满足产业客户套期保值的需求，又能在临近交割月份时，严格控制持仓量，有效防范市场运行风险。对非期货公司会员、客户的持仓限制规定见表 A23。

表 A23　郑州商品交易所铁合金期货合约持仓限额

品种	非期货公司会员及客户最大单边持仓量/手				
	一般月份	交割月前一个月份			交割月份 （自然人客户限仓为 0）
		上旬	中旬	下旬	
硅铁	15,000	15,000	10,000	5,000	1,000
锰硅	30,000	30,000	20,000	10,000	2,000

A6.2　交割制度

A6.2.1　基准交割品

硅铁期货基准交割品：符合中华人民共和国国家标准《硅铁》（GB/T 2272—2009）规定牌号为 FeSi75 - B（硅质量分数≥72.0%、磷质量分数≤0.04%、硫质量分数≤0.02%、碳质量分数≤0.2%）、粒度为 10~60mm 的硅铁，其中：锰、铬含量不作要求；粒度偏差筛下物不大于 5%，筛上物不大于 8%。

锰硅期货基准交割品：符合中华人民共和国国家标准《锰硅合金》（GB/T 4008—2008）规定牌号为 FeMn68Si18（锰质量分数≥65.0%、硅质量分数≥17.0%、碳质量分数≤1.8%、磷质量分数≤0.25%、硫质量分数≤0.04%）、粒度为 10~60mm 的锰硅，其中：

粒度偏差筛下物不大于5%，筛上物不大于8%。

A6.2.2 交割方式及单位

采用标准仓单交割，分为仓库仓单和厂库仓单，铁合金期货标准仓单均为非通用仓单。交割最小单位为35吨（7手）。

A6.2.3 交割基准价及升贴水

硅铁、锰硅交割基准价为基准交割品在基准仓库出库时汽车板交货的含税价格（含包装）。期货价格反应的是基准交割品的价格，即卖方货物只要符合基准交割品质规定，就能在期货市场上以当前盘面价格卖出；同样，买方在交割完成后就能获得符合基准交割品质规定的货物或货物的所有权。硅铁、锰硅期货均采用现货市场主流品种作为基准交割品，无替代品及品级升贴水。

A6.2.4 包装要求

交割品包装物采用双层、中间加固拦腰围带的塑料编织袋。包装袋上应标明产品名称、产品牌号、执行标准及生产企业名称。单包净重为1,000±10公斤。交割品按照净重结算，硅铁包装物按照2.5公斤/条、锰硅按照2公斤/条标准扣除重量，包装物价格包含在硅铁、锰硅合约价格中。

A6.2.5 仓单有效期

硅铁：每年2月、6月、10月第12个交易日（不含该日）之前注册的厂库和仓库标准仓单，应在当月的第15个交易日（含该日）之前全部注销。

锰硅：每年2月、6月、10月第12个交易日（不含该日）之前注册的厂库标准仓单，应在当月的第15个交易日（含该日）之前全部注销；每年10月第12个交易日（不含该日）之前注册的仓库标准仓单，应在当月的第15个交易日（含该日）之前全部注销。已经注销的锰硅仓库标准仓单，货物尚未出库且生产（出厂）日期仍符合注册条件的，可重新申请免检注册。

A7 动力煤交易、交割制度

A7.1 交易制度

A7.1.1 涨跌停板制度

动力煤期货每日涨跌停板幅度为上一交易日结算价±4%。

A7.1.2 保证金制度

一般月份最低交易保证金设置为合约价值的5%。

交割月前1个月的上旬、中旬和下旬，分别收取5%、5%、10%的保证金。交割月收取20%的保证金。

A7.1.3 限仓制度

期货公司会员、非期货公司会员和客户的限仓数量依旧按照该期货合约上市交易的“一般月份”“交割月前1个月份”“交割月份”3个期间的不同，分别适用不同的限仓标准。

（1）对期货公司会员的限仓数额规定见表A24。

表 A24　郑州商品交易所动力煤期货合约期货公司会员限仓

某一期货合约市场单边持仓量（N）	期货公司该合约单边总持仓限仓比例（M）
N≥100 万手	M≤25%
N<100 万手	不限仓

（2）对非期货公司会员和客户的限仓数额规定见表 A25。

表 A25　郑州商品交易所动力煤期货合约非期货公司限仓

时间	非期货公司会员及客户最大单边持仓量（含跨期套利持仓）/手		
一般月份	60,000		
交割月前 1 个月份	上旬	中旬	下旬
	60,000	30,000	10,000
交割月份	2,000		

A7.1.4　大户报告制度

动力煤期货交易实行大户报告制度。会员或者客户持有某期货合约数量达到交易所对其规定的持仓限量 80%以上（含本数）或者交易所要求报告的，应当向交易所报告其资金、持仓等情况。根据市场风险状况，交易所可调整持仓报告水平。

A7.1.5　强行平仓制度

动力煤期货交易实行强行平仓制度。强行平仓是指当会员、客户违反交易所相关业务规定时，交易所对其违规持有的相关期货合约持仓予以平仓的强制措施。

动力煤期货交易实行强行平仓制度。会员或者客户有下列情形之一的，交易所有权进行强行平仓：

（1）结算准备金余额小于零并未能在规定时间内补足的；

（2）持仓量超出其限仓规定的；

（3）进入交割月份的自然人持仓；

（4）因违规受到交易所强行平仓处罚的；

（5）根据交易所的紧急措施应予强行平仓的；

（6）其他应予强行平仓的。

A7.1.6　风险警示制度

交易所认为必要时，可以分别或者同时采取要求报告情况、谈话提醒、发布风险提示函等措施，以警示和化解风险。

出现下列情形之一的，交易所可以对指定的会员高管人员或者客户谈话提醒风险，或者要求会员或者客户报告情况：

（1）会员或者客户交易异常；

（2）会员或者客户持仓异常；

（3）会员资金异常；

（4）会员或者客户涉嫌违规、违约；

（5）交易所接到涉及会员或者客户的投诉；

（6）会员涉及执法调查；

（7）交易所认定的其他情况。

A7.2　交割制度

A7.2.1　基准品、替代品和升贴水

基准交割品：收到基低位发热量为 5,500 千卡/千克，干燥基全硫≤1%，全水≤20%的动力煤。

替代品及升贴水：收到基低位发热量≥4,800 千卡/千克，且干燥基全硫≤1%。其中，收到基低位发热量为 5,000 千卡/千克时，货款结算价（四舍五入，保留小数点后两位）= 交割结算价-90；4,800 千卡/千克≤收到基低位发热量<5,300 千卡/千克时，货款结算价（四舍五入，保留小数点后两位）=（交割结算价-90）/5,000×实测发热量；收到基低位发热量≥5,300 千卡/千克时，货款结算价（四舍五入，保留小数点后两位）= 交割结算价/5,500×实测发热量；收到基低位发热量超过 6,000 千卡/千克的，按 6,000 千卡/千克计算货款。

全水>20%的动力煤可以交割。全水>20%时，以 20%为基准，按照超出部分（四舍五入，保留小数点后一位）扣减重量（例如，实测全水为 21.32%，扣重 1.3%）。

A7.2.2　交割方式

根据动力煤现货流通特点，动力煤期货采用车（船）板交割为主，厂库标准仓单交割为辅的交割方式。

（1）车（船）板交割。车（船）板交割是指卖方在交易所指定交割计价点将货物装至买方汽车板、火车板或轮船板，完成货物交收的一种实物交割方式。动力煤期货初期选择秦皇岛、天津、京唐、曹妃甸、黄骅、防城港、新沙港和可门港作为动力煤期货指定交割港口。

（2）厂库标准仓单交割。厂库标准仓单交割是指卖方通过将指定交割厂库开具的相关商品标准仓单转移给买方以完成实物交割的交割方式。以区域产能较大的煤炭生产企业来确定交割厂库的设立，并且动力煤指定交割厂库必须为在北方五港中的某一个（或几个）港口有长期、稳定物流业务的大型煤炭生产或流通企业。初期选定 5 家交割厂库，即神华集团有限责任公司、中国中煤能源股份有限公司、同煤集团、内蒙古伊泰煤炭股份有限公司、陕西煤业化工集团有限责任公司。

交割制度详情参见《动力煤期货交割手册》。

附录 B　企业开展期货套期保值相关管理制度

关于进一步加强中央企业金融衍生业务监管的通知

国资发评价〔2009〕19 号

各中央企业：

自 2005 年国资委开展高风险业务清理工作以来，多数中央企业能够按照要求，审慎经营，规范操作，严格管控，有效防范经营风险。但也有少数企业对金融衍生工具的杠杆性、复杂性和风险性认识不足，存在侥幸和投机心理，贸然使用复杂的场外衍生产品，违规建仓，风险失控，产生巨额浮亏，严重危及企业持续经营和国有资产安全，造成不良影响。为进一步加强中央企业金融衍生业务监管，建立有效的风险防范机制，实现稳健经营，现就有关要求通知如下：

一、认真组织清理工作。纳入本次清理范围的金融衍生业务主要包括期货、期权、远期、掉期及其组合产品（含通过银行购买境外机构的金融衍生产品）。各中央企业要高度重视，认真组织开展全集团范围内在境内外从事的各类金融衍生业务的清理工作，凡已经从事金融衍生业务的企业，应当对审批程序、操作流程、岗位设置等内部控制和风险管理制度及执行情况等进行核查，对产品风险重新进行评估，不合规的要及时进行整改。经过国家有关部门批准的境外期货业务持证企业，应当对交易品种、持仓规模、持仓时间等进行审核检查，对于超范围经营、持仓规模过大、持仓时间过长等投机业务，应当立即停止，并限期退出；对于未经国家有关部门批准已经开展的业务，企业应及时补办相关审批手续，现阶段应逐步减少仓位或平仓，在未获得批准前不得开展新业务；对风险较高、已经出现较大浮亏的业务，企业应当加强仓位管理，尽力减少损失，不得再进行加仓或挪盘扩大风险；对属于套期保值范围内的，暂未出现浮亏，但规模较大、期限较长、不确定性因素较多、风险敞口较大的业务，企业应当进一步完善实时监测系统，建立逐日盯市制度，适时减仓，防止损失发生。各中央企业应当将金融衍生业务清理整顿情况于 2009 年 3 月 15 日前书面报告国资委（评价局），抄报派驻本企业监事会，内容包括金融衍生业务基本情况、内控制度、存在的问题以及整改措施等。未开展金融衍生业务的企业也应报告清理情况。

二、严格执行审批程序。金融衍生工具是一把“双刃剑”，运用不当会给企业带来巨额损失。各中央企业必须增强风险意识，严格审批程序，严把审核关口。企业开展金融衍生业务，应当报企业董事会或类似决策机构批准同意，企业董事会或类似决策机构要对选择的金融衍生工具、确定的套期保值额度、交易品种、止损限额以及不同级别人员的业务

权限等内容进行认真审核。对于国家规定必须经有关部门批准许可的业务，应得到有关部门批准。集团总部应当指定专门机构对从事的金融衍生业务进行集中统一管理，并向国资委报备，内容包括开展业务的需求分析、产品的风险评估和专项风险管理制度等，并附董事会或类似决策机构的审核批准文件和国家有关部门批准文件。资产负债率高、经营严重亏损、现金流紧张的企业不得开展金融衍生业务。

三、严守套期保值原则。金融衍生业务前期投入少、价值波动大、风险较高、易发生较大损失，各中央企业要保持清醒认识，注重科学决策，审慎运用金融衍生工具，不得盲从，防止被诱惑和误导。要严格坚持套期保值原则，与现货的品种、规模、方向、期限相匹配，禁止任何形式的投机交易。应当选择与主业经营密切相关、符合套期会计处理要求的简单衍生产品，不得超越规定经营范围，不得从事风险及定价难以认知的复杂业务。持仓规模应当与现货及资金实力相适应，持仓规模不得超过同期保值范围现货的 90%；以前年度金融衍生业务出现过严重亏损或新开展的企业，两年内持仓规模不得超过同期保值范围现货的 50%；企业持仓时间一般不得超过 12 个月或现货合同规定的时间，不得盲目从事长期业务或展期。不得以个人名义（或个人账户）开展金融衍生业务。

四、切实有效管控风险。企业应当针对所从事的金融衍生业务的风险特性制定专项风险管理制度或手册，明确规定相关管理部门和人员的职责、业务种类、交易品种、业务规模、止损限额、独立的风险报告路径、应急处理预案等，覆盖事前防范、事中监控和事后处理的各个关键环节。要建立规范的授权审批制度，明确授权程序及授权额度，在人员职责发生变更时应及时中止授权或重新授权。对于场外期权及其他柜台业务等，必须由独立的第三方对交易品种、对手信用进行风险评估，审慎选择交易对手。对于单笔大额交易或期限较长交易必须要由第三方进行风险评估。要加强对银行账户和资金的管理，严格资金划拨和使用的审批程序。企业应当选择恰当的风险评估模型和监控系统，持续监控和报告各类风险，在市场波动剧烈或风险增大情况下，增加报告频度，并及时制订应对预案。要建立金融衍生业务审计监督体系，定期对企业金融衍生业务套期保值的规范性、内控机制的有效性、信息披露的真实性等方面进行监督检查。

五、规范业务操作流程。企业应当设置专门机构，配备专业人员，制订完善的业务流程和操作规范，实行专业化操作；要严格执行前、中、后台职责和人员分离原则，风险管理人员与交易人员、财务审计人员不得相互兼任；应当选择结构简单、流动性强、风险可控的金融衍生工具开展保值业务；从事境外金融衍生业务时，应当慎重选择代理机构和交易人员；企业内部估值结果要及时与交易对手核对，如出现重大差异要立即查明原因并采取有效措施；当市场发生重大变化或出现重大浮亏时要成立专门工作小组，及时建立应急机制，积极应对，妥善处理。

六、建立定期报告制度。从事金融衍生业务的企业应当于每季度终了 10 个工作日内向国资委报告业务持仓规模、资金使用、盈亏情况、套值保值效果、风险敞口评价、未来价格趋势、敏感性分析等情况；年度终了应当就全年业务开展情况和风险管理制度执行情况等形成专门报告，经中介机构出具专项审计意见后，随同企业年度财务决算报告一并报送国资委；对于发生重大亏损、浮亏超过止损限额、被强行平仓或发生法律纠纷等事项，企业应当在事项发生后 3 个工作日内向国资委报告相关情况，并对采取的应急处理措施及处理情况建立周报制度。对于持仓规模超过同期保值范围现货规模规定比例、持仓时间超过12个月等应当及时向国资委报备。集团总部应当就金融衍生业务明确分管领导和管理机构，与国资委有关厅局建立日常工作联系，年终上报年度工作总结报告，并由集团分管领导和主要负责人签字。

七、依法追究损失责任。各中央企业应当根据《中央企业资产损失责任追究暂行办法》（国资委令第20号）等有关规定，建立和完善损失责任追究制度，明确相关人员的责任，并加强对违规事项和重大资产损失的责任追究和处理力度。对于违反国家法律、法规或企业内部规章开展业务，或者疏于管理造成重大损失的相关人员，将按有关规定严肃处理，并依法追究企业负责人的责任。涉嫌犯罪的，依法移送司法机关处理。对于在日常监管工作中上报虚假信息、隐瞒资产损失、未按要求及时报告有关情况或者不配合监管工作的，将追究相关责任人责任。国资委将对业务规模较大、风险较高、浮亏较多，以及未按要求及时整改造成经营损失的企业，开展专项审计调查。对于发生重大损失、造成严重影响的企业，在业绩考核中予以扣分或降级处理。

各中央企业要高度重视金融衍生业务管理工作，审慎开展金融衍生业务，遵循套期保值原则，完善内部控制制度，建立切实有效的风险管理体系，积极防范经营风险，有效维护股东权益。

国务院国有资产监督管理委员会

二〇〇九年二月三日

附录 C　套保方案的制定

表 C1　套保方案制定框架

套保方案	因　素	要　　点
行情分析	宏观分析	1. 国内宏观经济运行整体情况； 2. 财政、货币政策分析； 3. 经济、金融指标分析； 4. 宏观扰动因素分析等
	行业与政策分析	1. 行业供给情况变化； 2. 行业需求情况变化； 3. 产业政策调控影响因素
	风险因素分析	1. 宏观风险因素； 2. 行业及政策风险因素
套保操作方案制定	敞口风险分析与套保比例	1. 根据现货执行确定风险敞口； 2. 严格按照套期保值方案期、现对冲原则，不留风险敞口； 3. 结合行情判断与实际敞口测算套保比例； 4. 选择适当的套保工具
	出入场时机选择	1. 考虑盘面行情与基差走势，选择套保有利的出入场时机； 2. 出入场时机严格匹配现货贸易节奏，不留单边敞口； 3. 保值数量应严格按照套保比例执行
保证金管理与成本核算	资金管理与效果评价	1. 确保合理、合规、及时地调拨资金并保留相关记录； 2. 根据保值操作方案提前划拨期货风险准备金； 3. 按规定按时核准保证金、头寸等相关套期保值信息； 4. 逐笔对冲目标：实际销售收入=现货销售收入+期货盈亏-期货套期保值交易的各项成本
风险管理	风险因素分析	1. 是否严格遵守国家法律法规，充分关注期货套期保值业务的风险点，在公司授权范围内开展套期保值业务； 2. 严格按照规定程序进行保证金及清算资金额收支； 3. 是否建立持仓预警和交易止损机制； 4. 是否出现重大差错、舞弊、欺诈而导致损失； 5. 是否真实报告财务信息； 6. 是否选择合适期货经纪公司开展业务

附录 D 套期保值相关制度

表 D1 套期保值相关制度文件

套期保值相关法规、制度文件	网 址	二维码
中央企业全面风险管理指引	http：//www. sasac. gov. cn/n2588035/n2588320/n2588335/c4258529/content. html	
商品期货套期业务会计处理暂行规定	http：//kjs. mof. gov. cn/zhengwuxinxi/zhengcefabu/201512/t20151210_1607654. html	
企业会计准则第 24 号—套期会计	http：//kjs. mof. gov. cn/zhuantilanmu/kuaijizhuanzeshishi/201709/t20170908_2694624. html	
《企业会计准则第 24 号—套期会计》应用指南（2018）		
企业会计准则第 37 号—金融工具列报	http：//kjs. mof. gov. cn/zhuantilanmu/kuaijizhuanzeshishi/201709/t20170907_2694118. html#	

注：限于篇幅，本附录内容提供了官方链接，读者也可扫描二维码直接访问。如官方网站链接有所变化，读者可直接搜索标题到相关网站查询。

附录E　期货市场相关制度

表E1　期货市场相关制度文件

品　种	制度名称	网　　址	二维码
期货交易管理条例		www. csrc. gov. cn 行政法规	
期货交易管理办法		http：//www. csrc. gov. cn/pub/newsite/flb/flfg/bmgz/qhl/201012/t20101231_189833. html	
大连商品交易所			
大连商品交易所结算细则		http：//www. dce. com. cn/dalianshangpin/fg/fz/jysgzhgz/6138455/index. html	
大连商品交易所标准仓单管理办法		http：//www. dce. com. cn/dalianshangpin/fg/fz/jysgzhgz/6142278/index. html	
大连商品交易所指定交割仓库管理办法		http：//www. dce. com. cn/dalianshangpin/fg/fz/jysgzhgz/6004162/index. html	
焦　煤		http：//www. dce. com. cn/dalianshangpin/sspz/487450/index. html	
1	焦煤期货合约	http：//www. dce. com. cn/dalianshangpin/sspz/487450/487454/1500228/index. html	
2	焦煤期货交易手册	http：//www. dce. com. cn/dalianshangpin/resource/cms/2017/07/焦煤期货交易手册 . pdf	

续表 E1

品　种	制度名称	网　　址	二维码
3	焦煤期货合约制度设计说明	http：//www. dce. com. cn/dalianshangpin/resource/cms/2016/11/焦煤期货合约制度设计说明 . pdf	
4	大连商品交易所焦煤指定交割仓库	http：//www. dce. com. cn/dalianshangpin/yw/fw/ywzy/gypjgywzy/jgckgl/1810695/2018011915511556879. xlsx	
焦　炭		http：//www. dce. com. cn/dalianshangpin/sspz/487423/index. html	
1	大连商品交易所焦炭期货合约	http：//www. dce. com. cn/dalianshangpin/sspz/487423/487427/1499525/index. html	
2	焦炭期货交易手册	http：//www. dce. com. cn/dalianshangpin/resource/cms/2017/07/焦炭期货交易手册 . pdf	
3	大连商品交易所焦炭指定交割仓库	http：//www. dce. com. cn/dalianshangpin/yw/fw/ywzy/gypjgywzy/jgckgl/1810695/2017111410044465044. xlsx	
铁矿石		http：//www. dce. com. cn/dalianshangpin/sspz/487477/index. html	
1	铁矿石期货合约	http：//www. dce. com. cn/dalianshangpin/sspz/487477/487481/1500303/index. html	
2	铁矿石合约制度设计说明	http：//www. dce. com. cn/dalianshangpin/resource/cms/2016/11/铁矿石期货合约制度设计说明 . pdf	
3	关于调整铁矿石交割质量标准的说明	http：//www. dce. com. cn/dalianshangpin/resource/cms/2017/09/2017091409133043286. pdf	

续表 E1

品　种	制度名称	网　　址	二维码
4	铁矿石期货国际化业务百问百答	http：//www. dce. com. cn/dalianshangpin/resource/cms/2018/04/2018040920195474301. pdf	
5	大连商品交易所铁矿石指定交割仓库	http：//www. dce. com. cn/dalianshangpin/yw/fw/ywzy/gypjgywzy/jgckgl/1810695/2018011915514164235. xls	
上海期货交易所			
钢材期货合约交易操作手册 2016 版		http：//www. shfe. com. cn/upload/20180126/1516958566588. pdf	
螺纹钢		http：//www. shfe. com. cn/products/rb/	
1	上海期货交易所螺纹钢期货合约（修订案）	http：//www. shfe. com. cn/products/rb/standard/194. html	
2	上海期货交易所螺纹钢期货合约附件	http：//www. shfe. com. cn/products/rb/standard/196. html	
3	附表一　上海期货交易所螺纹钢注册商标与包装标准	http：//www. shfe. com. cn/products/rb/attach/911326845. html	
4	附表二　上海期货交易所螺纹钢期货升贴水及仓储费用	http：//www. shfe. com. cn/products/rb/attach/911326846. html	
5	附表三　上海期货交易所螺纹钢和线材指定交割仓库	http：//www. shfe. com. cn/products/rb/attach/209. html	
6	上海期货交易所钢材交割商品注册管理规定	http：//www. shfe. com. cn/products/rb/regulation/911319058. html	

续表 E1

品　种		制度名称	网　址	二维码
7		关于螺纹钢交割商品补充规定的通知	http：//www.shfe.com.cn/products/rb/regulation/911319549.html	
8		上海期货交易所指定螺纹钢质量检验机构	http：//www.shfe.com.cn/products/rb/standard/313.html	
9		上海期货交易所螺纹钢指定交割仓库	http：//www.shfe.com.cn/products/rb/standard/322.html	
热轧卷板			http：//www.shfe.com.cn/products/hc/	
1		上海期货交易所热轧卷板期货合约（修订案）	http：//www.shfe.com.cn/products/hc/standard/911319779.html	
2		上海期货交易所热轧卷板期货合约附件	http：//www.shfe.com.cn/products/hc/standard/911319780.html	
3		附表一　上海期货交易所热轧卷板注册商标、包装标准及升贴水标准	http：//www.shfe.com.cn/products/hc/attach/911326849.html	
4		附表二　热轧卷板期货升贴水及仓储费用	http：//www.shfe.com.cn/products/hc/attach/911326850.html	
5		上海期货交易所钢材交割商品注册管理规定	http：//www.shfe.com.cn/products/hc/regulation/911319783.html	
6		关于热轧卷板期货交割商品补充规定的通知	http：//www.shfe.com.cn/products/hc/regulation/911319785.html	

续表 E1

品　种	制度名称	网　　址	二维码
7	上海期货交易所指定热轧卷板质量检验机构	http：//www. shfe. com. cn/products/hc/standard/911319782. html	
8	上海期货交易所热轧卷板指定交割仓库	http：//www. shfe. com. cn/products/hc/standard/911319787. html	
郑州商品交易所			
郑州商品交易所标准仓单及中转仓单管理办法		http：//www. czce. com. cn/cn/flfg/zcjywgz/ssxz/webinfo/2018/11/1538464114432164. htm	
郑州商品交易所期货交割细则		http：//www. czce. com. cn/cn/flfg/zcjywgz/ssxz/webinfo/2018/11/1538464114174377. htm	
铁合金	硅铁	http：//www. czce. com. cn/cn/sspz/gt/H770217index_1. htm	
	锰硅	http：//www. czce. com. cn/cn/sspz/meng/H770220index_1. htm	
1	郑州商品交易所硅铁期货合约	http：//www. czce. com. cn/cn/sspz/gt/bzhy/qhhy/H7702170101index_1. htm	
2	郑州商品交易所锰硅期货合约	http：//www. czce. com. cn/cn/sspz/meng/bzhy/qhhy/H7702200101index_1. htm	
3	铁合金现货市场研究报告	http：//www. czce. com. cn/cn/rootfiles/2014/08/06/1406897775917019-1406897775919884. pdf	
4	铁合金期货宣传材料	http：//www. czce. com. cn/cn/rootfiles/2014/08/06/1406897775911986-1406897775913860. pdf	

续表 E1

品　种	制度名称	网　址	二维码
5	关于硅铁、锰硅期货合约上市交易时间及挂牌基准价的通告	http：//www. czce. com. cn/cn/sspz/gt/pzgg/webinfo/2014/08/1406897775419102. htm	
6	关于指定铁合金交割仓库（厂库）及升贴水的通告	http：//www. czce. com. cn/cn/sspz/gt/pzgg/webinfo/2014/08/1406897775414316. htm	
7	硅铁仓储名录	http：//www. czce. com. cn/cn/sspz/gt/ccml/H77021704index_1. htm	
8	锰硅仓储名录	http：//www. czce. com. cn/cn/sspz/meng/ccml/H77022004index_1. htm	
动力煤		http：//www. czce. com. cn/cn/sspz/dlm/H770212index_1. htm	
1	郑州商品交易所动力煤期货合约	http：//www. czce. com. cn/cn/sspz/dlm/bzhy/qhhy/H7702120101index_1. htm	
2	动力煤期货宣传材料	http：//www. czce. com. cn/cn/rootfiles/2013/09/27/1380168311181022-1380168311183380. pdf	
3	关于动力煤期货合约上市交易时间及挂牌基准价的通告	http：//www. czce. com. cn/cn/rootfiles/2013/10/08/1380292484924686-1380292484926515. pdf	
4	关于动力煤期货交易手续费收取标准的通知	http：//www. czce. com. cn/cn/rootfiles/2013/10/08/1380292484930499-1380292484932450. pdf	
5	关于动力煤期货交割业务有关事项的通告	http：//www. czce. com. cn/cn/rootfiles/2013/10/08/1380292484918263-1380292484920437. pdf	

续表E1

品　种	制度名称	网　　址	二维码
6	关于调整动力煤期货交割单位的说明	http：//www. czce. com. cn/cn/rootfiles/2014/06/13/1402482218867937-1402482218869335. pdf	
7	关于调整动力煤指定交割港口升贴水的通告	http：//www. czce. com. cn/cn/rootfiles/2015/12/25/1447236203659939-1447236203661155. pdf	
8	动力煤仓储名录	http：//www. czce. com. cn/cn/sspz/dlm/ckml/H77021204index_1. htm	
期货从业人员相关制度			
1	期货从业人员资格考试管理规则（试行）	http：//www. cfachina. org/ZCFG/ZLGZ/200804/t20080430_1439153. html	
2	期货从业人员资格管理规则（试行）	http：//www. cfachina. org/ZCFG/ZLGZ/200804/t20080430_1439154. html	
3	期货从业人员后续职业培训规则（试行）	http：//www. cfachina. org/ZCFG/ZLGZ/200804/t20080430_1439155. html	
4	期货从业人员执业行为准则（修订）	http：//www. cfachina. org/ZCFG/ZLGZ/200804/t20080430_1439156. html	

注：限于篇幅，本附录内容提供了官方链接，读者也可扫描二维码直接访问。如官方网站链接有所变化，读者可直接搜索标题到相关网站查询。

附录 F　优秀风险管理服务机构简介

F1　永安期货股份有限公司

永安期货股份有限公司是新三板创新层挂牌企业（证券代码 833840），是国内同行中规模最大、业务范围最宽、研究实力最强的期货公司之一，经营范围包括商品期货经纪、金融期货经纪、期货投资咨询、资产管理、基金销售。自成立以来，经营规模牢固占据浙江省第一，已连续 20 年跻身全国十强行列。自证监会实施行业分类监管以来，一直保持业内最高评级。公司在国内期货行业协会和各大交易所中担任重要职务，包括中国期货业协会理事单位、浙江期货业协会副会长单位、中国金融期货交易所全面结算会员、上海期货交易所会员单位、郑州商品交易所理事单位、大连商品交易所理事单位。参与行业多项创新试点工作，为中国期货行业的发展做出卓越贡献。

公司目前注册资本 13.1 亿元，总部位于杭州，在北京、上海、广州、深圳、重庆等城市设有分支机构 42 家，中国香港、新加坡设有子公司，旗下拥有新永安国际金融控股有限公司、浙江永安资本管理有限公司、浙江中邦实业有限公司 3 家全资子公司，并发起设立永安国富资产管理有限公司。

公司以财富管理、风险管理为核心，积极布局期现结合、私募资管、场外交易、跨境服务、混业经营五大平台建设，致力于为实体企业转型升级、国内外投资者全球资产配置提供优质服务，成为国内第一、国际一流的衍生品综合服务提供商。

构建私募资管平台：做强对冲基金产业链服务，组建私募（对冲）基金投资平台，提升财富管理综合服务能力，打造中国衍生品领域第一对冲基金服务品牌。

构建跨境服务平台：打通境内外资本对接通道，推进渠道建设、模式创新，打通境内外资本对接通道，提升公司服务全球化资源配置的能力。

构建场外交易平台：探路衍生品场外市场，打通期货和现货市场，对接公司传统业务和客户，打造具有全球影响力的大宗商品互联网交易平台。

构建混业经营平台：打造跨市场混业优势，运用互联网、移动互联网和大数据手段，拓展股票、债券、基金市场产品服务、构建多品种、跨市场的混业优势。

总部地址：浙江省杭州市江干区新业路 200 号华峰国际 15～16、21、22 楼

全国客服热线：400-700-7878

公司网址：www. yafco. com

永安期货官方微信

F2　中信期货有限公司

中信期货有限公司成立于 1993 年 3 月 30 日，控股股东为中信证券股份有限公司。中信集团在世界 500 强中最新排名第 149 位，旗下中信银行、中信信托、中信投资控股、中信产业基金、华夏基金、中信保诚人寿等百余家大型龙头企业赋予中信期货全方位拓展的广阔空间。

中信期货有限公司业务范围包括商品期货经纪、金融期货经纪、期货投资咨询、资产管理、基金销售。公司总部设在深圳，在北京、上海、广州、杭州等大中城市设有 43 家分支机构，同时拥有 321 家证券 IB 服务网点，范围覆盖全国。

公司是郑州商品交易所、上海期货交易所、大连商品交易所、上海国际能源交易中心会员、中国金融期货交易所首批全面结算会员、中国期货业协会理事单位。

公司注册资本逾 16 亿元，净资产 37 亿元。多年来，公司各项业务健康稳定发展，交易量、客户权益、营业收入和净利润等核心经营指标均位居行业前列。

公司下设中信中证资本管理有限公司、中信期货国际有限公司等全资子公司，可为广大机构提供风险管理和海外衍生品风险管理等服务。

公司多次被各大期货交易所评为年度优秀会员，多次获评证券时报、期货日报等行业主流媒体颁发的年度中国最佳期货公司、最佳金融期货服务奖、最佳商品期货产业服务奖、最佳风险管理子公司服务奖等近百项荣誉。

中信期货传承“诚信、创新、凝聚、融合、奉献、卓越”的中信核心价值理念，牢记“服务客户、成就员工、回报股东、奉献社会”的发展使命，向着“打造国内一流的综合金融服务平台”的目标愿景奋勇前行。

总部地址：深圳市福田区中心三路 8 号卓越时代广场（二期）北座 13 层 1301～1305 室、14 层

上海地址：上海市浦东新区杨高南路 799 号陆家嘴世纪金融广场 3 号楼 23 层

全国热线：400-9908-826

公司网址：http：//www. citicsf. com

中信期货官方微信

中信期货官方 APP

F3 国泰君安期货有限公司

国泰君安期货有限公司是国泰君安证券股份有限公司的全资子公司。公司注册资本12亿元，具有商品期货经纪业务、金融期货经纪业务、期货投资咨询、资产管理业务资格，是国内首批获得金融期货全面结算业务资格的期货公司。公司总部位于上海，服务网点遍及全国29个省、直辖市和行政区。

公司具备强大的研究能力，在国内券商系期货公司中最早开设了独立研究机构，创建了国泰君安期货与金融衍生品研究院。公司践行"贴近市场、贴近客户、贴近业务"的服务理念，努力打造完善齐备的研究体系，在金融和产业领域提供衍生品、期现产品设计和投资策略的全覆盖的期货研究和咨询服务。

公司具有业内一流的信息技术平台，达到了《期货公司信息技术管理指引》三类要求。公司IT投入连续10年以每年20%速度递增，每年IT投入多达几千万元，打造了一流的数据中心和国内领先的交易结算系统，并建设了多条专用交易跑道。

公司倾力打造国泰君安"君弘"期货服务体系，为客户提供"专业、尊贵、优享"的全方位综合服务。作为服务实体经济的期货公司，公司在为钢铁、有色、原油化工和农产品等产业链的大型厂矿企业和商贸公司，提供套保方案、实物交割和业务培训等大量的专业支持；作为券商系的期货公司，公司在为证券、基金、信托、保险、私募等机构提供股指期货交易服务方面积累了丰富的经验。

公司确定了"立足于期货及衍生品金融服务，力争把期货公司打造成为期货及衍生品交易服务最佳提供商"的战略目标，坚持"争创一流，追求卓越——客户、员工、股东一起成长"的核心价值观，倡导"真实、团结、和谐、快乐"的企业文化，市场影响力不断提升，受到了政府、行业、客户及权威媒体的肯定与褒奖。

总部地址：上海市静安区延平路121号26层、28层、31层

全国热线：95521

公司网址：www. gtjaqh. com

国泰君安期货官方微信

F4　嘉吉公司

嘉吉公司成立于 1865 年，是一家集食品、农业、金融和工业产品及服务为一体的多元化跨国企业集团，业务遍及 70 个国家，拥有员工 155,000 多名。嘉吉的使命是以安全、可靠和负责任的方式滋养世界。

在 2017 年 8 月《福布斯》公布的 2017 年美国非上市公司排行榜中，美国嘉吉公司连续 10 年蝉联冠军，营收增长 2%，至 1,097 亿美元。在《福布斯》美国非上市公司排行榜 33 年历史上，嘉吉有 31 年占据榜首。同时，嘉吉也是全球最大的农业公司。

嘉吉在中国的业务发展起源于 20 世纪 70 年代首个《中美联合公报》发布之时，此后不断加大在中国的投资，携手本地合作伙伴，为中国消费者提供安全、营养的食物。嘉吉在中国的业务涵盖农业供应链、动物营养、动物蛋白、淀粉与淀粉糖、油脂解决方案、增稠稳定解决方案、可可与巧克力、美丽护理、嘉吉东食、结构金融、金属与海运等。

作为一家多元化跨国企业集团，嘉吉正运用其全球化运营的深刻洞见和超过 150 年的业务经验和专长，为中国正在实施的农民增收和农村可持续发展战略做出贡献，通过提高农产品生产、加工、分销和贸易环节的效率和附加值，促进中国农民增收、农业可持续发展和食品安全供应。

嘉吉中国总部地址：上海市淮海中路 999 号上海环贸广场一期 10 楼
嘉吉中国网站：https：//www. cargill. com. cn

嘉吉中国官方微信

参考文献

[1] 党剑．钢材期货与企业套期保值实务［M］．北京：冶金工业出版社，2009.
[2] 张鸿儒．套期保值［M］．北京：地震出版社，2011.
[3] 孙才仁．套期保值与企业风险管理实践［M］．北京：中国经济出版社，2009.
[4] 李强．商品期货实务操作手册［M］．北京：中国财政经济出版社，2013.
[5] 罗旭峰．套期保值策略［M］．北京：中国金融出版社，2011.
[6] 林孝贵．期货套期保值的统计分析［M］．徐州：中国矿业大学出版社，2004.
[7] 姜昌武．套期保值实务［M］．北京：中国金融出版社，2010.
[8] 程六满．套期保值会计研究：基于跨国营运的视角［M］．北京：中国财政经济出版社，2010.
[9] 郑尊信，徐晓光，王飞，李佳．历史信息、价格联动与期货套期保值决策［M］．北京：中国社会科学出版社，2013.
[10] 大连商品交易所．期货与企业发展案例［M］．北京：机械工业出版社，2017.
[11] 美国众议院农业委员会．期货期权交易对经济的影响研究［R］．1985.
[12] 刘兴强．大连商品交易所期货学院培训教材：现代企业套期保值高级教程［M］．北京：中国财政经济出版社，2012.
[13] 上海期货交易所理事会．企业套期保值的有效性与绩效评价研究［M］．北京：中国金融出版社，2010.
[14] 中国期货业协会．期货及衍生品基础［M］．北京：中国财政经济出版社，2018.
[15] 中国期货业协会．期货及衍生品分析与应用［M］．北京：中国财政经济出版社，2018.
[16] 中国期货业协会．期货法律法规汇编［M］．北京：中国财政经济出版社，2018.